U0323511

装备科技译著出版基金

功率放大器设计中的
负载牵引技术

〔加〕Fadhel M. Ghannouchi　Mohammad S. Hashmi 著

陈鹏　羊恺　译

国防工业出版社

·北京·

著作权合同登记　图字:军-2015-147号

图书在版编目(CIP)数据

功率放大器设计中的负载牵引技术/(加)法迪勒
M. 加努希(Fadhel M. Ghannouchi),(加)穆罕默德
S. 哈什米(Mohammad S. Hashmi)著;陈鹏,羊恺译
.—北京:国防工业出版社,2018.10
书名原文:Load-Pull Techniques with
Applications to Power Amplifier Design
ISBN 978-7-118-11732-5

Ⅰ.①功… Ⅱ.①法…②穆…③陈…④羊… Ⅲ.
①功率放大器-设计Ⅳ.①TN722.702

中国版本图书馆 CIP 数据核字(2018)第216332号

功率放大器设计中的负载牵引技术
Load-Pull Techniques with Applications to Power Amplifier Design
Translation from the English language edition:
Load-Pull Techniques with Applications to Power Amplifier Design by Fadhel M. Ghannouchi
Mohammad S. Hashmi
ⓒSpringer Science + Business Media Dordrecht 2013
Springer Street, New York
NY 10013, USA

※

*国防工业出版社*出版发行
(北京市海淀区紫竹院南路23号　邮政编码100048)
三河市腾飞印务有限公司印刷
新华书店经售
*
开本710×1000　1/16　印张13½　字数253千字
2018年10月第1版第1次印刷　印数1—2000册　定价79.00元

(本书如有印装错误,我社负责调换)

国防书店:(010)88540777　　发行邮购:(010)88540776
发行传真:(010)88540755　　发行业务:(010)88540717

译者序

功率放大器是所有通信系统(如射频/微波无线通信系统、高功率微波系统、拒止武器、核磁共振成像仪等)必不可少的关键器件。由于其具有强烈的非线性特性,用传统的分析法或散射参数表征法对功率放大器进行表征和设计已不再可靠。负载牵引技术既能方便地测量晶体管的非线性参数,为晶体管建模提供准确的数据;又能获得晶体管的最佳基波和谐波阻抗,为功率放大器达到最优的效率、线性、功率或这三者之间的平衡提供设计方向。随着国内自主氮化镓、砷化镓和磷化铟等晶体管的发展,功率放大器设计中的负载牵引技术将会极大地促进这类器件建模和应用的发展。此外,负载牵引技术还能对混频器和低噪声放大器进行表征,实现在片器件测试和表征。负载牵引已经成为射频/微波设计领域必不可少的技术。

本书主要关注功率放大器设计中的负载牵引技术,包括无源负载牵引技术、有源负载牵引技术、基于六端口的负载牵引技术、高功率负载牵引技术、包络负载牵引技术和波形测量等相关知识。本书可以作为研究生相关课程的教材,也可供从事相关研究工作的科技人员参考。

羊恺翻译了本书的第1章~第3章,陈鹏翻译了本书的第4章~第8章并对全文进行了校正。

装备科技译著出版基金、国家自然科学基金61601088及61571093和电子科技大学中央高校基本业务费ZYGX2015KYQD088对该项目提供了部分经费支持,国防工业出版社的张冬晔编辑在出版过程中出力甚多,研究生李陆坪、薛乔雨、粟立勇和朱鹏飞参与了部分校正工作,在此一并表示致谢。

本书虽然经过反复校正,但受限于译者水平,还存在一些尚未发现的错误或遗漏。敬请读者谅解,并希望得到读者的批评和指正。

译者

2017年10月

前　言

为了识别晶体管的大信号行为,常用的线性 S 参数并不能完全反应晶体管的特性。因此,在非线性域内,晶体管的大信号表征对器件性能评估和确认必不可少。在晶体管器件的大信号表征、优化以及射频、微波和毫米波功率放大器的设计方面,负载牵引是一种值得推荐的技术。

四十年前,负载牵引技术第一次出现在文献报道中。作为先驱,它驱使工程师在晶体管器件和功率放大器的表征、测量和优化等方面进行思维模式转换。第一台负载牵引系统虽然只是初具雏形,但是它为先进的负载牵引技术的发展提前做好了铺垫。

本书介绍了基于功率放大器的负载牵引系统的操作、校准、设计和实现方法及应用。它从基本的负载牵引技术概念出发,介绍了很多有意思的负载牵引高级技术,其中包括基于放大器、混频器和噪声测试系统的无源负载牵引系统,有源负载牵引系统,高功率负载牵引系统和包络负载牵引系统。同时本书也包含了波形工程系统本身及其校准技术和应用。

本书可为微波和无线领域的研究生、研究者和设计工程师提供参考。读者需要具有一些基本的射频和微波电路设计知识,也需要对传输线理论和一些通信概念有深入的了解。本书也可作为研究生在大信号测量和表征方面的教材。

第 1 章简单回顾了功率放大器的特性、指标、工作类型和设计方法;同时也介绍了负载牵引系统和它们的一些重要特性。

第 2 章专注无源负载牵引系统。本章介绍了无源调谐技术的基本知识和最为常见的两种无源调谐技术:电调谐(ETS)和机电调谐(EMT)。这两种技术都可实现无源阻抗调谐。接着,本章详细讨论了负载牵引测量系统的测量和校准过程。此外,本章还详细介绍了各种无源谐波负载牵引系统架构及其相应的优缺点。最后,本章讨论了能够提升调谐范围的共性技术。

第 3 章提供了有源负载牵引技术和系统的相关细节。首先介绍了闭环有源负载牵引技术和实现方法,并包含了大量的特殊闭环负载牵引的设计细节。其次介绍了前馈有源负载牵引系统;为了增强调节范围并实现高反射的负载牵引系统,各种混合设备的方法也在讨论之列。有源开环负载牵引通过反复迭代才能收敛到一个最佳的阻抗,因此介绍了一种快速收敛的有源开环负载牵引系统的算法。

第 4 章介绍了基于正向配置和反向配置六端口反射计的晶体管大信号表征的

理论、技术和原则,另外对与之相关的正反向配置六端口反射计的实现技术也做了介绍。为了实现晶体管噪声测试、混频器测试和设计,以及振荡器线性测试,本章对采用六端口反射计的源牵引技术也做了说明和讨论。本章也对 AM/AM 和 AM/PM 失真测试和基于六端口反射计的无源和有源负载牵引晶体管大信号特性进行了表述和讨论。

第 5 章着力于高功率微波晶体管器件的表征。传统的无源和有源负载牵引系统在测量高功率微波器件的时候会遇到很多问题。为了克服这些问题,有很多方面需要处理,本章详细地讨论了这些处理方法。本章还对高功率微波器件测量和表征所需的定制负载牵引系统进行了详细阐述和论证。最后,为了迎合大栅宽高功率微波器件的发展,本章也对一些新兴的解决方案进行了讨论。

第 6 章讨论了有源包络负载牵引(ELP)及其相关的设计和测量技术。本章首先详细地解释了谐波包络负载牵引原理,然后介绍了一些独特的包络负载牵引测量应用。

第 7 章致力于非线性时域波形测量系统的误差校正理论和方法。本章接着介绍了波形工程的概念并讨论了一些波形工程系统的应用实例。

第 8 章介绍了一些负载牵引系统的高级应用和配置。本章首先分别讨论了多音激励和调制激励的负载牵引系统概念;实验表明,这个系统对一些现实生活中的实际应用特别有用。本章接着详细描述了采用负载牵引和源牵引系统的噪声测试并展示了混频器的负载牵引表征和测量。

致　谢

　　诚挚地感谢那些帮助和支持我们的朋友、同事、工作人员和学生；他们分别来自于卡里加尔大学 iRadio 实验室、蒙特利尔巴黎综合理工学院 Poly‑grames 研究中心和英国的卡迪夫大学。非常感激我们的学生和研究者，他们的帮助对本书的成书至关重要。特别感谢 R. G. Bosisio 博士和 P. J. Tasker 博士，二位学者提供了有用的评论、讨论和多年以来的协作，本书许多结果都来自于我们和他们多年的协作。同时感谢 C. Heys，她做了最终的审查，完成了符合格式的排版；另外感谢 Ivanad' Adamo 在此事中的领导工作。还需感谢 IEEE 和 Focus Microwaves 公司，它们提供了很多发表在它们杂志和应用文档中的图片和示例的许可。

　　M. Hashmi 博士感谢加拿大亚伯达的亚伯达创新科技未来（Alberta Innovates Technology Futures：AITF）为作者在卡里加尔大学 iRadio 实验室的博士后工作期间所提供的博士后基金，该基金支持了本书的写作。Ghannouchi 感谢来自于加拿大亚伯达的亚伯达创新科技未来、iRadio 实验室、加拿大研究讲座（Canada Research Chairs，CRC）和加拿大国家自然和工程理事会（Natural Science and Engineering council of Canada，NSERC）的资助和财政支持。

　　发自肺腑地感谢我们各自的妻子 Asma 和 Rabeya，以及 Layla Ghannouchi、Nadia Ghannouchi 和 Jafar Talal Hashmi 几个孩子，我们花费了很多个夜晚和周末来准备此书，他们对此极为支持并且毫无怨言。我们也分别感谢各自的父母，他们在我们研究生阶段和工作早期提供了鼓励和极为珍贵的支持。

目　　录

第1章　基础知识 ································· 1

　1.1　简介 ····································· 1

　1.2　功率放大器特性 ····························· 2

　1.3　功率放大器的指标 ··························· 4

　　1.3.1　漏极效率和 PAE ······················· 4

　　1.3.2　交调失真和谐波失真 ···················· 6

　　1.3.3　邻信道功率比 ························· 7

　　1.3.4　误差矢量幅度 ························· 8

　1.4　功率放大器 ······························· 9

　1.5　功率放大器设计技术 ·························· 13

　　1.5.1　基于 CAD 的设计技术 ···················· 13

　　1.5.2　基于测量的设计技术 ···················· 14

　1.6　非线性微波测量系统 ·························· 14

　　1.6.1　负载牵引定义 ························· 14

　　1.6.2　负载牵引优势 ························· 15

　1.7　负载牵引重要指标 ··························· 16

　　1.7.1　反射系数的可重复性 ···················· 16

　　1.7.2　调谐范围和分布 ······················· 17

　　1.7.3　调谐速度 ··························· 17

　　1.7.4　功率容量 ··························· 17

　　1.7.5　调谐器分辨率 ························· 18

　　1.7.6　调谐器带宽 ·························· 18

　　1.7.7　调谐器体积 ·························· 18

　1.8　常见负载牵引系统 ··························· 18

　参考文献 ··································· 20

第2章　无源负载牵引系统 ······················· 24

　2.1　简介 ··································· 24

2.2　无源负载牵引系统 ·· 25
　　2.2.1　机电调谐器 ·· 25
　　2.2.2　电子调谐器 ·· 27
　　2.2.3　机电调谐器与电子调谐器的对比 ········· 28
2.3　负载牵引测量 ·· 30
　　2.3.1　负载牵引配置 ·· 31
　　2.3.2　系统校准 ·· 32
2.4　谐波负载牵引系统 ·· 36
　　2.4.1　基于三工器的谐波负载牵引系统 ·········· 38
　　2.4.2　基于谐波抑制调谐器的谐波负载牵引系统 ····· 39
　　2.4.3　单调谐器负载牵引系统 ·························· 40
　　2.4.4　谐波负载牵引系统比较 ·························· 41
2.5　调谐范围增强技术 ·· 43
　　2.5.1　增强环路结构 ·· 43
　　2.5.2　级联调谐器 ·· 44
参考文献 ··· 45

第3章　有源负载牵引系统 ··· 48
3.1　简介 ··· 48
3.2　闭环负载牵引 ·· 48
　　3.2.1　系统实现 ·· 49
　　3.2.2　闭环系统分析 ·· 50
3.3　闭环负载牵引系统的结构 ·· 54
3.4　环路负载牵引系统的优化设计 ·································· 56
3.5　前馈负载牵引系统 ·· 60
3.6　前馈负载牵引系统优化设计 ····································· 62
3.7　谐波前馈负载牵引系统 ··· 65
3.8　开环负载牵引系统 ·· 67
3.9　开环和前馈负载牵引系统的收敛算法 ····················· 69
3.10　有源负载牵引技术对比 ·· 73
参考文献 ··· 74

第4章　六端口负载牵引系统 ··· 77
4.1　简介 ··· 77
4.2　阻抗和功率流测量 ·· 77

4.3 六端口反向配置 ·· 79
　4.3.1 六端口反射计反向配置中的校准 ···················· 79
　4.3.2 误差框计算 ·· 82
　4.3.3 讨论 ·· 83
4.4 六端口反射计源牵引配置 ·································· 84
4.5 六端口反射计负载牵引配置 ······························ 85
　4.5.1 无源负载牵引系统 ···································· 85
　4.5.2 有源支路负载牵引系统 ······························· 86
　4.5.3 有源环路负载牵引系统 ······························· 87
4.6 在片负载牵引测试 ·· 88
4.7 源牵引系统的应用 ·· 90
　4.7.1 低噪声放大器表征 ···································· 90
　4.7.2 混频器表征 ··· 91
　4.7.3 功率放大器表征 ·· 91
4.8 振荡器测量 ·· 93
4.9 AM/AM 和 AM/PM 测量 ···································· 94
　4.9.1 操作原则 ··· 95
　4.9.2 测量流程 ··· 97
参考文献 ··· 98

第5章 大功率负载牵引系统 ···································· 100
5.1 简介 ·· 100
5.2 已有负载牵引系统的缺点 ·································· 100
　5.2.1 高驻波比所带来的问题 ······························· 101
　5.2.2 负载牵引大功率器件所遇问题 ···················· 104
5.3 大功率负载牵引 ··· 106
　5.3.1 预匹配技术 ··· 106
　5.3.2 环路增强负载牵引 ···································· 109
　5.3.3 $\lambda/4$ 变换器技术 ···································· 110
　5.3.4 宽带阻抗变换器技术 ·································· 112
5.4 阻抗变换网络对负载牵引功率和驻波比的影响 ········ 112
5.5 混合负载牵引系统 ··· 116
5.6 校准和数据提取 ··· 119
参考文献 ··· 122

第6章　包络负载牵引系统 ⋯⋯⋯⋯⋯⋯⋯⋯⋯⋯⋯⋯ 124

　6.1　简介 ⋯⋯⋯⋯⋯⋯⋯⋯⋯⋯⋯⋯⋯⋯⋯⋯⋯⋯ 124

　6.2　包络负载牵引概念 ⋯⋯⋯⋯⋯⋯⋯⋯⋯⋯⋯⋯⋯ 124

　　6.2.1　数学公式 ⋯⋯⋯⋯⋯⋯⋯⋯⋯⋯⋯⋯⋯⋯ 125

　6.3　工程实现方法 ⋯⋯⋯⋯⋯⋯⋯⋯⋯⋯⋯⋯⋯⋯ 126

　　6.3.1　控制单元设计方法 ⋯⋯⋯⋯⋯⋯⋯⋯⋯⋯ 127

　6.4　包络负载牵引系统校准 ⋯⋯⋯⋯⋯⋯⋯⋯⋯⋯ 129

　　6.4.1　误差流模型公式 ⋯⋯⋯⋯⋯⋯⋯⋯⋯⋯⋯ 129

　　6.4.2　误差流模型的化简 ⋯⋯⋯⋯⋯⋯⋯⋯⋯⋯ 130

　　6.4.3　校准技术 ⋯⋯⋯⋯⋯⋯⋯⋯⋯⋯⋯⋯⋯⋯ 131

　　6.4.4　校准技术的评估 ⋯⋯⋯⋯⋯⋯⋯⋯⋯⋯⋯ 134

　6.5　稳定性分析 ⋯⋯⋯⋯⋯⋯⋯⋯⋯⋯⋯⋯⋯⋯⋯ 136

　6.6　包络负载牵引系统的特征 ⋯⋯⋯⋯⋯⋯⋯⋯⋯ 137

　6.7　谐波包络负载牵引系统 ⋯⋯⋯⋯⋯⋯⋯⋯⋯⋯ 138

　6.8　包络负载牵引系统的特殊应用 ⋯⋯⋯⋯⋯⋯⋯ 140

　　参考文献 ⋯⋯⋯⋯⋯⋯⋯⋯⋯⋯⋯⋯⋯⋯⋯⋯⋯ 143

第7章　波形测量和波形工程 ⋯⋯⋯⋯⋯⋯⋯⋯⋯⋯⋯ 146

　7.1　简介 ⋯⋯⋯⋯⋯⋯⋯⋯⋯⋯⋯⋯⋯⋯⋯⋯⋯⋯ 146

　7.2　理论分析 ⋯⋯⋯⋯⋯⋯⋯⋯⋯⋯⋯⋯⋯⋯⋯⋯ 147

　7.3　历史回顾 ⋯⋯⋯⋯⋯⋯⋯⋯⋯⋯⋯⋯⋯⋯⋯⋯ 148

　7.4　实际的波形测量系统 ⋯⋯⋯⋯⋯⋯⋯⋯⋯⋯⋯ 151

　7.5　系统校准 ⋯⋯⋯⋯⋯⋯⋯⋯⋯⋯⋯⋯⋯⋯⋯⋯ 152

　　7.5.1　第一步:功率通量校准 ⋯⋯⋯⋯⋯⋯⋯⋯⋯ 153

　　7.5.2　第二步:S参数校准 ⋯⋯⋯⋯⋯⋯⋯⋯⋯⋯ 153

　　7.5.3　第三步:增强校准 ⋯⋯⋯⋯⋯⋯⋯⋯⋯⋯⋯ 155

　　7.5.4　校准评估 ⋯⋯⋯⋯⋯⋯⋯⋯⋯⋯⋯⋯⋯⋯ 156

　7.6　基于六端口器件的波形测量系统 ⋯⋯⋯⋯⋯⋯ 157

　　7.6.1　多谐波参考源 ⋯⋯⋯⋯⋯⋯⋯⋯⋯⋯⋯⋯ 158

　　7.6.2　六端口反射计测量原理 ⋯⋯⋯⋯⋯⋯⋯⋯ 159

　　7.6.3　多谐波六端口反射计架构 ⋯⋯⋯⋯⋯⋯⋯ 159

　　7.6.4　多谐波六端口反射计的校准 ⋯⋯⋯⋯⋯⋯ 161

　　7.6.5　校准验证 ⋯⋯⋯⋯⋯⋯⋯⋯⋯⋯⋯⋯⋯⋯ 162

7.7　波形工程 ……………………………………………………… 163

7.8　波形工程的应用 ……………………………………………… 164

    7.8.1　晶体管表征 ………………………………………………… 164

    7.8.2　融合 CAD 技术 …………………………………………… 165

    7.8.3　功率放大器设计 …………………………………………… 165

参考文献 …………………………………………………………… 167

第 8 章　高级配置及应用 ……………………………………… 170

8.1　简介 …………………………………………………………… 170

8.2　多音负载牵引技术 …………………………………………… 170

8.3　实时多谐波负载牵引技术 …………………………………… 174

8.4　调制信号负载牵引技术 ……………………………………… 179

8.5　多音包络负载牵引技术 ……………………………………… 181

8.6　宽带负载牵引技术 …………………………………………… 184

    8.6.1　宽带负载牵引途径 ………………………………………… 185

    8.6.2　系统描述 …………………………………………………… 186

8.7　噪声表征 ……………………………………………………… 188

    8.7.1　噪声参数测量 ……………………………………………… 188

    8.7.2　噪声参数测量系统 ………………………………………… 191

8.8　混频器表征 …………………………………………………… 193

    8.8.1　测量系统 …………………………………………………… 193

    8.8.2　实验流程 …………………………………………………… 195

参考文献 …………………………………………………………… 196

内容简介 …………………………………………………………… 200

作者简介 …………………………………………………………… 201

第1章 基 础 知 识

本章介绍三个方面的基础知识:射频功率放大器的基本概念、功率放大器优化设计方法和负载牵引测量系统。

1.1 简介

射频功率放大器(Radio Frequency Power Amplifier,RFPA)是所有无线通信系统中的重要组件。它负责把直流功率转化为射频功率,并通过无线网络,将含有数字信息的射频信号从发射机传输到接收机。射频功率放大器的效率和线性度对无线通信系统的成本、可靠性、体积和性能有着重要的影响。

功率放大器工作在接近饱和区的位置,因此设计高效率和高线性度的功率放大器是一个复杂的过程。功率放大器工作在饱和区能增加它的效率,但是同时也增加了它的失真度。因此,在功率放大器设计中,我们需要在效率和线性度之间进行平衡。效率是衡量功率放大器将直流功率转化为射频功率的能力,这个指标对于任何功率放大器都尤为重要。当功率放大器输出相同的功率量时,低效率的功率放大器需要比高效率的功率放大器消耗更多的直流能量。

手持终端设备一般采用电池作为主要的能量来源,低效率意味着更短的通话时间和更短的待机时间。效率是衡量最终产品能否走向市场的重要因素。另外,低效率产品会产生大量的热量,因此需要为产品安装高容量的散热装置,最终增加产品的成本。

在功率放大器设计中,线性度表示功率放大器能在多大程度上无失真地放大输入信号。功率放大器总是表现出某种程度上的非线性失真;根据应用背景不同,我们对非线性失真的容忍程度也有所差异。例如,基于 CDMA(Code Division Multiple Access)和 WCDMA(Wideband Code Division Multiple Access)的无线系统不仅要求功率放大器具有高效率,而且要求功率放大器在很宽的动态功率输出范围内具有很高的线性度。相对而言,由于 GSM 系统采用恒定包络信号,基于 GSM (Global System for Mobile Applications)的系统对线性度的要求就没有那么严格。

如果采用单一的功率器件,我们不可能使功率放大器同时达到器件本身的最佳效率指标和最佳线性指标;因此科学家研制了各种各样的高级功率放大器结构,以期让功率放大器同时实现较好的效率和线性度[1-10]。这些高级功率放大器结构包括 Doherty 结构、Kahn 结构和 LINC(Linear Amplification Using Nonlinear Components)结构。这些功率放大器拥有较好的性能,但是不可避免地增加了通信系统的复杂度,提高了系统的成本,降低了系统的可靠性。因此,功率放大器设计者一直在设计中面临挑战:他们需要找到一种合适的优化设计方法,才能较好地满足各种给定的功率放大器指标。

1.2　功率放大器特性

在介绍射频功率放大器之前,我们有必要先了解放大器的一些特征。图 1.1 中展示了一个单级射频放大器。它由输入匹配网络、输出匹配网络和晶体管三部分组成。理论上,该结构对小信号功率放大器和大信号功率放大器都适用。

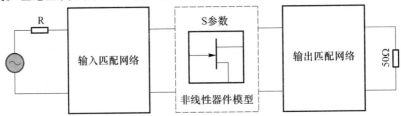

图 1.1　单级射频放大器结构框图

匹配网络在不同的应用中有所不同,对于每一种应用都需要恰当地设计。如需要对极小输入信号进行放大(即低噪声放大器),匹配网络需要让电路保持极低噪声;如需要提高放大器的最大输出功率(即功率放大器),匹配网络则需要让电路实现最大增益。除了根据应用进行分类外,匹配网络还可以根据所采用的元件特点分为三类:集总元件匹配网络;分布元件(传输线)匹配网络;同时含有集总元件和分布元件的混合匹配网络。匹配网络基本上由线性元件构成,可以被当成线性时不变网络。

根据输入信号的功率量级,有源器件既可以是线性网络,又可以是非线性网络[11]。如果输入信号的功率非常小,输出信号只是在功率上对输入信号进行了放大,此时有源器件工作在线性模式,可以被视为线性器件;相反地,如果输入信号的功率非常大,输出信号产生了谐波分量,此时有源器件工作在非线性模式,则需要被视为非线性器件。图 1.2 对这两种模型进行了描绘。

线性模式可以用散射参数,即 S 参数(Scattering Parameter)进行描述。S 参数随频率变化而变化,也与晶体管偏置条件有关,但是与激励信号的功率无关。然而,S 参数不足以描述晶体管非线性工作模式的特征。为了解决这个问题,科学家们提出了复杂的大信号模型[12-15]用以描述有源器件的非线性特性。

此外,由于功率放大器的负载线能够表征功率放大器的最大输出功率,设计者通常用它来表征功率放大器的特性。负载线表示晶体管在不同负载条件和偏置

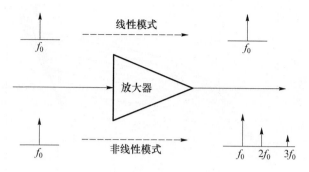

图 1.2 功率放大器的线性和非线性工作模式

条件下电流(i_{DS})和电压(v_{DS})实时变化的轨迹。

为了解释负载线理论,图 1.3 描绘了一个典型的功率放大器原理图。功率放大器的偏置网络由射频扼流电感 L_C、偏置电压源 V_{DD} 和漏极偏置电流源 I_{DD} 组成。隔直电容 C_0 需要取得足够大,以便在整个射频环节中让电压源 V_{DD} 保持稳定。在稳态的时候,式(1.1)中瞬时电流(i_{DS})和瞬时电压(v_{DS})之间的关系可以表示为

$$i_{DS} = I_{DD} - \frac{v_{DS} - V_{DD}}{Z_L} \tag{1.1}$$

式(1.1)就是负载线方程,它表示了晶体管在特定的静态工作点(I_{DD} 和 V_{DD})及负载阻抗(Z_L)下,各种可能的瞬时电流(i_{DS})和瞬时电压(v_{DS})的轨迹。对于纯实数阻抗来说,负载线方程表示的是一条直线;对于复数阻抗来说,负载线方程表示的是一个平移和旋转过的椭圆[78]。图 1.4 展示了功率放大器的典型负载线。

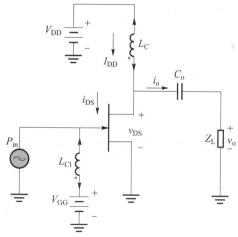

图 1.3 确定负载线的典型功率放大器原理图

在理论上,v_{DS} 可以取任何值,产生任何 i_{DS}。实际上,负载线受到图 1.4 所描绘的 DCIV 曲线的限制。从图中可以发现,晶体管的轨迹受到膝点电压(Knee Voltage)

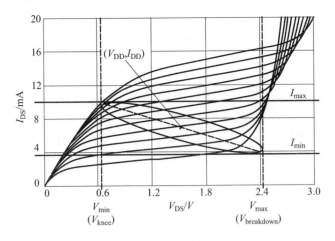

图 1.4 功率放大器的典型负载线
（虚直线表示实数负载阻抗，实椭圆线表示复数负载阻抗）

V_{min} 或 V_{knee}、击穿电压（Breakdown Voltage）V_{max} 或 $V_{breakdown}$、晶体管最大可承受电流（I_{max}）和最小可承受电流（I_{min}）的限制。

负载线是一个很有效的工具，因为通过负载线，我们可以直观地观察不同负载阻抗情况下晶体管的工作状态。然而，当晶体管没有匹配网络而直接与 50Ω 阻抗相连接时，负载线的轨迹仍然是一个椭圆而非直线，这是因为晶体管内在的寄生输出电容和 50Ω 阻抗组成了一个复数负载网络。负载线轨迹能够帮助设计者判断匹配网络的匹配情况：当晶体管的输出电容被匹配网络抵消后，在终端得到的负载线将是一条直线。

1.3 功率放大器的指标

无论功率放大器用于何种特定的场合，我们都可以采用通用的指标对功率放大器的性能进行评价，如漏极效率（η_D）、功率附加效率（Power‑Added Efficiency，PAE）、谐波失真、交调失真、邻信道功率比（Adjacent Channel Power Ratio，ACPR）和误差矢量幅度（Error Vector Magnitude，EVM）。这些指标能够对采用不同技术所设计的功率放大器的性能进行比较。

1.3.1 漏极效率和 PAE

功率放大器的效率有好几种定义，但是最为常用的是漏极效率（η_D）和 PAE。为了定义效率，可以观察图 1.5 所示的功率放大器功率流向。P_{in} 表示在一定频率范围内流向放大器的功率，P_{out} 表示在一定频率范围内流出放大器的功率。如果 P_{in} 仅仅包含一个谐波分量（即仅有基波分量），则 P_{out} 表示对应基波分量的输出功率，$(P_{out})_H$ 表示由于功率放大器的非线性特性所产生的谐波输出分量。

4

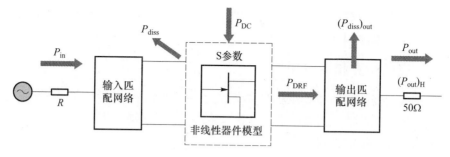

图 1.5　功率放大器的功率流向图

为了保持功率放大器正常工作,直流电源需要给有源器件提供功率,该功率用 P_{DC} 表示。有源器件受到输入交流功率 P_{in} 的激励,将 P_{DC} 和 P_{in} 提供的部分功率通过散热的方式耗散掉,剩下的功率转换为交流功率 P_{DRF},P_{DRF} 将功率传递给输出匹配网络。输出匹配网络消耗了部分 P_{DRF} 的功率,并将剩下的能量转化为输出功率 P_{out} 和 $(P_{out})_H$。功率放大器的最优设计有两个要求,首先是最小化功率放大器各级的功率损耗,其次是在最小的失真条件下,最大化负载功率输出。

漏极效率(η_D)被定义为功率放大器的输出功率 P_{out} 和直流功率 P_{DC} 之比,即

$$\eta_D = \frac{P_{out}}{P_{DC}} \tag{1.2}$$

漏极效率很适合用来衡量高增益功率放大器或输入功率较小的功率放大器;此外,功率放大器的导通损耗与输入功率无关,漏极效率也可以用来比较不同功率放大器的导通损耗。由于漏极效率忽略了输入功率的作用,它可以用于衡量无耗散的输出端口受控电阻的功率放大器效率[79]。

另一个与效率有关的定义是总效率(η_T)。它虽然很少使用,但是却具有更重要的物理意义。总效率被定义成输出功率和功率放大器所有输入功率之间的比值。根据图 1.5 的示意,总效率 η_T 被定义为

$$\eta_T = \frac{P_{out}}{P_{DC} + P_{in}} \tag{1.3}$$

总效率可以用来衡量功率放大器在减少热耗散方面的效率。它和系统总的热耗散 $(P_{diss})_T$ 的关系可以表示为

$$(P_{diss})_T = P_{DC} + P_{in} - P_{out} = \left(\frac{1}{\eta_T} - 1\right) P_{out} \tag{1.4}$$

最为常用的效率指标是 PAE,它被定义为功率放大器上增加的功率,即输出功率 P_{out} 与输入功率 P_{in} 的差值,与直流功率 P_{DC} 的比值,即

$$PAE = \frac{P_{out} - P_{in}}{P_{DC}} = \frac{P_{out}}{P_{DC}} \left(1 - \frac{P_{in}}{P_{out}}\right) = \eta_D \left(1 - \frac{1}{G}\right) \tag{1.5}$$

PAE 与系统的增益有关,比漏极效率包含了更多的信息。漏极效率单调地随着输入功率增大,而 PAE 达到最大值后开始减小直到零,甚至可以变为负值。

1.3.2 交调失真和谐波失真

功率放大器是一个非线性器件,除了激励信号的频率分量外,它还产生谐波分量。交调失真和谐波失真表示谐波分量对系统的失真影响,并为功率放大器提供了一种衡量线性度的方式。

如图 1.2 所示,当系统在单音测试信号的激励下,谐波失真表示输出端产生谐波分量的能力。一般来说,二阶谐波和三阶谐波携带了所有谐波分量中大部分能量,因此谐波失真可以根据谐波分量的大小来定义,即

$$\mathrm{HD}_{2,\mathrm{dBc}} = 10\lg\left[\frac{P_{\mathrm{out}}(2f_0)}{P_{\mathrm{out}}(f_0)}\right] \tag{1.6}$$

$$\mathrm{HD}_{3,\mathrm{dBc}} = 10\lg\left[\frac{P_{\mathrm{out}}(3f_0)}{P_{\mathrm{out}}(f_0)}\right] \tag{1.7}$$

谐波失真表示谐波功率与基波功率的比值,因此它的单位为 dBc。谐波的功率会随着输入功率变化而变化,因此谐波失真也会随着输入功率变化而变化。

另一个谐波失真术语也经常使用,即总谐波失真(Total Harmonic Distortion,THD),THD 包含了所有的谐波失真分量,它的具体表达式为

$$\mathrm{THC}_{\mathrm{dBc}} = 10\lg\left[\frac{\Sigma_{n\geqslant 2}P_{\mathrm{out}}(nf_0)}{P_{\mathrm{out}}(f_0)}\right] \tag{1.8}$$

对于无线通信系统而言,交调失真(Intermodulation Distortion,IMD)更加具有现实意义,它是两个或者多个输入信号在功率放大器中相互作用产生额外干扰信号的结果。当两个输入信号作用于功率放大器时,功率放大器会产生额外的干扰信号,这些干扰信号也称交调产物,它们可以表示为式(1.9)①,并在图 1.6 中进行了描述。

$$(\mathrm{IMD})_{\mathrm{products}} = mf_1 + nf_2 \tag{1.9}$$

式中:m 和 n 为整数,表示对应交调分量,$m + n$ 表示交调阶数。

从图 1.6 可以很明显地发现,两个三阶交调分量($2f_1 - f_2$ 和 $2f_2 - f_1$)与输入的双音信号最为相关:它们的频率非常接近输入的双音信号,并且不能轻易地被滤波器滤除。更高阶的交调分量一般对功率放大器性能影响较小,因为它们的幅度很低,或者距离输入的双音信号很远[11]。当输入的双音信号分量 f_1 和 f_2 非常接近时,式(1.10)显示了三阶交调(Third - order Intermodulation Product,IMD3)的定义,即

---

① 译者注:原文为"式(1.17)",根据上下文修改。

6

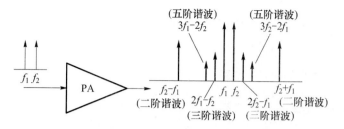

图 1.6 双音激励下的交调产物及其对应的频率分量

$$\text{IMD}_{3.\text{dBc}} = 10\lg\left[\frac{P_{\text{out}}(2f_2 - f_1)}{P_{\text{out}}(f_2)}\right] \approx 10\lg\left[\frac{P_{\text{out}}(2f_1 - f_2)}{P_{\text{out}}(f_1)}\right] \tag{1.10}$$

另一个用于描述功率放大器线性度的指标是截断点。图 1.7 显示了三阶截断点（Third – order Intercept Point，IP3）的定义方法。IP3 是一个很重要的参数，可以用来估计无杂散动态范围（Spurious Free Dynamic Range，DRSF）[80]。

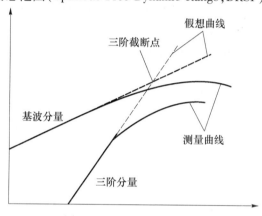

图 1.7 三阶截断点示意图

值得注意的是，THD、IMD3 和 IP3 都能很好地衡量功率放大器弱记忆效应[16]。但是，这些参数并不足以表示功率放大器在饱和时所表现出来的强非线性。

1.3.3 邻信道功率比

当功率放大器表现出强非线性时，或者当功率放大器受到数字调制信号激励时，在这两种情况下，邻信道功率比更能表示功率放大器的非线性特性。毕竟谐波失真只对单音信号激励适用，而交调失真只对特定数量的信号（通常是双音信号）激励适用。

如图 1.8 所示，ACPR 表示频谱展宽的效果，以载波频谱功率为基础，表示邻近信号频谱功率，它的单位为 dBc。ACPR 定义为泄漏到临近信道的功率与主信道之间的功率之比[17]，即

$$\text{ACPR}_{\text{dBc}} = 10\lg\left[\frac{\int_{F_2}^{F_3} P(F)\,\mathrm{d}F}{\int_{F_1}^{F_2} P(F)\,\mathrm{d}F}\right] \tag{1.11}$$

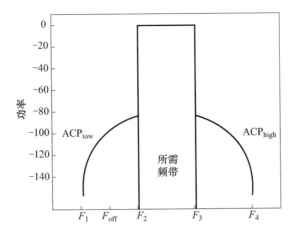

图 1.8 主信道和邻信道的频谱分布及相应的频率带宽定义[81],ⒸIEEE 2006

图 1.8 描绘了激励信号频谱(在频率 F_2 和 F_3 之间)和邻信道频谱。在一个理想的系统中,ACPR 越高越好,因为高 ACPR 表示泄漏到邻信道的功率低。

此外,测量 ACPR 需要测量在给定的频率范围(从 F_{off} 到 F_2)内的失真情况[81]。

1.3.4 误差矢量幅度

根据 3GPP 标准,EVM 衡量的是参考波形和测量波形之间的差异[82],这个差异就是所谓的误差矢量,如图 1.9 所示。EVM 一般用百分比来表示,定义为误差矢量功率的平均值与参考信号功率平均值之比的平方根,即

$$\text{EVM}_{\text{RMS}} = \sqrt{\frac{\Sigma_{k \in K} \mid S_k - R_k \mid^2}{\Sigma_{k \in K} \mid R_k \mid^2}} \tag{1.12}$$

式中:S_k 为所测量的矢量;R_k 为参考信号的矢量;K 为总的符号数量。

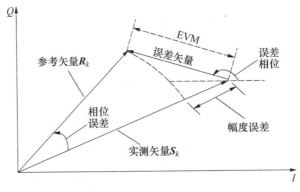

图 1.9 误差矢量幅度和相应分量的定义

ACPR 表示带外的失真情况,而 EVM 表示功率放大器非线性效应所引起的带内失真情况。EVM 和信号的信噪比有直接的联系,能够被用来确定通信系统各级联组件的物理误差,因此可以对某级联组件的特定问题进行迅速定位。EVM 优点之一是它测量起来很方便,不需要测量整个通信系统,仅仅测量下变频后的数字调制信号即可获得[17]。

1.4　功率放大器

跨导放大器(Transconductance Amplifier)是最常见的功率放大器。和大多数功率放大器类似,跨导放大器的晶体管可以等效为电流源,其电流受到输入电压的调制。如图 1.10 所示,放大器中的晶体管驱动受控电流流向负载网络,图中的负载网络由谐波滤波器和阻性负载组成。谐波滤波器在基波时呈现高阻抗,而在谐波处呈现极低阻抗;这样可以保证晶体管端的基波电阻仅等于简单的负载电阻 R_L,而谐波电阻近似开路。因此,不管什么样的电流输入到晶体管,晶体管输出端的电压始终为正弦形式。

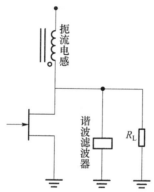

图 1.10　跨导放大器的一般拓扑结构

考虑放大器的晶体管可以等效为电流源,放大器的性能会随着电流波形变化而变化。改变或者塑形电流波形可以改变放大器的工作状态,我们常说的 A 类放大器、B 类放大器、C 类放大器和 F 类放大器就是根据放大器电流波形的特点来命名的。

A 类功率放大器的电流一直处于导通状态。在理论上,进入晶体管的电流波形应该和输出电压波形完全相同;DC 偏置电流应该足够大,以保证晶体管一直处于导通区域[79]。为了满足上述条件并得到 A 类功率放大器的最优性能,偏置点 (I_{DD}, V_{DD}) 应该选在图 1.11 所指示的位置,或者根据式(1.13)和式(1.14)所描述的条件进行选择。这样设置的偏置点能够为输出信号留下足够的空间,很难进入到晶体管的截止区和饱和区。因此,A 类功率放大器具有极低的失真。

9

$$I_{DD} = \frac{I_{max}}{2} \qquad\qquad (1.13)$$

$$V_{DD} = V_{knee} + \frac{V_{max} - V_{knee}}{2} = \frac{V_{max} + V_{knee}}{2} \qquad\qquad (1.14)$$

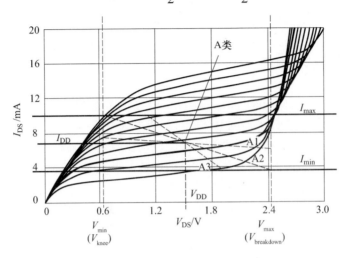

图 1.11　不同负载情况下的负载线

式(1.13)和式(1.14)所定义的偏置点也适用于小信号放大器。然而,小信号放大器和大信号放大器有着极为明显的差异。对于小信号放大器而言,恰当的匹配就是将晶体管的输出阻抗共轭匹配到终端。根据式(1.1)所提供的方法在图1.11中画出负载线,即图中的 A1,很明显电流摆动的幅度比电流的最大值 I_{max} 小。类似地,如果负载阻抗小于晶体管的输出阻抗,负载线在图1.11中如 A3 所示,电压摆动的幅度比电压的最大值 V_{max} 小。

在 A1 和 A3 所示的情况中,晶体管都没有达到最大的输出能力,因为负载线并没有完全占据晶体管可用的电流和电压的摆动范围。但是,功率放大器的目的就在于从晶体管中获得最大的输出功率;因此负载线必须与图1.11中 A2 所示的情况相同。对于负载线 A2 而言,式(1.15)可以用来确定负载阻抗的实部,而负载阻抗的虚部可以通过匹配网络抵消掉。但是,为了获得最大输出功率而采用的匹配方法会引起晶体管和负载阻抗一定程度的失配,并在晶体管的输出端口造成较大的驻波比(Voltage Standing Wave Ratio, VSWR)[18]。

$$\mathrm{Re}(Z_L)_{opt-classA} = (R_{opt})_{classA} = \frac{V_{max} - V_{knee}}{I_{max}} \qquad\qquad (1.15)$$

A 类功率放大器的晶体管输出端口的电压和电流为正弦形式,并在电流和电压的最大承受范围内摆动,但是具体的摆动范围受到晶体管类型的影响。A 类功率放大器的直流功率、输出功率和漏极效率为

$$P_{DC} = V_{DD}I_{DD} = \left(\frac{I_{max}}{2}\right)\left(\frac{V_{max} + V_{knee}}{2}\right) \tag{1.16}$$

$$(P_{out})_{classA} = \frac{I_{out}^2 (R_{opt})_{classA}}{2} = \frac{(I_{max}/2)^2}{2}\left(\frac{V_{max} - V_{knee}}{I_{max}}\right)$$

$$= \frac{I_{max}(V_{max} - V_{knee})}{8} = \frac{I_{max}(V_{DD} - V_{knee})}{4} \tag{1.17}$$

$$(\eta_D)_{classA} = \frac{(P_{out})_{classA}}{P_{DC}} = \frac{V_{max} - V_{knee}}{2(V_{max} + V_{knee})} = \frac{V_{DD} - V_{knee}}{2V_{DD}} \tag{1.18}$$

从式(1.16)、式(1.17)和式(1.18)可以得知,输出功率和漏极效率会随着输出电流 I_{out} 平方的增加而增加;但是直流功率却一直没有变化。当输出电流 I_{out} 达到它所允许的最大值 $I_{max}/2$ 时,A 类功率放大器达到饱和状态,并且具有最优的输出功率 P_{out} 和效率。

当膝点电压 V_{knee} 非常小时,A 类功率放大器的理论最大效率为 50%,这是因为它一直消耗直流功率,所以效率特别低。为了提升效率,我们可以减小偏置电流 I_{DD} 的值,但最大的电压和电流摆动范围与 A 类功率放大器保持一致。减小偏置电流可以通过减小导通角来实现,因此该类功率放大器又称减低导通角功率放大器(Reduced Conductions Angle Power Amplifier)[83]。

为了增强跨导功率放大器的效率,电流和电压波形中至少有一个波形为非正弦。例如,可以让电压波形和 A 类功率放大器的电压波形一样,而电流在整个周期内只有部分时间导通;具有这样特点的功率放大器被称为减低导通角功率放大器。根据导通角的导通时间,功率放大器可以分为 AB 类功率放大器、B 类功率放大器和 C 类功率放大器。表 1.1 对这些功率放大器做了总结。功率放大器的导通角 α 由静态栅极电压(Quiescent Gate Voltage, VGSQ)决定。VGSQ 是晶体管截断电压(Pinch – off Voltage)V_p 和内建电场 V_{bi} 的函数。

表 1.1 功率放大器的分类与导通角的关系

类别	导通角(α)	偏置电压(V_{GSQ})	偏置电流(I_Q)
A	2π	$V_p + 0.5 \times (V_{bi} - V_p)$	$0.5 \times I_{max}$
AB	$\pi - 2\pi$	$V_p + (0 \to 0.5) \times (V_{bi} - V_p)$	$(0 \to 0.5) \times I_{max}$
B	π	V_p	0
C	$0 - \pi$	小于 V_p	0

当导通角减小时,功率放大器的线性度也受到影响。这是因为当导通角减小时,输出电流和电压的摆动范围比线性区域小。A 类功率放大器的线性最好;从 A 类功率放大器到 C 类功率放大器,它们的线性度越来越差。然而如果晶体管的跨导 g_m 能够保持常数,那么 A 类功率放大器和 B 类功率放大器能够有相似的线性度

指标[21]。不过这样的情形很少发生，一般情况下 A 类功率放大器具有更好的线性度。

尽管拥有较高的效率，具有短路谐波终端的减低导通角功率放大器也存在一些缺点。如果峰值电流保持常数，减低导通角功率放大器需要更多的射频输入信号功率，因此它的增益也随着减少。这个问题极大地限制了减低导通角功率放大器在高增益功率放大器设计中的应用。

为了解决功率放大器输出端口谐波带来的问题，提升输出功率和漏极效率，有两种可行的解决方案：一是让二次及以上的谐波呈现出开路状态；二是对漏极电流和电压波形进行塑形操作。E 类功率放大器和 D 类功率放大器采用的是前一种方案[19, 20, 22, 23]；F 类功率放大器、逆 F 类功率放大器、J 类功率放大器和连续 J 类功率放大器采用的是后一种方案[23-27]。

除 F 类功率放大器具有奇次谐波，F 类功率放大器和 B 类功率放大器具有相同的概念。增加奇次谐波后，F 类功率放大器的电压波形接近方波波形。在这种情况下，奇次谐波呈现出开路状态，谐波电压存在而谐波电流的值为零；因此该方法增加了晶体管放大区和跨导区的导电性，驱使电路波形底部变得平整[79]。由于奇次谐波具有对称性，对电压波形底部的平整操作也会让电压波形的顶部变得平整[79]。

当 F 类功率放大器所有的奇次谐波全部开路后，它的电压波形成为理想的方波，它的理论效率可以达到 100%，这是 F 类功率放大器的主要优点。理想的 F 类功率放大器中晶体管像开关一样工作，因此 F 类功率放大器也称开关模式功率放大器（Switched Mode Power Amplifier）。由于 F 类功率放大器所采用的方波幅度是正弦波幅度的 $4/\pi$ 倍，在不增加峰值电压和峰值电流的情况下 F 类功率放大器能够增加大概 27% 的输出功率[59, 79]，这是 F 类功率放大器的又一个优点。

F 类功率放大器的主要限制在于所需要的谐振器个数会随着所需要控制的谐波个数增加而增加。从这个角度看，尽管具有可综合的负载牵引数据，考虑系统设计的复杂度，很少有 F 类功率放大器控制三次以上的谐波。然而，尽管只控制了前三阶谐波，F 类功率放大器仍然具有非常高的效率；作为 F 类功率放大器的变形，逆 F 类功率放大器也具有非常高的效率[22, 84]。

与 F 类功率放大器类似，开关模式功率放大器的工作原则为高电压和高电流不同时在晶体管的跨导区域出现。由于实际的晶体管并不可能控制所有的谐波成分，因此电流和电压波形还是有一些重叠。开关切换功率放大器（Switching Power Amplifier）克服了开关模式功率放大器的这个缺点，它使晶体管像开关一样工作，要么工作在高阻抗区，要么工作在高导电性的放大区。晶体管操控负载阻抗或翻转负载阻抗，以此作为调控功率放大器性能表现的手段。具有这种特点的功率放大器包括 D 类功率放大器、逆 D 类功率放大器、E 类功率放大器和逆 E 类功率放大器[85, 86]。由于开关切换功率放大器的电流和电压波形没有交叠，它们的理论效率为 100%。

1.5　功率放大器设计技术

根据测量系统的有无、建模的方式和仿真程序的选择,功率放大器的设计技术通常分为两大类:一是基于 CAD 技术的设计方法,它通过晶体管的模型来预测功率放大器的性能表现;二是基于测量的设计方法,它先将晶体管的设计参数(如增益、输出功率和 PAE)测量出来,然后再将这些参数应用到功率放大器的设计中。

1.5.1　基于 CAD 的设计技术

采用 CAD 设计有源或者无源线性微波器件已经变成一种标准做法;但非线性微波器件(比如功率放大器)的标准设计方法还未形成统一。然而,基于 CAD 技术的功率放大器设计变得流行起来,这是因为现在有很多优良的 CAD 工具,比如高级设计系统(Advanced Design System,ADS)软件和微波办公室(Microwave Office,MWO)软件[28, 29]。

基于 CAD 技术的功率放大器设计流程如图 1.12 所示。首先需要在理论上建立特定的晶体管模型,并初步完成晶体管模型的提取[30, 31]。接着采用大信号测量方法,如矢量大信号测试方法[32],对特定晶体管进行实验,以获得模型提取所需要的测量数据。

接下来选择模型提取方法,选择合适的 CAD 建模环境,并对模型进行提取[33-36]。再采用迭代的方法对模型的精准度和可靠性进行验证。当所需要的性能表现达到预期的精准度时,模型建立完成。功率放大器设计者就可以开始使用晶体管的模型,并采用 CAD 技术进行功率放大器设计;当所有的设计指标与功率放大器的测试指标相吻合时,功率放大器整个设计过程结束。

这种方法的优点是非线性电路和系统能够通过各种 CAD 工具进行建模。在实验开始前,CAD 工具就能够帮助设计者应对各种复杂的设计问题。非线性仿真算法允许设计者在昂贵的演示样机制造之前,围绕非线性模型做一些必要的设计,并预测整个系统的所有指标。其中,谐波平衡(Harmonic Balance,HB)仿真就是一种典型的非线性仿真算法。

如果在仿真中发现了设计瑕疵,CAD 工具可以给

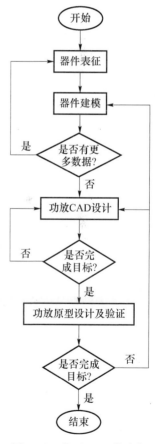

图 1.12　基于 CAD 的功率放大器设计流程

13

设计者提供一个快速、简洁和廉价的检查和重做的方法。在设计和验证阶段采用CAD 工具能够提高一次成型设计(First – pass Design)的概率。

1.5.2　基于测量的设计技术

基于测量的功率放大器设计的流程如图 1.13 所示。为了获得所选定晶体管的关键指标,比如增益、效率和负载牵引等效率圆与等功率圆,首先需要对所选定的晶体管进行测量和表征。

从第一步测量中所获得的数据直接用于功率放大器的原型设计和辅助电路设计,如匹配网络和偏置网络等。当所设计的功率放大器成功地通过测试后,设计过程结束。这种设计方法的优点在于取消了耗时耗力的晶体管建模,它的精度依赖于产生数据的测量系统。

基于测量的设计方法在过去被认为是极度的冒险,但是高精度大信号测量设备的出现[37-43],极大地提高了基于测量的设计方法的效率。由于晶体管是工作在真实的驱动情况下,测量系统能够获得更多的高精度关键指标的细节。比如,为了获得所设计的高效率功率放大器的测量数据,大信号波形测量系统能够监测、控制和改变晶体管端口的电流和电压波形[44,45]。由于功率放大器是基于预先给定工作条件下的测量数据来设计的,因此这类测量系统同样能够实现功率放大器设计中一次成型的目标。

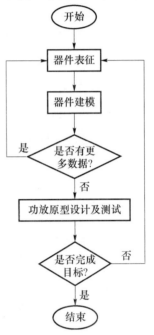

图 1.13　基于测量的功率放大器设计流程

1.6　非线性微波测量系统

随着人们对晶体管性能的要求越来越高,晶体管的工作点一般选择在压缩点,即非线性区域。测量晶体管的非线性工作需要大信号测量系统(也称非线性测量系统)。对于功率放大器来说,大信号测量系统[37-43]和负载牵引(Load Pull)测试平台[46-52]是测量晶体管在真实激励下性能表现不可或缺的利器。

1.6.1　负载牵引定义

一般来说,负载牵引专指通过精确控制,探索被测件(Device Under Test,DUT)在不同预设阻抗下的性能表现[47],这是获取被测件最优性能的有效手段。在负载牵引测量中,通过改变终端的阻抗、频率和偏置,可以快速而精确地获得晶体管的最优性能及其对应的条件。对于功率放大器而言,最优负载阻抗主要依赖于晶体管所表现出来的非线性特性。与线性系统可以直接采用 S 参数对最优负载条件进行描述[18, 19]不同,在非线性系统中,为了从晶体管中提取所需的设计参数,负载牵引系统需要通过实验,改变阻抗调谐器以寻找合适的阻抗值。如图1.14所示,在实验的过程中一般是通过调谐器(Tuner)改变负载反射系数(Reflection Coefficient)Γ_L 来寻找最佳阻抗值。

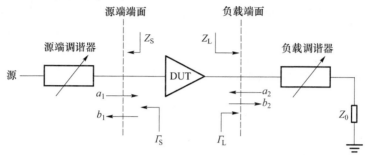

图 1.14 采用输出调谐器,在负载端面测量反射系数的示意图[46],ⒸIEEE 2011

所需要的匹配阻抗 Z_L、行进波 a_2 和 b_2,及反射系数 Γ_L 的关系可以通过式(1.19)和式(1.20)来描述,即

$$\Gamma_L = \frac{Z_L - Z_0}{Z_L + Z_0} \tag{1.19}$$

$$\Gamma_L = \frac{b_2}{a_2} \tag{1.20}$$

式中:Z_0 为被测件在系统中所采用的特征阻抗,一般为 50Ω。

总之,负载牵引系统包含三个部分:一是有源阻抗调谐器或无源阻抗调谐器[46-52];二是可以精确控制调谐系统以达到所需阻抗的控制系统;三是可以测量被测件端口行进波的测试设备。

1.6.2 负载牵引优势

利用负载牵引对高频率的功率晶体管进行测量和表征有很多优点。高频率的有源和无源器件设计需要精确的测量。无源器件具有线性特征,完全可以通过与频率相关的 S 参数进行表征[18];但是,以功率晶体管为代表的有源器件一般具有非线性特征,无法通过线性的 S 参数进行精确的表征。

例如,有源组件的输出电流和电压都是非线性的,会产生激励源中不存在也不需要的频谱分量、谐波分量和交调分量。

在功率放大器设计中,输入和输出端口的阻抗极为重要,因为它们影响到估计和确定放大器的行为和性能的准确性。因此,在功率放大器设计中评估输入和输出端口的阻抗很重要,正确地选择输入和输出端口的阻抗能够优化功率放大器的

15

一系列参数,如输出功率、PAE 和增益。

通过对阻抗进行精确和可控的设置,负载牵引系统可以快速、精准和可靠地确定功率放大器的性能参数。负载牵引系统还可以对调制信号驱动下的晶体管进行测量和表征,以满足测量功率放大器在时变负载阻抗情况下的线性度[53]。

对于混频器[54]和振荡器[55, 56]之类的非线性微波器件,采用负载牵引系统确定最优负载条件具有重要的作用。在很多应用中,通过理论预测[57-59]和实验观察[60-70]发现:负载终端的谐波频率对晶体管的性能有较大影响。在这些应用中,谐波负载牵引允许在不同的频点(一般是二阶谐波和三阶谐波),调节反射系数 Γ_L 来寻找最佳阻抗[47, 48]。

利用负载牵引所产生的测量数据,可以在 CAD 平台上建立非线性器件的模型并对该模型进行验证,这是负载牵引另一个重要应用领域[33-36],这对一次成型功率放大器设计尤为重要。

1.7　负载牵引重要指标

设计者应该如何选择种类繁多的负载牵引调谐器[46-52]? 选择负载牵引调谐器最为重要的因素是什么? 答案其实很简单:选择负载牵引系统调谐器首要因素是考虑调谐器的特性能否满足测量应用的需要,当然可重复性和分辨率是所有负载牵引系统都需要考虑的问题。

例如,对于高速晶圆在片(On-wafer)器件测试,无源固态负载牵引系统[71]可能是更佳的选择,因为它不涉及机械振动;对于封装器件的噪声和功率测试,无源机械负载牵引系统是值得考虑的对象;对于高功率应用来说,有源负载牵引系统[49-51]更加合适,因为它能够对高反射系数进行综合。因此,在为特殊应用选择负载牵引系统前,有好几个因素需要深入考虑。

1.7.1　反射系数的可重复性

在使用全自动调谐器的负载牵引系统进行测量之前,需要对调谐器进行校准,因此调谐器能够复现被测件的阻抗特性尤为重要。在负载牵引系统中进行阻抗综合时,任何差异都能影响到匹配网络的精度或者器件模型的精度。调谐器的可重复性保证了从全自动负载牵引系统中所获得的数据真实可靠,并能用于构建高精度的器件模型和匹配网络设计。

阻抗调谐器的可重复性可以用反射系数之间的误差进行衡量。当调谐器中所有参数相同、水平和垂直距离也相同时,那么利用校准过的矢量网络分析仪(Vector Network Analyzer,VNA)进行测量应该得到相同的效果。因此,当谈到测量阻抗调谐器的可重复性时,我们在 Smith 圆图上对一系列的调谐器的位置进行两次测量,第一次测量结果保存在矢量网络分析仪存储空间中,然后进行第二次测量,并

从矢量网络分析仪存储空间中取回第一次测量所保存的结果,并对二者进行对比。可重复性用下列表达式进行衡量[73]:

$$(S_{11})_{\text{repeatability}} = 20 \cdot \lg(\mid (S_{11})_{\text{measured}} - (S_{11})_{\text{memory}} \mid) \quad (1.21)$$

式中:$(S_{11})_{\text{measured}}$为第二次测量所得到的 S 参数;$(S_{11})_{\text{memory}}$为存储在矢量网络分析仪存储空间中的 S 参数。

可重复性一般用分贝做单位。以商用的无源机械调谐器和无源固态调谐器为例,它们在 50 GHz 以下的可重复性分别可以做到 -60dB 和 -70dB[74]。有源负载牵引系统的可重复性稍差一点[49-51],但是有源包络负载牵引系统的可重复性也可以达到 -55dB 左右[75]。

1.7.2　调谐范围和分布

调谐器的调谐范围(Tuning Range),一般也称为反射构建能力,是指调谐器所能综合的反射系数的范围。原则上,调谐器的调谐范围对高功率器件影响更大,这是因为高功率器件经常遇到极低输出阻抗。一般来说,无源调谐器在低功率和中等功率的器件测量中能够很好地实现测量目的,因为这两类器件的反射系数靠近 Smith 圆图的中心。然而,当反射系数处于 Smith 圆图的边缘时,无源调谐器在综合反射系数时就存在一定的限制[47,48];另外在高功率晶体管负载牵引和谐波负载牵引测试中,无源调谐器也很受限制。

另外,有源负载调谐器不会受到调谐范围的限制,因此它可以实现高功率器件和谐波负载牵引的测量和表征[46]。有源调谐器也可以综合在 Smith 圆图之外的反射系数,因此它可以用来设计振荡器。

调谐范围分布是指调谐器所产生的反射系数在 Smith 圆图上的覆盖范围。此外我们有时候还需要在指定的 Smith 圆图上的某区域对反射点进行精确控制[74]。在 Smith 圆图上的特定区域,预匹配负载牵引系统[47,48]和有源包络负载牵引系统[75]能够用于对反射系数精确要求较高的场合。

1.7.3　调谐速度

调谐速度是指调谐器从一个阻抗转换到另一个阻抗所需要的时间,它对测量次数较高的应用十分重要。除了调谐速度,总的测量时间还包括在每个阻抗点调节阻抗所花费的时间[74]。无源调谐器具有较高的测量速度。

1.7.4　功率容量

对于任何负载牵引设备而言,功率容量(Power Handling Capability)都是极为重要的参数,它描述了调谐器在保持本身完好无损的情况下能够容纳的最大平均功率或峰值功率[74]。在实际应用中,较高的调谐器插入损耗会引起调谐发热,进而导致被测件等效阻抗发生变化;另外,调谐器的不当设置会引发电晕放电(Corona Discharge），进而导致调谐器和被测件的潜在损坏[76]。高功率容量的无源调谐器能够克服上述问题[73, 74]，高功率有源负载牵引系统仔细设置后一般也能达到要求[76]。

1.7.5　调谐器分辨率

调谐器分辨率是指调谐器所能综合的阻抗点的分辨率。调谐器分辨率对于功率晶体管的表征来说是一个极为重要的参数，毕竟功率晶体管的参数，如 PAE 和输出功率，对阻抗的轻微变化都是高度敏感的。因此，高分辨率调谐器在精准测量中尤为重要。任何标准无源机械调谐器一般都能综合 10000 个阻抗点，并且可以通过调谐器级联或者插值达到数百万阻抗点的精度[77]。然而此时调谐器的精度完全依赖于插值算法的精度[77]。考虑到测量所有阻抗点需要增加一定的时间，高分辨率调谐器的测试时间大为增加。

1.7.6　调谐器带宽

调谐器带宽既可以表示调谐器所容许的频率范围，又可以表示调谐器的实时带宽。调谐器的频率范围是指调谐器所能综合的特定阻抗的频率范围；而调谐器实时带宽（又称调制带宽）是指群时延为常数所对应的频带带宽。标准无源调谐器的带宽能够从几兆赫兹至四十吉赫兹，但无法综合调制信号激励下的恒定反射系数。有源负载牵引系统能够在调制激励下实现恒定反射系数的综合。

1.7.7　调谐器体积

在晶圆在片高速器件测试中，调谐器体积也很重要。晶圆在片测试需要现场校准，因此较小的体积能够避免声波扰动和机械扰动[72]。即便我们采用了小型调谐器，也必须在进行晶圆在片测试之前对负载牵引系统做扰动测试。

1.8　常见负载牵引系统

近年来，负载牵引系统发展很快，但是根据负载牵引系统综合负载阻抗的方式，它们仍然可以归为两类：无源负载牵引系统和有源负载牵引系统。

无源负载牵引系统通过改变阻抗控制器的设置对所需阻抗进行综合，图 1.15 显示了一种典型的单探针调谐器（Single Probe Tuner），单探针调谐器可以构成如图 1.16 所示的测量设备。

无源负载牵引系统通过改变调谐器的控制策略实现反射系数综合，而有源负载牵引系统通过在被测件端口注入信号实现反射系数综合。图 1.17 展示了一个典型的有源负载牵引系统。再次强调，无论是无源负载牵引还是有源负载牵引系统都有独特的优势，不同测量环境中所需的负载牵引系统类型也有所不同。无源

图 1.15 单探针调谐器,©Focus Microwaves Inc.

图 1.16 全功能无源负载牵引系统,©Focus Microwaves Inc.

负载牵引系统常用来进行最优工作点、最优工作频率和偏置等参数的扫描;而有源负载牵引系统常用于高反射系数测量。

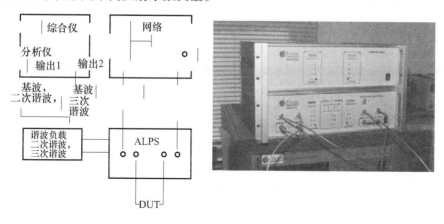

图 1.17 用于高频器件表征的有源负载牵引系统(ALPS),©Focus Microwaves Inc.

参考文献

1. H. Chireix, High power outphasing modulation. Proc. Inst. Radio Eng. **23**(II), 1370–1392 (1935)
2. W.H. Doherty, A new high efficiency power amplifier for modulated waves. Proc. Inst. Radio Eng. **24**, 1163–1182 (1936)
3. L. Kahn, Single sideband transmission by envelope elimination and restoration. Proc. Inst. Radio Eng. **40**, 803–806 (1952)
4. D.C. Cox, Linear amplification with nonlinear components, IEEE Trans. Commun. **22**, 1942–1945 (1974)
5. F.H. Raab, Efficiency of Doherty RF power amplifier system. IEEE Trans. Broadcast. **BC-33**(3), 77–83 (1983)
6. S. Bousnina, F.M. Ghannouchi, Analysis and experimental study of an L-band new topology Doherty amplifier. in *2001 IEEE Microwave Theory and Techniques Society's International Microwave Symposium Digest*, Phoenix, USA, vol. 2 (May 2001), pp. 935–938
7. B. Kim, J. Kim, I. Kim, J. Cha, The Doherty amplifier. IEEE Microw. Mag. **7**(5), 42–50 (2006)
8. M. Helaoui, F.M. Ghannouchi, Linearization of power amplifiers using the reverse Mm-linc technique. IEEE Trans. Circuits Syst. II, Express Briefs **57**(1), 6–10 (2010)
9. S.C. Jung, O. Hammi, F.M. Ghannouchi, Design optimization and DPD linearization of GaN based unsymmetrical Doherty power amplifiers for 3G multi-carrier applications. IEEE Trans. Microw. Theory Tech. **57**(9), 2105–2113 (2009)
10. R. Darraji, F.M. Ghannouchi, O. Hammi, A dual-input digitally driven Doherty amplifier architecture for performance enhancement of Doherty transmitters. IEEE Trans. Microw. Theory Tech. **59**(5), 1284–1293 (2011)
11. S.A. Maas, *Nonlinear Microwave and RF Circuits*, 2nd edn. (Artech House, Norwood, 2003)
12. J. Wood, D.E. Root (eds.), *Fundamentals of Nonlinear Behavioural Modelling for RF and Microwave Design* (Artech House, Norwood, 2005)
13. D.E. Root, J. Verspecht, D. Sharritt, J. Wood, A. Cognata, Broad-band poly-harmonic distortion behavioral models from fast automated simulations and large-signal vectorial network measurements. IEEE Trans. Microw. Theory Tech. **53**(11), 3656–3664 (2005)
14. J. Verspecht, D.E. Root, Poly-harmonic distortion modeling. IEEE Microw. Mag. **7**(3), 44–57 (2006)
15. J. Verspecht, M. Vanden Bossche, F. Verbeyst, Characterizing components under large signal excitation: defining sensible 'large signal S-parameters, in *49th IEEE ARFTG Conference*, Denver, USA (June 1997), pp. 109–117
16. S.C. Cripps, *RF Power Amplifiers for Wireless Communications*, 2nd edn. (Artech House, Norwood, 2006)
17. R. Gilmore, L. Besser, *Practical RF Circuit Design for Modern Wireless Systems*, vol. II (Artech House, Norwood, 2003)
18. D.M. Pozar, *Microwave Engineering*, 3rd edn. (Wiley, New York, 2005). ISBN 0-471-17096-8
19. G. Gonzalez, *Microwave Amplifier Design*, 2nd edn. (Prentice Hall, New York, 1996)
20. L.J. Kushner, Output performance of idealized microwave power amplifiers. Microw. J. **32**(10), 103–116 (1989)
21. P. Colantonio, J.A. Garcia, F. Giannini, E. Limiti, E. Malaver, J.C. Pedro, High linearity and efficiency microwave PAs, in *European Gallium Arsenide and Other Semiconductor Application Symposium* (2004), pp. 183–186
22. F.H. Raab, Class E, class C, and class F power amplifiers based upon a finite number of harmonics. IEEE Trans. Microw. Theory Tech. **49**(8), 1462–1468 (2001)
23. J.H. Jeong, H.H. Seong, J.H. Yi, G.H. Cho, A class D switching power amplifier with high efficiency and wide bandwidth by dual feedback loops, in *International Conference on Consumer Electronics*, Rosemont, USA (June 1995), pp. 428–429

24. J. Staudinger, Multiharmonic load termination effects on GaAs power amplifiers. Microw. J., 60–77 (1996)

25. F.H. Raab, Maximum efficiency and output of class-F power amplifiers. IEEE Trans. Microw. Theory Tech. **49**(6), 1162–1166 (2001)

26. H. Kim, G. Choi, J. Choi, A high efficiency inverse class-F power amplifier using GaN HEMT. Microw. Opt. Technol. Lett. **50**(9), 2420–2422 (2008)

27. A. Ramadan, T. Reveyrand, A. Martin, J.-M. Nebus, P. Bouysse, L. Lapierre, J.-F. Villemazet, S. Forestier, Two-stage GaN HEMT amplifier with gate-source voltage shaping for efficiency versus bandwidth enhancements. IEEE Trans. Microw. Theory Tech. **59**(3), 699–706 (2011)

28. Advanced Design System (ADS), Version 2009, Agilent Technologies: http://www.agilent.com

29. Microwave Wave Office (MWO), Version 2010, AWR Corp: http://www.awrcorp.com

30. Y. Tsividis, *Operation and Modeling of the MOS Transistor* (McGraw-Hill, New York, 1987)

31. C.M. Snowden, Nonlinear modelling of power FETs and HBTs, in *3rd International Workshop on Integrated Nonlinear Microwave and Millimeterwave Circuits*, Duisberg, Germany (Oct. 1994), pp. 11–25

32. J. Verspecht, P. Van Esch, Accurately characterizing hard nonlinear behavior of microwave components with the nonlinear network measurement system: introducing 'nonlinear scattering functions', in *5th International Workshop on Integrated Nonlinear Microwave and Millimeterwave Circuits*, Duisberg, Germany (Oct. 1998), pp. 17–26

33. D. Schreurs, J. Verspecht, S. Vandenberghe, G. Carchon, K. van der Zanden, B. Nauwelaers, Easy and accurate empirical transistor model parameter estimation from vectorial large-signal measurements, in *IEEE Microwave Theory and Techniques Society's International Microwave Symposium Digest*, Anaheim, USA (June 1999), pp. 753–756

34. A. Issaoun, R. Barrak, A.B. Kouki, F.M. Ghannouchi, C. Akyel, Enhanced empirical large-signal model for HBTs with performance comparable with physics-based models. IEE Proc. Sci. Meas. Technol. **151**(3), 142–150 (2004)

35. M. Prigent, J.C. Nallatamby, M. Camiade, J.M. Nebur, E. Ngoya, R. Quere, J. Obregon, Comprehensive approach to the nonlinear design and modelling of microwave circuits, in *IEEE Signals, Systems, and Electronics Conference*, Pisa, Italy (Oct. 1998), pp. 450–455

36. H. Qi, J. Benedikt, P. Tasker, A novel approach for effective import of nonlinear device characteristics into CAD for large signal power amplifier design, in *IEEE Microwave Theory and Techniques Society's International Microwave Symposium Digest*, San Francisco, USA (June 2006), pp. 477–480

37. J.G. Lecky, A.D. Patterson, J.A.C. Stewart, A vector corrected waveform and load line measurement system for large signal transistor characterization, in *IEEE Microwave Theory and Techniques Society's International Microwave Symposium Digest*, Orlando, USA (May 1995), pp. 1243–1246

38. D.J. Williams, P.J. Tasker, An automated active source- and load-pull measurement system, in *6th IEEE High Frequency Student Colloquium*, Cardiff, UK (Sept. 2001), pp. 7–12

39. S. Bensmida, P. Poire, F.M. Ghannouchi, Source-pull/load-pull measurement system based on RF and baseband coherent active branches using broadband six-port reflectometers, in *37th European Microwave Conference*, Munich, Germany (Oct. 2007), pp. 953–956

40. W.S. El-Deeb, M.S. Hashmi, N. Boulejfen, F.M. Ghannouchi, Small-signal, complex distortion and waveform measurement system for multiport microwave devices. IEEE Instrum. Meas. Mag. **14**(3), 28–33 (2011)

41. J. Benedikt, R. Gaddi, P.J. Tasker, M. Goss, High-power time-domain measurement system with active harmonic load-pull for high-efficiency base-station amplifier design. IEEE Trans. Microw. Theory Tech. **48**(12), 2617–2624 (2000)

42. D. Barataud, C. Arnaud, B. Thibaud, M. Campovecchio, J.-M. Nebus, J.P. Villotte, Measurements of time-domain voltage/current waveforms at RF and microwave frequencies based on the use of a vector network analyzer for the characterization of nonlinear devices – application to high-efficiency power amplifiers and frequency multipliers. IEEE Trans. Instrum. Meas. **47**(5), 1259–1264 (1998)

43. F. van Raay, G. Kompa, A new on-wafer large signal waveform measurement system with 40 GHz harmonic bandwidth, in *IEEE Microwave Theory and Techniques Society's Interna-*

tional Microwave Symposium Digest, Albuquerque, USA (June 1992), pp. 1435–1438

44. H.M. Nemati, A.L. Clarke, S.C. Cripps, J. Benedikt, P.J. Tasker, C. Fager, J. Grahn, H. Zirath, Evaluation of a GaN HEMT transistor for load- and supply-modulation applications using intrinsic waveform measurements, in *IEEE Microwave Theory and Techniques Society's International Microwave Symposium Digest*, Anaheim, USA (May 2010), pp. 509–512

45. Y.Y. Woo, Y. Yang, B. Kim, Analysis and experiments for high efficiency class-F and inverse class-F power amplifiers. IEEE Trans. Microw. Theory Tech. **54**(5), 1969–1974 (2006)

46. M.S. Hashmi, F.M. Ghannouchi, P.J. Tasker, K. Rawat, Highly reflective load-pull. IEEE Microw. Mag. **11**(4), 96–107 (2011)

47. Maury Microwave Corporation, Device characterization with harmonic load and source pull, Application Note: 5C-044, Dec. 2000

48. Focus Microwave, Load pull measurements on transistors with harmonic impedance control, Technical Note, Aug. 1999

49. G.P. Bava, U. Pisani, V. Pozzolo, Active load technique for load-pull characterization at microwave frequencies. IEE Electron. Lett. **18**(4), 178–180 (1982)

50. Y. Takayama, A new load pull characterization method for microwave power transistors, in *IEEE Microwave Theory and Techniques Society's International Microwave Symposium Digest*, New Jersey, USA (June 1976), pp. 218–220

51. F.M. Ghannouchi, F. Beauregard, A.B. Kouki, Power added efficiency and gain improvement in MESFETs amplifiers using an active harmonic loading technique. Microw. Opt. Technol. Lett. **7**(13), 625–627 (1994)

52. F.M. Ghannouchi, M.S. Hashmi, S. Bensmida, M. Helaoui, Enhanced loop passive source- and load-pull architecture for high reflection factor synthesis. IEEE Trans. Microw. Theory Tech. **58**(11), 2952–2959 (2010)

53. B. Noori, P. Hart, J. Wood, P.H. Aaen, M. Guyonnet, M. Lefevre, J.A. Pla, J. Jones, Load-pull measurements using modulated signals, in *36th European Microwave Conference*, Manchester, UK (Sept. 2006), pp. 1594–1597

54. D.-L. Le, F.M. Ghannouchi, Multitone characterization and design of fet resistive mixers based on combined active source-pull/load-pull techniques. IEEE Trans. Microw. Theory Tech. **46**(9), 1201–1208 (1998)

55. F.M. Ghannouchi, Device line simulation of high-speed oscillators using harmonic-balance techniques. Arab. J. Sci. Eng. **19**(4B), 805–812 (1994)

56. P. Berini, M. Desgagne, F.M. Ghannouchi, R.G. Bosisio, An experimental study of the effects of harmonic loading on microwave mesfet oscillators and amplifiers. IEEE Trans. Microw. Theory Tech. **42**(6), 943–950 (1994)

57. D.M. Snider, A theoretical analysis and experimental confirmation of the optimally loaded and overdriven RF power amplifier. IEEE Trans. Electron Devices **14**(12), 851–857 (1967)

58. J.D. Rhodes, Output universality in maximum efficiency linear power amplifiers. Int. J. Circuit Theory Appl. **31**, 385–405 (2003)

59. F.H. Raab, Class-F power amplifiers with maximally flat waveforms. IEEE Trans. Microw. Theory Tech. **31**(11), 2007–2012 (1997)

60. R. Negra, F.M. Ghannouchi, W. Bachtold, Analysis and evaluation of harmonic suppression of lumped-element networks suitable for high-frequency class-E operation condition approximation. IET Microw. Antennas Propag. **2**(8), 794–800 (2008)

61. M. Helaoui, F.M. Ghannouchi, Optimizing losses in distributed multiharmonic matching networks applied to the design of an RF GaN power amplifier with higher than 80 % power-added efficiency. IEEE Trans. Microw. Theory Tech. **57**(2), 314–322 (2009)

62. F.M. Ghannouchi, M.S. Hashmi, Experimental investigation of the uncontrolled higher harmonic impedances effect on the performance of high-power microwave devices. Microw. Opt. Technol. Lett. **52**(11), 2480–2482 (2010)

63. G. Zhao, S. El-Rabaie, F.M. Ghannouchi, The effects of biasing and harmonic loading on MESFET tripler performance. Microw. Opt. Technol. Lett. **9**(4), 189–194 (1995)

64. F.M. Ghannouchi, F. Beauregard, A.B. Kouki, Power added efficiency and gain improvement in MESFETs amplifiers using an active harmonic loading technique. Microw. Opt. Technol.

Lett. **7**(13), 625–627 (1994)

65. P. Wright, J. Lees, J. Benedikt, P.J. Tasker, S.C. Cripps, A methodology for realizing high efficiency class-J in a linear and broadband PA. IEEE Trans. Microw. Theory Tech. **57**(12), 3196–3204 (2009)

66. M.S. Hashmi, A.L. Clarke, S.P. Woodington, J. Lees, J. Benedikt, P.J. Tasker, Electronic multiharmonic load-pull system for experimentally driven power amplifier design optimization, in *IEEE Microwave Theory and Techniques Society's International Microwave Symposium Digest*, Boston, USA, vols. 1–3 (June 2009), pp. 1549–1552

67. E. Bergeault, O. Gibrat, S. Bensmida, B. Huyart, Multiharmonic source-pull/load-pull active setup based on six-port reflectometers: influence of the second harmonic source impedance on RF performances of power transistors. IEEE Trans. Microw. Theory Tech. **52**(4), 1118–1124 (2004)

68. G.R. Simpson, M. Vassar, Importance of 2nd harmonic tuning for power amplifier design, in *48th Automatic Radio Frequency Techniques Group Conference*, Florida, USA (Dec. 1996), pp. 1–6

69. P. Butterworth, S. Gao, S.F. Ooi, A. Sambell, High-efficiency class-F power amplifier with broadband performance. Microw. Opt. Technol. Lett. **44**(3), 243–247 (2005)

70. G. Collinson, C.W. Suckling, Effects of harmonic terminations on power and efficiency of GaAs HBT power amplifiers at 900 MHz, in *IEE Colloquium on Solid-State Power Amplifiers* (Dec. 1991), pp. 12/1–12/5

71. Maury Microwave Corporation, LP series electronic tuner system, Technical Data, 4T-081, 2002

72. Focus Microwave, Mechanical vibrations of CCMT tuners used in on-wafer load-pull testing, Application Note AN-46, Oct. 2001

73. Focus Microwave, Comparing tuner repeatability, Application Note AN-49, March 2002

74. Maury Microwave Corporation, Introduction to tuner-based measurement and characterization, Technical Data, 5C-054, Aug. 2004

75. M.S. Hashmi, A.L. Clarke, S.P. Wooding, J. Lees, J. Benedikt, P.J. Tasker, An accurate calibrate-able multi-harmonic active load-pull system based on the envelope load-pull concept. IEEE Trans. Microw. Theory Tech. **58**(3), 656–664 (2010)

76. Z. Aboush, J. Lees, J. Benedikt, P. Tasker, Active harmonic load-pull system for characterizing highly mismatched high power transistors, in *IEEE Microwave Theory and Techniques Society's International Microwave Symposium Digest*, Long Beach, USA (June 2005), pp. 1311–1314

77. Focus Microwave, High resolution tuners eliminate load-pull performance errors, Application Note AN-15, Jan. 1995

78. M. Salib, D. Dawson, H. Hahn, Load-line analysis in the frequency domain with distributed amplifier design examples, in *IEEE Microwave Theory and Techniques Society's International Microwave Symposium Digest*, Palo Alto, USA (June 1987), pp. 575–578

79. S. Kee, The class E/F family of harmonic-tuned switching power amplifiers, PhD Thesis, California Institute of Technology, 2002

80. Anritsu, Intermodulation distortion measurements using the 37300 series vector network analyzer, Application Note-11410-00213, Sept. 2000

81. R.H. Caverly, J.C.P. Jones, Contributions to adjacent channel power in microwave and wireless systems by PIN diodes, in *IEEE Microwave Theory and Techniques Society's International Microwave Symposium Digest*, San Francisco, USA (June 2006), pp. 910–913

82. 3GPP Technical Specification 25141, Base Station Conformance Testing (FDD)

83. M.A.Y. Medina, RF power amplifiers for wireless communications, PhD Thesis, Katholieke Universiteit Leuven, 2008

84. B. Ingruber, J. Baumgartner, D. Smely, M. Wachutka, G. Magerl, F.A. Petz, Rectangularly driven class-A harmonic-control amplifier. IEEE Trans. Microw. Theory Tech. **46**(11), 1667–1672 (1998)

85. S. El-Hamamsy, Design of high efficiency RF class-D power amplifier. IEEE Trans. Power Electron. **9**(3), 297–308 (1994)

86. M.J. Chudobiak, The use of parasitic nonlinear capacitors in class-E amplifiers. IEEE Trans. Circuits Syst. I, Fundam. Theory Appl. **14**(12), 941–944 (1994)

第 2 章　无源负载牵引系统

一般来说,无源负载牵引系统建立在无源调谐器之上。调谐器融合多个外围设备和一些器件就可以实现无源负载牵引系统的功能,包括矢量网络分析仪、信号发生器、功率计、偏置器和隔离器等。无源调谐器主要分为两类:机电调谐器(Electromechanical Tuner,EMT)和电子调谐器(Electronic Tuner,ETS)。了解这两类调谐器各自的限制,就能为具体应用找到最合适的调谐器。本章前面几个小节主要介绍机电调谐器和电子调谐器的特点并对比二者之间的差异。

无源负载牵引系统配置中最大的挑战是校准,它需要移除线缆和系统组件之间由于失配、散射和非理想因素所带来的误差。实际的测量端面和被测件端面之间有一定的距离,因此校准需要对测量端面进行转移,本章将详细介绍如何处理校准问题。

2.1　简介

阻抗调谐器是所有无源负载牵引系统的主要部分[1-4]。为了搜索给定目标最佳性能所对应的阻抗,调谐器一般位于被测件和功率计之间,如图 2.1 所示。最佳阻抗综合需要不断改变调谐器的设置,并利用功率计测量出对应的输出功率 P_{out}。根据最大功率传输理论[5],利用阻抗调谐器所综合的最优阻抗应该与功率计所测量的最大输出功率 P_{out} 相对应。此外,还需要单独的功率计在被测件的输入端口测量输入功率 P_{in}。

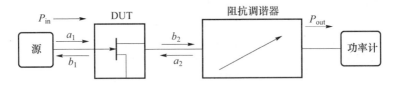

图 2.1　典型无源负载牵引系统示意图

总之,调节阻抗调谐器能够直接获得匹配的反射系数,如式(2.1)所示;而在被测件对应端口读出的输入功率和输出功率分别如式(2.2)和式(2.3)所示。

$$\Gamma_{out} = \frac{a_2}{b_2} \tag{2.1}$$

$$P_{\text{in}} = |a_1|^2 - |b_1|^2 = |a_1|^2(1 - |\Gamma_{\text{in}}|^2) \tag{2.2}$$

$$P_{\text{out}} = |b_2|^2 - |a_2|^2 = |b_2|^2(1 - |\Gamma_{\text{out}}|^2) \tag{2.3}$$

式中:Γ_{out}和Γ_{in}分别为被测件在输出端和输入端的反射系数;a和b及其下标表示在对应端口的输入波和反射波。

对式(2.1)~式(2.3)进行求解即可确定器件的设计参数,如增益、效率和PAE。寻找式(2.1)~式(2.3)的解和确定设计参数是一个迭代的过程,需要反复对负载牵引调谐器进行配置。

2.2 无源负载牵引系统

无源负载牵引系统一般采用两种调谐器:机电调谐器和电子调谐器。机电调谐器通过改变传输线水平和垂直方向的探针位置进行调谐[6];电子调谐器利用电子电路改变匹配情况以实现调谐[7]。机械调谐分为短截线调谐器(Stub Tuner)、插芯调谐器(Slug Tuner)和滑动螺杆调谐器(Slide Screw Tuner)等类型[8,9],而电子调谐器分为固态器件调谐器和PIN二极管调谐器两类[10,11]。

2.2.1 机电调谐器

为了产生可重复的微波反射系数(表现为复数形式),机电调调谐器可以对开槽传输线中的探针、短截线和插芯的位置进行精确调整。探针位移能够改变并联电纳,进而改变系统的阻抗。探针为失配元件(Mismatched Element),这是因为通过水平和垂直移动,探针能够给系统带来失配。探针的垂直移动主要引起幅度失配,而探针的水平移动主要引起相位失配。

图2.2利用图形的方式对单短截线机电调谐器的工作原理进行了描述[12]。在图2.2(a)中,短截线位于中间导体(图中的传输线)的行波传播所形成的电场之外,因此对参考端面的阻抗(一般设为50Ω)无任何影响。然而当该短截线沿着垂直的方向移动到中间导体,参考端面反射系数的幅度会增加,如图2.2(b)所示。图2.2(c)显示了探针沿着中间导体在水平方向运动时对反射系数相位的影响。

从原理上讲,对于任何机电调谐器而言,参考端面的阻抗幅度失配由探针的高度所决定,参考端面的阻抗相位失配由调谐器与探针之间的水平长度所决定。如果调谐器的短截线/插芯/探针在水平和垂直方面能够以数十微米量级移动,那么这类调谐器就可以称为优质的调谐器[13]。优质的调谐器能够在密集的网格中综合出所需的反射系数。图2.3显示了一个典型的商用单探针机电调谐器。

滑动螺杆调谐器由50Ω带探针的同轴线(Coax Line)或平板线(Slab Line)构成,其探针的长度是最小工作频率所对应波长的1/4,并具有两个调节自由度[14,15]。一个调节自由度是在垂直于中心导体的方向上进行上下调节,这样探针

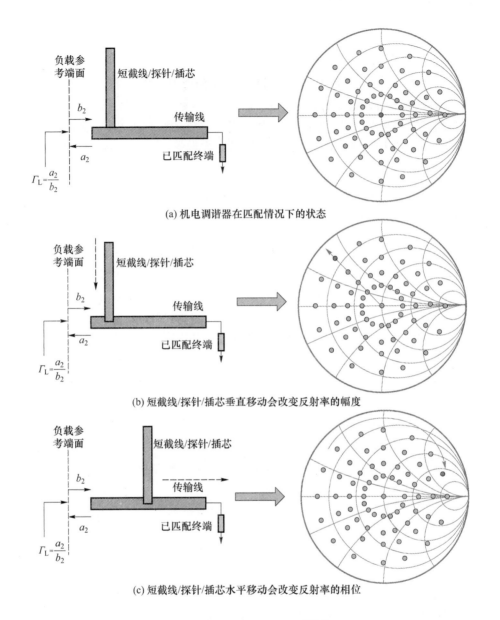

(a) 机电调谐器在匹配情况下的状态

(b) 短截线/探针/插芯垂直移动会改变反射率的幅度

(c) 短截线/探针/插芯水平移动会改变反射率的相位

图 2.2　单短截线调谐器工作示意图[12]ⒸIEEE 2011

能够在 50Ω 的传输线上形成可调的阻抗;另一个调节自由度是沿着 50Ω 传输线主线进行的。

在短截线调谐器中,两个或者多个滑动短截线并联地安置在 50Ω 传输线上。一般来说,第一个短截线安置在被测件的参考端面,第二个长度为 $\lambda/8$ 的短截线远离第一个短截线,二者可以独立地控制导纳的实部和虚部[6]。当反射系数 Γ_L 为零时,每一个短截线的长度精确地调整为 $\lambda/8$ 的 n 倍。短截线调谐器可测量的

26

图 2.3 典型商用单探针机电调谐器ⒸFocusMicrowaves Inc.

驻波比(Voltage Standing Wave Ratio,VSWR)范围更广。

插芯调谐器也是由 50Ω 同轴线或者平板线构成,其中心导体处有两个可移动插芯。插芯调谐器的特征阻抗可以低至 10～15Ω,并通过一个 λ/8 的传输线来确定最大调谐范围。相比其它机电调谐器,插芯调谐器可以很容易地设置最大反射系数 Γ_L,在调谐范围内损耗趋近于常数[6]。

总之,根据调谐器的类型和倍频程的选择,采用同轴线的机电调谐器工作频率为 200MHz～50GHz。采用波导的机电调谐器的频率可以覆盖 26.5～110GHz 的范围[13]。

在任何基于机电调谐器的自动化负载牵引系统中,探针在水平和垂直方向移动由步进电机驱动,探针的实际位移由同步齿形带(Timing Belts)监测和控制。利用同步齿形带控制轴的位置能够减小从步进电机到轴的振动,有利于探针进行在片测试[3]。在大多数情况下,各类机电调谐器采用相同的去背隙(Anti-backlash)设计以提高调谐速度或分辨率。根据工作频率不同,步进电机每次移动距离有所不同:在垂直方向上每次移动 0.75～1.5μm;在水平方向上每次移动 1.25～25μm[13]。

2.2.2 电子调谐器

电子调谐器是一种能够电动地改变匹配性质的电子电路。电子调谐器可以基于变容二极管或者 PIN 二极管。由于 PIN 二极管相比变容二极管具有更大的功率容量,因此基于 PIN 二极管的电子调谐器在负载牵引系统中更为常见。通过改变接入传输线并联二极管的数量和接入方式,基于二极管的电子调谐器就可以综合出反射系数,图 2.4 显示了一个典型的电子调谐器。

在图 2.4 的电子调谐器中,每个二极管都能让不断增长的反射系数幅值 $|\Gamma_L|$ 连续地中断,接着通过其他二极管离散地改变 Γ_L 的角度。图 2.4 中的电子

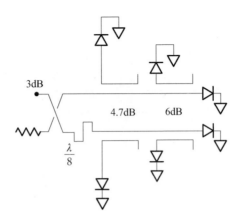

图 2.4 由 6 个二极管组成的电子调谐器[10]，©IEEE 1982

调谐器由定向耦合器、六组 PIN 二极管和额外的负载端组成。考虑到每个二极管有两个独立的阻抗状态，六组二极管电子调谐器可以产生 64(2^6)个阻抗状态。根据设计的不同，二极管的阻抗状态可以连续地变化，也可以在开和关两个状态分别切换[10]。

很显然，单个电子调谐器分辨率不高；因此经常将数个电子调谐器串联起来以应用于高分辨率要求的应用场合。串联所形成的电子调谐器组对于用户来说是不可见的，用户就像在使用单个电子调谐器一样。无源电子调谐器有一定的损耗，它的驻波比可高达 10[7]。电子调谐器较小的尺寸和很轻的重量让它们在在片测试中具有很大的优势。

2.2.3 机电调谐器与电子调谐器的对比

负载牵引系统应用非常广泛，如功率放大器设计、振荡器设计和噪声测试。因此，理解机电调谐器和电子调谐器的特点和缺点十分重要。表 2.1 对比了常见的基于机电调谐器的负载牵引系统和基于电子调谐器的负载牵引系统[16]。

表 2.1 机电调谐器与电子调谐器的对比

对比参数	电子调谐器	机电调谐器
反射系数	噪声：一般	优异
	负载牵引：较差	
阻抗数量	一般	优异
插入损耗	较差	良好/优异
调谐分辨率	噪声：一般	优异
	负载牵引：最差	
最大功率	一般/较差/最差(与被测件有关)	优异
工作频带	一般	优异

对比参数	电子调谐器	机电调谐器
寄生振荡	一般/较差 （与被测件有关）	优异
在片操作	优异	一般
调谐器体积	优异	在片：较差
		测试夹具：优异
调谐器速度	优异	较差
总测试速度	良好	良好
调谐器线性度	一般/较差（与被测件有关）	优异
DSB 噪声测试	最差	良好
温度漂移	较差	优异

电子调谐器由一系列二极管挂在微带线上组成，这些二极管只有两种状态：开或关。受微带线物理分布的影响，电子调谐器在某些频率范围内综合 0.8 以上的反射系数时，将产生不正常的曲线[16]。标准的机电调谐器能够综合的反射系数一般小于 0.75，不过如果采用预匹配技术或者级联技术，机电调谐器可以在低频直到毫米波的频段内综合出高达 0.92 的反射系数[17, 18]。

电子调谐器具有更快的速度，能够在微秒量级内从一个阻抗变换到另一个阻抗；而机电调谐器要至少花费数秒才能从一个状态变换到另一个状态。然而，在完整负载牵引测量中，电子调谐器只能节约 10% 的时间，这是因为电子调谐器需要通过通用接口总线（General Purpose Interface Bus，GPIB）读取设备配置[16]。比起机电调谐器，电子调谐器更加小巧、紧凑，因此更加适合有机械扰动的测量环境。在片器件表征和测量就是电子调谐器一个重要的应用场合。

由于微带线具有一定损耗，电子调谐器的插入损耗非常高；这就需要在源端使用高功率驱动放大器，而这样做反过来破坏了 PIN 二极管的线性度并引发了电子调谐器的温度漂移。当 $\Gamma = 0.8$ 时，电子调谐器的典型插入损耗为 12 dB，因此整个系统的成本很高。然而机械调谐器的插入损耗在这个反射系数水平只有零点几分贝[16]。

电子调谐器在低频可能产生一些不可预见的阻抗值；而机电调谐器在低频呈现出低通状态，对被测件而言，阻抗值为 50Ω。电子调谐器有很大的概率在测试频段的带外产生不可控的寄生振荡（Spurious Oscillation）；而机电调谐器在低频段就不会产生寄生振荡。

电子调谐器的调谐可重复度为 $-70 \sim -80\text{dB}$ 间，而现代机电调谐器的调谐可重复度约为 -60dB。对于精确的噪声和负载牵引测量，调谐可重复度达到 -40dB 就足够了[16]。

从调谐分辨率来讲，机电调谐器具有很高的分辨率，因此能够很好的调谐被测件的最优阻抗。然而对于电子调谐器来说,当二极管在开和关的状态之间切换时,电子调谐器阻抗点会出现异常跳动,引发异常的阻抗状态。因此电子调谐器不能够很好地调谐被测件的最优阻抗。在噪声测试中,当阻抗变化比较小时,阻抗状态的异常跳动会让电子调谐器失效;如果出现了这种情况,那么电子调谐器的测量结果就不可靠。在双边带设备测试、钇铁石榴石(Yttrium Iron Garnet, YIG)滤波器测试和其他昂贵的单边带噪声接收机测试中,这个问题尤为明显。尽管电子调谐器调谐能到合适的反射系数 Γ_{out},但它无法直接测量最小噪声系数 NF_{min}。而机电调谐器就可以直接测量最小噪声系数 NF_{min}。

电子调谐器可以很方便地进行在片测试。当机电调谐器经过合适的振动测试后,可以对频率低于 0.8 GHz 的器件进行在片测试[3]。

2.3 负载牵引测量

负载牵引测量主要包括以下三个步骤:

(1)组装系统的组件,建立负载牵引测量系统。

(2)为了纠正非理想组件带来的误差、散射和失配,对负载牵引测量系统进行校准;同时对参考端面进行校准。

(3)为了在器件端面对被测件的行为进行精确预测,首先在已校准的参考端面测量相关数据,然后对这些数据进行去嵌入(De-embedding)操作。

在了解负载牵引系统其它细节前,有必要了解典型的负载牵引系统装置。如图2.5所示,一个标准的负载牵引系统一般由以下几个部件组成:定向耦合器(Directional coupler)、阻抗调谐器、功率计(Power meter)和能够实现阻抗全局调节和控制的计算机。

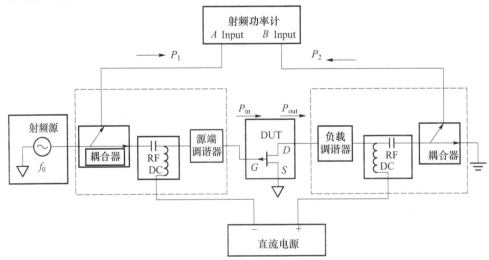

图 2.5 典型的自动负载牵引测量系统组件示意图

在图 2.5 中,阻抗调谐器紧靠被测件端口,这样能够尽最大可能保证调谐器所综合出来的反射系数是被测件的反射系数。然而,这是一个非实时的系统,因此所有的变量必须提前固定,然后在测量前进行去嵌入操作[19, 20]。相比实时负载牵引系统而言,这类系统测量非常缓慢[21-24]。

在实时测量系统中,被测件端口直接收集入射波和反射波;因此被测件的每一次操作状态都能在测量中反映出来[22-24]。尽管如此,基于无源调谐器的非实时无源负载牵引系统经常用来测量高反射系数器件[25]。然而,基于高级无源调谐器[9, 18]的实时无源负载牵引系统有可能在速度、精度、灵活性、易用性等方面表现更好,实际测量结果也证实了这一点。

2.3.1 负载牵引配置

一个负载牵引系统的必备组件包括两个调谐器(一个在被测件的输入端口,另一个在被测件的输出端口)、一个信号源、一个夹具或者探针平台、两个功率计或者一个双通道功率计、一个电源、一个频谱分析仪、一个射频测试系统(包括偏置器、线缆、衰减器、耦合器、功率合成器和功率分配器)和一个矢量网络分析仪(Vector Network Analyzer,VNA),一个通用实时无源负载牵引系统结构图如图 2.6 所示[26]。

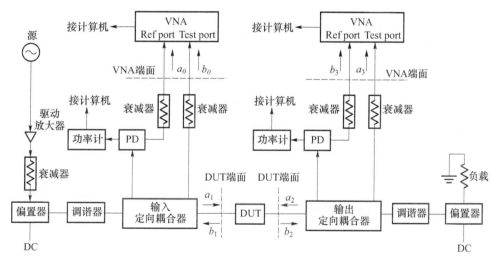

图 2.6　通用实时无源负载牵引系统结构图[26],©IEEE 1984

被测件的输入信号来自于高功率微波源,在被测件的输入和输出端口,都有可调阻抗调谐器对源端阻抗和负载阻抗进行控制。如果被测件是一个振荡器,那么只需要在输出端口进行测量。双向耦合器和射频网络分析仪能够对被测件在输入输出端口的原始大信号反射系数进行监控,衰减器能够将输入端口的谐波功率转换到安全的范围内。如果只有网络分析仪,可以利用同轴开关在输入输出电路端口进行反复连接。

功率计可以监视被测件输入端口原始入射波和输出端口原始出射波。当调谐器采用调谐校准技术[28-32]进行预先表征后,由调谐器产生的反射系数就变成了已知,因此输入输出端口各自只需要一个功率计[27]。调谐器预先表征既能对阻抗调谐器短截线运动的非理想因素进行补偿,又能对调谐器中心导体和调谐器端口的连接器的误差进行补偿。这个步骤也能够加速整个测量过程,因为它能够采用插值的方法对反射系数进行综合,而非利用短截线在水平和垂直的位置上进行多次实际测量[13]。

功率分配器能够为各自的网络分析仪创建参考信号。原则上,功率分配器和功率计也可以连接到各自的定向耦合器的耦合端口。然而,当被测件的端口反射系数接近零并且功率计的读数较小时,这样做会降低测量精度[26,27]。

多接口计算机(图中未显示)在负载牵引系统中负责控制设备、获取和处理测量数据并进行误差修正。

2.3.2 系统校准

为了在真实的环境下精确预测器件的性能,我们需要建立被测件的负载牵引特性。但是在被测件的特定参考端面,系统的非理想因素(如固有的方向性、失配和网络分析仪交叉耦合带来的误差),会造成反射系数和射频功率测量失误,进而影响测量结果。

为了精准的确定和测量反射系数及设计参数,如 PAE、漏极效率和增益,在测量之前需要对负载牵引设备进行校准。原则上,校准有两个目的:一是移除由系统组件的非理想因素带来的系统误差;二是将参考端面从网络分析仪端面转移到被测件的参考端面。当校准结束后,系统还需做三个方面的工作,这对负载牵引测量系统的精确性非常重要:

(1)设置一个特定的阻抗值(反射系数)。

(2)测量负载的反射系数(阻抗值)。

(3)测量特定阻抗的器件性能。

如图 2.7 所示,在实际的负载牵引测量中,在被测件的参考端面,输入功率 P_{in} 和输出功率 P_{out} 由下面公式决定:

$$P_{in} = |a_1|^2 - |b_1|^2 = |a_1|^2(1 - |\Gamma_{in}|^2) \tag{2.4}$$

$$P_{out} = |b_1|^2 - |a_2|^2 = |b_2|^2(1 - |\Gamma_{L}|^2) \tag{2.5}$$

式中:Γ_{in} 和 Γ_{L} 分别为被测件输入端和负载端的反射系数;行进波 a_1、b_1、a_2 和 b_2 分别为被测件相应端口的入射波和出射波。

在负载牵引测试中,阻抗调谐器设定所需反射系数,如图 2.6 所示的矢量网络分析仪和功率计直接给出了 Γ_{in}、Γ_{L}、$|a_1|^2$ 和 $|b_2|^2$ 的测量结果(原始数据)。在

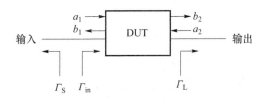

图 2.7　被测件端面的功率和行进波定义[26]，©IEEE 1984

反射系数测量中,由矢量网络分析仪和硬件配置引起的误差将影响输入和输出射频功率的测量精度。固有的方向性、失配和网络分析仪的组件之间的交叉耦合等因素影响到了所测量的反射系数及射频功率的精度。这些误差影响了负载牵引设备的性能,反过来又影响了测量数据的可靠性。

举例来说,如果输出端的功率计远离被测件,则调谐器损耗达几 dB[34],那么未知的调谐器损耗会增加所测量数据的不确定性[1, 33]。另外,当采用定向耦合器在被测件的输入端和输出端测量射频功率时,有限的耦合方向性和连接器之间的失配同样会给所测量的射频功率带来较大的误差[35, 36]。如果定向耦合器的方向性为 25dB,测量误差可能达到 1dB[26];如果定向耦合器的 VSWR 很高,那么这些误差会对测量数据造成极大的影响。

对图 2.6 所示的完整测量系统建立误差流模型(Error Flow Model)①有利于误差校准。输入和输出端口相应的误差流模型分别显示在图 2.8 和 2.9 中,二者包含了所有的误差,如耦合器的有限方向性、连接器的失配和参考端口与矢量网络分析仪测量端口之间的交叉耦合。两个误差流模型都通过流图简化技术(Flow Graph Reduction Technique)[5]进行了适当简化。简化过程中我们做了适当的假设:功率计传感器接头的反射系数为常数,参考端口与矢量网络分析仪输入端口之间的反射系数也为常数,并且它们都与射频功率无关。误差模型成为统一法测量射频功率和反射系数的基础。而且,误差模型经常被用作矢量网络分析仪误差校准[37],并且表现形式类似,但是包含一些额外项目。

在图 2.8 所示的输入端误差流模型中,a_{1T}表示来自高功率微波源的输入信号;Γ_{1T}表示输入调谐器呈现给输入定向耦合器的反射系数;e_{16}表示输入功率计的耦合量;e_{11}表示输入网络分析仪在参考通道的方向性误差;e_{13}表示源端失配;e_{12}和e_{14}表示传输轨迹;e_{15}表示矢量网络分析仪的测量端口误差。矢量网络分析仪端口的入射波和反射波分别为a_0和b_0,而被测件的输入端口真实的入射波和反射波分别为a_1和b_1。如图 2.6 所示的矢量网络分析仪所测量到的原始反射系数Γ_{in}^{U}为

$$\Gamma_{in}^{U} = \frac{b_0}{a_0} \tag{2.6}$$

---

① 译者注:有的文献译为"错误流模型"。

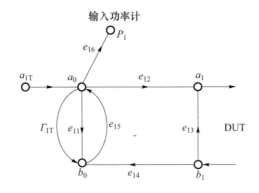

图 2.8　由定向耦合器、功率计和矢量网络分析仪非理想因素所引发的
输入端口误差流模型[26]，©IEEE 1984

我们所关心的数据则是输入端口的反射系数 Γ_{in}，它与误差项有关，也与输入端口在矢量网络分析仪所测量的原始反射系数有关，即

$$\Gamma_{in} = \frac{b_1}{a_1} = \frac{\Gamma_{in}^{U} - e_{11}}{e_{12}e_{14} - e_{11}e_{13} + e_{13}\Gamma_{in}^{U}} \tag{2.7}$$

式(2.7)有三个未知数，分别为 e_{13}、e_{11} 和 $e_{12}e_{14}$。这些未知数可以通过对已校准的标准件测量进行求解，如开路 – 短路 – 负载(Open – Short – Load, OSL)校准；更具体地说，将开路、短路和 50Ω 负载三个标准件连接到图 2.6 被测件的输入端面，即可完成校准。对已校准的标准件测量提供了三个方程，如式(2.8)所示，这三个方程与误差项和反射系数相关，可以通过求解这些方程来求解前面提到的三个未知数[38]。

$$\begin{bmatrix} e_{11} \\ e_{13} \\ \Delta e \end{bmatrix} = \begin{bmatrix} 1 & (\Gamma_{in})_{open}(\Gamma_{in}^{U})_{open} & -(\Gamma_{in})_{open} \\ 1 & (\Gamma_{in})_{short}(\Gamma_{in}^{U})_{short} & -(\Gamma_{in})_{short} \\ 1 & (\Gamma_{in})_{load}(\Gamma_{in}^{U})_{load} & -(\Gamma_{in})_{load} \end{bmatrix}^{-1} \begin{bmatrix} (\Gamma_{in}^{U})_{open} \\ (\Gamma_{in}^{U})_{short} \\ (\Gamma_{in}^{U})_{load} \end{bmatrix} \tag{2.8}$$

式中：$\Delta e = e_{12}e_{14} - e_{11}e_{13}$；$(\Gamma_{in})_{open}$、$(\Gamma_{in})_{short}$、$(\Gamma_{in})_{load}$ 分别为被测件为开路、短路和负载标准件时的实际反射系数；$(\Gamma_{in}^{U})_{open}$、$(\Gamma_{in}^{U})_{short}$、$(\Gamma_{in}^{U})_{load}$ 分别为被测件为开路、短路和负载标准件时矢量网络分析仪的测量数据。

为了求解在式(2.7)中给定的被测件输入端面的精确反射系数，可以通过求解式(2.8)所示的输入端口的校准器件的误差项来确定。

对于如图 2.9 所示的输出网络误差模型，e_{26} 表示功率计的耦合量；e_{25} 表示网络分析仪测试通道的方向性误差；Γ_{2T} 和 a_{2T} 分别表示调谐器和节点。该结构能够描述任何无源和有源调谐器。无源调谐器中 Γ_{2T} 不为零而 a_{2T} 为零；有源调谐器中 a_{2T} 也不为零。有源调谐器校准过程中的一个步骤就是在输出耦合器的右边注入一个测试信号。在这种情况下，a_{2T} 的值就不为零。

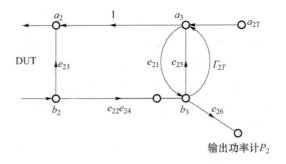

图 2.9　由定向耦合器、功率计和网络分析仪的非理想因素导致的
输出端口误差流模型[26]，ⓒIEEE 1984

如图 2.9 所示的简化信号流模型给出了在输出参考端面的修正后的反射系数，可以用原始的反射系数 $\Gamma_{\mathrm{in}}^{\mathrm{U}}$ 来表示，具体的结果显示于式(2.10)中。

$$\Gamma_{\mathrm{in}}^{\mathrm{U}} = \frac{a_3}{b_3} \tag{2.9}$$

$$\Gamma_{\mathrm{L}} = e_{23} + \frac{e_{22}e_{24}\Gamma_{\mathrm{L}}^{\mathrm{U}}}{1 - e_{21}\Gamma_{\mathrm{L}}^{\mathrm{U}}} \tag{2.10}$$

图 2.8 和 2.9 也提供了修正后的输入和输出功率，即

$$P_{\mathrm{in}} = |P_1|^2 \left|\frac{e_{12}}{e_{16}}\right|^2 \frac{(1 - |\Gamma_{\mathrm{in}}|^2)}{|1 - \Gamma_{\mathrm{in}}e_{13}|^2} \tag{2.11}$$

$$P_{\mathrm{out}} = \frac{|P_2|^2}{|e_{24}e_{26}|^2} |1 - e_{21}\Gamma_{\mathrm{L}}|^2 (1 - |\Gamma_{\mathrm{L}}|^2) \tag{2.12}$$

式中：$|P_1|^2$ 和 $|P_2|^2$ 分别为输入端和输出端功率计的读数。

值得注意的是：式(2.11)和式(2.12)与调谐器的反射系数 Γ_{1T} 和 Γ_{2T}，以及方向性项 e_{15} 和 e_{25} 无关，因此不需要获得这 4 个参数的精确解。

测量输入功率需要确认误差图中的 e_{13}、e_{11} 和 $e_{12}e_{14}$，这些数据可以通过单端口矢量网络分析仪校准技术获得：将被测件替换为一些校准用的标准件即可，如短路电路、偏置短路电路和开路电路[39]。式(2.11)中误差项 $|e_{12}/e_{16}|^2$ 可用匹配好的功率计替换被测件进行测试获得；功率计的读数与输入功率计的读数之间的比值就是 $|e_{12}/e_{16}|^2$。

为了测量输出功率，同样可以采用单端口矢量网络分析仪校准技术来确定误差项中的 e_{12}、e_{23} 和 $e_{22}e_{24}$。校准的输入信号 a_{2T}、信号发生器和连接负载的放大器一起连接在图 2.6 的右边。为了获得误差项 $|e_{24}e_{26}|^2$，需要对处于被测件输出参考端面与输出功率计之间的输出耦合器和功分器的插入损耗幅值进行测量。如果插入靠近被测件输出端面的耦合器测试信号由已匹配的信号源提供，并且输出调谐器由已匹配的负载替代，则功率插入损耗 I_P 为

$$I_{\mathrm{P}} = \frac{|e_{24}e_{26}|^2}{|1 - e_{21}e_{25}|^2} \qquad (2.13)$$

由于 e_{21} 和 e_{25} 都非常小,因此通过测量插入损耗可以直接获得 $|e_{24}e_{26}|^2$。

设计手册中经常会指明:为了获得最大精度,系统应该采用紧靠测试夹具的同轴线(APC-7 或 APC-3.5)进行校准;然后采用同轴线转微带线的去嵌入结构将参考端面转到微带线测试夹具端面[40]。

在图 2.6 中,驱动放大器的输出端口信号功率 P_a 可以通过已匹配的功率计进行测试,然后,驱动放大器取代被测件,连接到输出定向耦合器的输入端口。在负载端面设置一系列的输入调谐器的参数就可以测得输出功率。用测量到的 P_a 和修正过的 Γ_{L} 即可计算出输出功率 $P_a(1 - |\Gamma_{\mathrm{L}}|^2)$,它与功率测量结果相差无几。如果修正过的测量结果和计算的输出功率值差距在 0.15dB 以内,那么说明校准过程准确可信[26]。

2.4 谐波负载牵引系统

终端负载的谐波分量对器件性能影响很大。原则上,为了尽可能提取最佳效率,在晶体管特性表征和性能优化的过程中,器件所产生的谐波功率需要以给定的相位完全反射回去。在一个理想的场景中,所有的谐波功率都能够反射回去;然而在实际的负载牵引系统中,由于调谐器和器件之间存在有耗传输,并不是所有的谐波功率都可以反射回去。在对器件的性能进行表征时,为了获得最优的效率,一般是保持基波反射系数为常数,而改变谐波反射系数的相位和幅度。

图 2.10 举例说明了当保持基波和三阶谐波的反射系数不变时,改变 1 W GaAs(Gallium Arsenide)FET 器件的二阶谐波相位所带来的影响[41]。在这个例子中,当二阶谐波反射系数的相位有所改变后,效率变动的范围大于 20%。当三阶谐波反射系数的相位变化时,或者二阶谐波和三阶谐波反射系数的幅值变化可以观察到如图 2.10 的类似结果[42]。当将最优的谐波阻抗都匹配到 50Ω 的最优值,在最终的设计功率放大器设计时可以改善 15% 的效率[43]。除了谐波调谐类功率放大器,谐波负载匹配在开关类功率放大器设计中也占有重要地位[44]。

谐波负载牵引系统可以表征谐波调谐类功率放大器或者开关类功率放大器所用的器件[45-47]。图 2.11 展示了首个基于环形器的谐波负载牵引系统[33]。它采用滑动螺杆调谐器、滤波器和功率计来监测和控制基波和二阶谐波的反射系数幅值和相位。相比现代谐波负载牵引设备,图 2.11 的谐波负载牵引系统比较原始,但是在对基波和二阶谐波的阻抗调谐方面取得了很大的成功。在这个设备中,行进波 b_2 通过环形器端口 1 进入环形器;基波和二阶谐波分别从环形器端口 2 的低通滤波器和环形器端口 3 的高通滤波器输出。对应调谐器所综合的基波和二阶谐波在负载端面的反射系数可以通过式(2.14)和式(2.15)获得,即

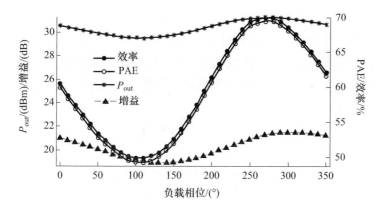

图 2.10　基波和三阶谐波负载调到最优值保持恒定，$|\Gamma_L(2f_0)|=1$，改变二阶谐波相位对 1W GaAs FET 性能的影响[41]，©IOP Journal of Measurement Science and Technology 2010

$$\Gamma_L(f_0) = \frac{a_2(f_0)}{b_2(f_0)} \tag{2.14}$$

$$\Gamma_L(2f_0) = \frac{a_2(2f_0)}{b_2(2f_0)} \tag{2.15}$$

式中：反射波 $a_2(f_0) = \Gamma_L(f_0)b_2(f_0)$；反射波 $a_2(2f_0) = \Gamma_L(2f_0)b_2(2f_0)$。

环形器端口 1 处总的反射波 a_2 为

$$a_2 = a_2(f_0) + a_2(2f_0) = \Gamma_L(f_0)b_2(f_0) + \Gamma_L(2f_0)b_2(2f_0) \tag{2.16}$$

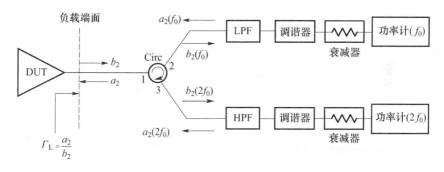

图 2.11　首批无源谐波负载牵引系统之一[33]，©IEEE 1979

　　在理论上，一个 n 端口的宽带环形器加上合适的带通滤波器可以将这个器件扩展到 $n-1$ 阶谐波。然而在实际的应用中，这种方法难以实现，原因在于环形器具有一定的带宽限制，并且在二阶谐波以外环形器还有大量的损耗。一般来说，较高的谐波反射系数和损耗使得基于环形器的谐波负载牵引系统在实际应用中不尽人意；而且环形器较差的隔离度对系统独立综合各类谐波反射系数也有一定的影响，因此这类谐波负载牵引系统的有效性一直不高。

数年来,无源谐波负载牵引架构和系统的发展主要解决两方面的问题:一是寻找在谐波频率点对高反射系数进行综合的方法;二是寻找对各类谐波反射系数进行独立模拟的方法[17, 18]。这些年来所发展的谐波负载牵引架构可以分为三大类:基于三工器(Triplexer)的谐波负载牵引系统、基于谐波抑制(Harmonic Rejection)调谐器的谐波负载牵引系统和多功能单调谐器的谐波负载牵引系统[17]。

2.4.1 基于三工器的谐波负载牵引系统

图 2.12 展示了采用基于三工器构成的负载牵引系统测量三阶谐波的架构。基于三工器的负载牵引系统由合适的三工器和相应的载波和谐波调谐器组成。输入和输出偏置网络分别为晶体管提供栅极和源极偏置;输入和输出耦合网络分别捕获输入和输出端口的入射波和反射波。源端调谐器可以对晶体管的输入端口进行匹配。三工器是一个能够对谐波进行分别过滤的滤波器,用以分离被测件在输出端产生的谐波分量。紧挨三工器的滤波器将进一步滤除带外信号。

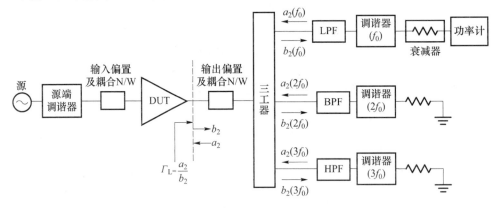

图 2.12　基于三工器的谐波负载牵引设备

谐波分量 f_0、$2f_0$ 和 $3f_0$ 各自的负载调谐器根据各自的要求对反射系数进行调谐,得到相应的反射量 $a_2(f_0)$、$a_2(2f_0)$ 和 $a_2(3f_0)$;并通过与各自的行波分量 $b_2(f_0)$、$b_2(2f_0)$ 和 $b_2(3f_0)$ 进行计算后综合出相互独立的谐波反射系数。调谐器的反射波分量具有不同的权重系数,可以通过式(2.17)合成 a_2,即

$$a_2 = a_2(f_0) + a_2(2f_0) + a_2(3f_0) \tag{2.17}$$

此类负载牵引系统主要的好处在于谐波频率点的反射系数可以单独控制,并且谐波反射系数也各不相干。这种方法能够对三阶谐波分量的相位和幅值进行完全控制;它的缺点也很明显:如图 2.13 所示,由于三工器的内在损耗,谐波调谐范围有限。这对高谐波终端功率放大器,如 F 类功率放大器和逆 F 类功率放大器,是致命的缺点[48]。

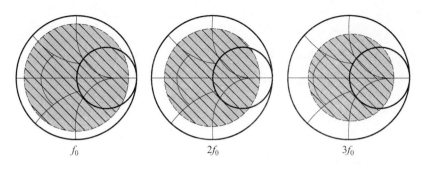

图 2.13　基于三工器的谐波负载牵引系统在各次谐波处的调谐范围[17]

2.4.2　基于谐波抑制调谐器的谐波负载牵引系统

如图 2.14 所示,基于谐波抑制调谐器的谐波负载牵引系统由一个谐波抑制调谐器和基波调谐器构成。在一个典型的基于谐波抑制的谐波负载牵引系统中,常采用预匹配的谐波调谐器[17],如无源谐波调谐器。有关预匹配的谐波调谐器将在第 5 章详细展开。

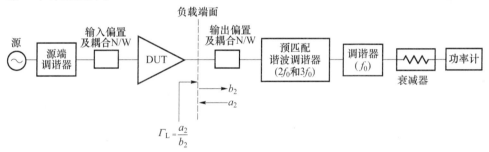

图 2.14　基于谐波抑制调谐器的谐波负载牵引系统

基波调谐器能够对基波 f_0 的反射系数进行幅值和相位的完全控制。由于基波的反射系数一般比谐波的反射系数小,基波调谐器一般安置在远离被测件输出端口的地方。谐波抑制调谐器能够对二阶谐波和三阶谐波完全实现相位控制。为了减小线缆和连接器损耗所带来的影响,一般谐波抑制调谐器紧靠被测件。这对综合较高的谐波反射系数有所帮助。

基于谐波抑制调谐器的谐波负载牵引系统能够克服三工器损耗所带来的问题,因此它所确定的反射系数能够在 Smith 圆图上拥有更大的覆盖范围,如图 2.15 所示。谐波抑制调谐器的损耗很低,这使所综合的反射系数幅值增加。谐波抑制调谐器虽然能够提供较高的反射系数,但是在 Smith 圆图也有相当大一部分不能覆盖。在实际的应用中,考虑到所需要的谐波分量一般都落在 Smith 圆图的边缘地带,因此该方法具有较高的实用性。

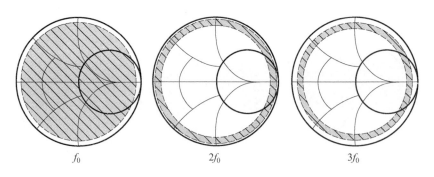

图 2.15　基于谐波抑制调谐器的谐波负载牵引系统在 f_0、$2f_0$ 和 $3f_0$ 处的调谐范围

由于基波和谐波调谐器以级联的方式进行连接,该方法最大的缺陷在于所需综合的基波反射系数和谐波反射系数之间的隔离度很差,调节一个调谐器的频率会影响到另一个调谐器的频率。因此,此类技术对于三个以上的谐波不实用。

2.4.3　单调谐器负载牵引系统

图 2.16 显示了一个典型的单调谐器负载牵引系统,它是由源端调谐器、偏置器和测量网络组成。在这种结构中,多功能负载调谐器能够覆盖基波和所有相关联的谐波分量,它用来综合独立的基波和谐波反射系数[17]。

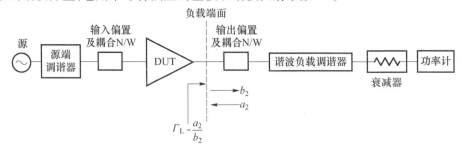

图 2.16　基于多功能调谐器的负载牵引系统

举例来说,三谐波多功能调谐器采用三个独立的宽带探针来控制三个谐波频率 f_0、$2f_0$ 和 $3f_0$ 处反射系数的幅值和相位。三个探针在水平和垂直方向上恰当的定位和位移允许独立调谐三个谐波频率[17]。如图 2.17 所示,多功率调谐器能够对所有谐波分量的幅值和相位进行完全控制。

既然该系统只采用一个调谐器,整个系统在偏置器、测量网络、线缆和连接器处的损耗有所减少,因此可综合的反射系数幅值比其他谐波负载牵引系统有所增加。相比其他谐波负载牵引系统,该系统结构紧凑,体积较小。该系统最大的限制在于需要性能优良的计算设备来监视和控制调谐器探针的运动;此外该系统还受到内在隔离度的限制,毕竟它所有的探针都是串联在一起的。受限的隔离度阻止了该系统在整个 Smith 圆图和所有频率分量处综合出独立的谐波反射系数。

40

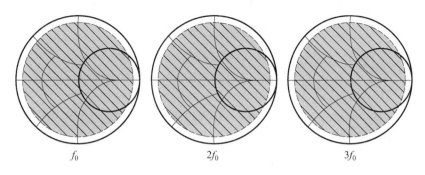

图 2.17　多功能单调谐器的谐波负载牵引系统在 f_0、$2f_0$ 和 $3f_0$ 处的调谐范围

2.4.4　谐波负载牵引系统比较

谐波调谐方法可以通过两个方面进行比较：调谐器的隔离度和其在 Smith 圆图上的覆盖范围。

任何负载牵引器件表征系统一个重要的特点在于从被测件端看到的基波阻抗是可控的。如果使用者毫不知情而阻抗发生了变化，或者当谐波阻抗发生变化时而基波阻抗无法保持恒定，那么测量结果并不可靠。因此，选择谐波负载牵引系统时，考察其在相应频率的隔离度相当重要。

基于三工器的谐波负载牵引系统在隔离度方面依赖于内在的隔离器，它能够通过设置将振动的影响从一个调谐器转移到另一个调谐器。三工器一般在基波和谐波处有 $50 \sim 60dB$ 的隔离度；因此基于三工器的谐波负载牵引系统能够对每个谐波阻抗进行单独的调谐。在一些应用中，在基波和谐波频带外，糟糕的隔离度会引发寄生振荡；这个现象在低频处表现得更为明显，毕竟低频处的带外反射相当高。

在基于谐波抑制调谐器的谐波负载牵引系统中，不同谐波谐振器之间的隔离在 30dB 左右。由于 f_0、$2f_0$ 和 $3f_0$ 三个频率及平板线都会产生反射，这些反射量的矢量和会使系统的隔离度降低[17]，因此独立设置其谐波阻抗异常困难。

对于基于多功能调谐器的谐波负载牵引系统，基波和谐波探针能够对 f_0、$2f_0$ 和 $3f_0$ 三个频率所产生的反射系数进行定位，这对提高调谐隔离度很有帮助。采用基于多功能调谐器的谐波负载牵引系统测量很慢，因为测量每个谐波阻抗都需要对探针进行移动。

谐波负载牵引系统的调谐范围是指在负载端面的有效驻波比（Voltage Standing Wave Ratio，VSWR），而非在负载端面对驻波比进行综合的调谐能力。负载端面的驻波比和调谐器与被测件之间的接口数量有关，它随着接口数量的减少而减少。图 2.18 表示了负载端面驻波比和调谐器端面驻波比之间的关系。值得注意的是，由于在被测件和调谐器之间总存在一个无源测量网络，因此负载端面驻波比要比调谐器端面的驻波比小。

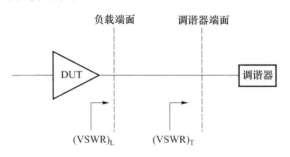

图 2.18　在负载端面及调谐器端面的基波负载牵引调谐设备驻波比定义

如图 2.12 所示,在基于三工器的谐波负载牵引系统中,由于三工器的插入引起了一定的损耗,因此图 2.13 中的 Smith 圆图的阻抗覆盖范围有所减少。由于三工器在谐波处的损耗更高,因此其对应的 Smith 圆图覆盖面积更少。

如图 2.14 所示,对于基于谐波抑制的谐波负载牵引系统,在调谐器和被测件之间只有测量所需的无源网络。因此,Smith 圆图覆盖面积较基于三工器的谐波负载牵引系统有所减少。然而,由于参数需要在基波调谐器和谐波调谐器之间进行转移,驻波比有所减少,导致了基波 f_0 所对应的 Smith 圆图覆盖面积比谐波处所对应的 Smith 圆图覆盖面积有所增加。

在基于多功能单调谐器的谐波负载牵引系统中,由于所有的调谐探针连接在单一的调谐器上,在基波和谐波处的驻波比减少的量差不多。基波和谐波处的驻波比减少仅由调谐器和被测件之间的无源测量网络决定的。

表 2.2 总结了上述三种谐波负载牵引系统的主要特征。

表 2.2　谐波负载牵引系统之间的对比[17]

调谐方法	优点	缺点
基于三工器的谐波负载牵引系统	高调谐隔离度	不适合在片测试
	可从已有设备进行简单扩展	三工器的损耗会减小调谐范围
	能在所有的谐波处实现幅值和相位的较好控制	三工器的带外反射会引发寄生振荡
基于谐波抑制的谐波负载牵引系统	高调谐范围	很差的调谐隔离度
	高功率容量	不适合宽带测试
	基波频率处损耗低	只能测量三次及以下谐波
基于多功能单调谐器的谐波负载牵引系统	高调谐范围	测量慢,数据吞吐率低
	高调谐隔离度	对计算资源要求较高
	适合在片测试	
	适合宽带测试	

2.5 调谐范围增强技术

由于无源负载牵引系统中的偏置器、测量网络、连接器、线缆、夹具和调谐器等器件本身固有损耗,无源负载牵引系统的调谐范围有限[30]。不同的负载牵引系统在 Smith 圆图上都有大量的区域未被使用,因此并不是所有感兴趣的阻抗都可以进行综合。

大多数小功率器件表征和小功率的功率放大器设计都可以采用标准的无源负载牵引系统进行测量。然而,当无源负载牵引系统用于高功率器件表征、高功率的功率放大器设计和谐波负载牵引测量时,反射系数较高,阻抗较大,有限的调谐范围并不能很好地实现测试目标。为了解决这个问题,科学家们提出了一些可靠的方法[12]。

增强环路[49](Enhanced Loop)和级联调谐器[18](Cascaded Tuner)是近年来为无源负载牵引系统所发展的调谐增强技术,二者都能综合较高的反射系数。这两种结构中都通过反射主调谐器的信号来增强调谐范围。

2.5.1 增强环路结构

为了获得高反射系数,这种技术将无源调谐器和无源环路联合起来,如图 2.19 所示。它采用了具有很高方向性的低通环形器 Cir-2 来降低损耗,并增强了信号 a_4 和 b_5 之间的隔离度。此外,耦合器 C_2 和环路线缆 L_2 的损耗都很低。为了监视和测量被测件在输出功率和线性度等方面的性能,耦合器的耦合端口直接连接到功率计。调谐器 2 输出端口的无源环路在端面 4 产生了反射系数 Γ_{LOADLOOP},并增强了在端面 3 的反射系数 Γ_{L}。图 2.20 中的信号流显示了在端面 3 产生 Γ_{L} 的情况。

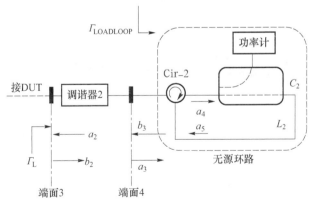

图 2.19 可以综合出高反射系数的增强环路负载牵引系统[49],©IEEE 2010

图 2.19 中的增强环路负载牵引系统中,行进波之间的关系为

43

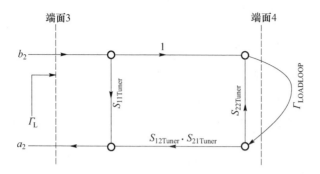

图 2.20　增强环路负载牵引系统产生反射系数的信号流图[49],ⒸIEEE 2010

$$a_4 = k_4 a_3 \tag{2.18}$$

$$a_5 = k_5 a_4 \tag{2.19}$$

$$b_3 = k_6 a_5 \tag{2.20}$$

式中:k_4、k_5 和 k_6 为根据环形器 Cir - 2 和定向耦合器 C_2 的 S 参数计算出的复数因子。

调谐器 2 和无源环路端面 4 之间的失配与下边的公式有关:

$$\Gamma_{\text{LOADLOOP}} = K_{\text{L}} = \frac{b_3}{a_3} = \mid K_{\text{L}} \mid e^{-2j\beta L_2} \tag{2.21}$$

式中:参数 K_{L}(即 k_4、k_5 和 k_6)为由无源环路结构(即耦合器 C_2 和环形器 Cir - 2)决定的复数因子。

式(2.21)表明无源环路所产生的反射系数也与行进波的相速度 β 和无源环路中线缆的长度 L_2 有关。对于在端面 3 总的反射系数可以从图 2.20 中的简化信号流模型中推导出,即

$$\Gamma_{\text{L}} = \frac{b_2}{a_2} = S_{11,\text{Tuner2}} + \frac{S_{12,\text{Tuner2}} \cdot S_{21,\text{Tuner2}} \cdot K_{\text{L}}}{1 - S_{22,\text{Tuner2}} \cdot K_{\text{L}}} \tag{2.22}$$

式(2.22)①显示在端面 3 的总的负载反射系数受无源环路的影响而有所增强。如果环路对总的反射系数无任何贡献,那么调谐器 2 的 S_{11} 就是总的反射系数。

2.5.2　级联调谐器

图 2.21 描述了将两个无源调谐器级联的情况。级联调谐器在被测件端面所产生的反射系数 Γ_1 由式(2.23)决定[18]:

$$\Gamma_1 = S_{11} + \frac{S_{11} S_{21} \Gamma_2}{1 - S_{22} \Gamma_2} \tag{2.23}$$

---

①　译者注:原文为式(2.16),疑似有误,根据上下文改。

式中：S_{11}、S_{21}、S_{12} 和 S_{22} 为紧靠被测件的调谐器 1 的 S 参数；Γ_2 为在某个特定的终端下朝调谐器 2 看进去的 S_{11} 参数。

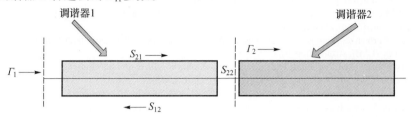

图 2.21　为了获得高反射系数而将两个调谐器级联[18]，©Maury Microwave Corporation

从级联调谐器的方向看进去，总的反射等于第一个调谐器的复数反射加上第二调谐器的复数反射，再乘以一些插入/反射系数。值得注意的是，第一个调谐器 $S_{11}S_{12}$ 项对第二个调谐器有较大影响。以下两个例子最能描述这种现象[18]：

（1）当调谐器 1 物理上短路时，即 $S_{11}S_{12}=0$，调谐器 2 完全不工作。

（2）当调谐器 1 开始时接在 50Ω 终端上时，即 $S_{11} \sim 0$ 和 $S_{21}S_{12} \sim 1$，调谐器 2 校准完成。

参考文献

1. J.M. Cusack, S.M. Perlow, B.S. Perlman, Automatic load contour mapping for microwave power transistors. IEEE Trans. Microw. Theory Tech. **22**, 1146–1152 (1974)
2. F. Secchi, R. Paglione, B. Perlman, J. Brown, A computer controlled microwave tuner for automated load pull. RCA Rev. **44**(4), 566–583 (1983)
3. Focus Microwave, Mechanical vibrations of CCMT tuners used in on-wafer load-pull testing, Application Note AN-46, Oct. 2001
4. J. Sevic, Introduction to tuner-based measurement and characterization, Technical Note, Maury Microwave Corporation, 5C-054
5. D.M. Pozar, *Microwave Engineering*, 3rd edn. (Wiley, New York, 2005). ISBN 0-471-17096-8
6. Microlab, Mechanical tuners, Application Note, Oct. 2000
7. R. Tuijtelaars, Overview of device noise parameter measurement system, in *VDE/ITG-23.10.01* (2001), pp. 1–5
8. Maury Microwave Corporation, Device characterization with harmonic load and source pull, Application Note: 5C-044, Dec. 2000
9. Focus Microwave, Load pull measurements on transistors with harmonic impedance control, Technical Note, Aug. 1999
10. B.W. Leake, A programmable load for power and noise characterization, in *IEEE Microwave Theory and Techniques Society's International Microwave Symposium Digest*, Dallas, USA (June 1982), pp. 348–350
11. Maury Microwave Corporation, LP series electronic tuner system, Technical Data, 4T-081, 2002
12. M.S. Hashmi, F.M. Ghannouchi, P.J. Tasker, K. Rawat, Highly reflective load-pull. IEEE Microw. Mag. **11**(4), 96–107 (2011)
13. Focus Microwave, Computer controlled microwave tuner—CCMT, Product Note 41, Jan. 1998

14. Maury Microwave Corporation, Slide screw tuners, Technical Data, 2G-035A, Feb. 1998
15. Focus Microwaves, Algorithms for automatic high precision residual tuning to 50 Ω using programmable tuners, Application Note 45, May 2001
16. Focus Microwave, Electronic tuners (ETS) and electromechanical tuners (EMT)—a critical comparison, Technical Note, Aug. 1998
17. Focus Microwave, Comparing harmonic load-pull techniques with regards to power-added efficiency (PAE), Application Note 58, May 2007
18. Maury Microwave Corporatio, Cascading tuners for high-VSWR and harmonic applications, Application Note 5C-081, Jan. 2009
19. F. Deshours, E. Bergeault, F. Blache, J.-P. Villotte, B. Villeforceix, Experimental comparison of load-pull measurement systems for nonlinear power transistor characterization. IEEE Trans. Instrum. Meas. **57**(11), 1251–1255 (1997)
20. A. Ferrero, V. Teppati, Experimental comparison of active and passive load-pull measurement technologies, in *30th European Microwave Conference Proceedings*, Paris, France (Oct. 2000), pp. 1–4
21. C. Arnaud, J.L. Carbonero, J.M. Nebus, J.P. Teyssier, Comparison of active and passive load-pull test benches, in *57th ARFTG Conference*, vol. 39 (May 2001), pp. 1–4
22. M.S. Hashmi, A.L. Clarke, S.P. Woodington, J. Lees, J. Benedikt, P.J. Tasker, An accurate calibrate-able multiharmonic active load-pull system based on the envelope load-pull concept. IEEE Trans. Microw. Theory Tech. **58**(3), 656–664 (2010)
23. W.S. El-Deeb, N. Boulejfen, F.M. Ghannouchi, A multiport measurement system for complex distortion measurements of nonlinear microwave systems. IEEE Trans. Instrum. Meas. **59**(5), 1406–1413 (2010)
24. D. Barataud, F. Blache, A. Mallet, P. Bouysse, J.-M. Nebus, J. Villotte, J. Obregon, J. Verspecht, P. Auxemery, Measurement and control of current/voltage waveforms of microwave transistors using a harmonic load-pull system for the optimum design of high efficiency power amplifiers. IEEE Trans. Instrum. Meas. **48**(4), 835–842 (1999)
25. J.E. Mueller, B. Gyselinckx, Comparison of active versus passive on-wafer load-pull characterization of microwave MMwave power devices, in *IEEE Microwave Theory and Techniques Society's International Microwave Symposium Digest*, San Diego, USA (June 1994), pp. 1077–1080
26. R.S. Tucker, P.D. Bradley, Computer-aided error correction of large-signal load-pull measurements. IEEE Trans. Microw. Theory Tech. **32**(3), 296–300 (1984)
27. P.D. Bradley, R.S. Tucker, Computer-corrected load-pull characterization of power MESFETs, in *IEEE Microwave Theory and Techniques Society's International Microwave Symposium Digest*, Boston, USA (June 1983), pp. 224–226
28. C. Tsironis, Adaptable pre-matched tuner system and method, US Patent No. 6674293
29. G.R. Simpson, Impedance tuner systems and probes, US Patent No. 7589601
30. J. Sirois, B. Noori, Tuning range analysis of load-pull measurement systems and impedance transforming networks, in *69th ARFTG Conference*, Honolulu, USA (June 2007), pp. 1–5
31. C. Roff, J. Graham, J. Sirois, B. Noori, A new technique for decreasing the characterization time of passive load-pull tuners to maximize measurement throughput, in *72nd ARFTG Conference*, Portland, USA (Dec. 2008), pp. 92–96
32. P. Hart, J. Wood, B. Noori, P. Aaen, Improving loadpull measurement time by intelligent measurement interpolation and surface modeling techniques, in *67th ARFTG Conference*, San Francisco, USA (June 2006), pp. 69–72
33. R.B. Stancliff, D.B. Poulin, Harmonic load-pull, in *IEEE Microwave Theory and Techniques Society's International Microwave Symposium Digest*, Florida, USA (Apr. 1979), pp. 185–187
34. E.W. Strid, Measurement of losses in noise-matching networks. IEEE Trans. Microw. Theory Tech. **29**(3), 247–252 (1981)
35. G.P. Bava, U. Pisani, V. Pozzolo, Active load technique for load-pull characterization at microwave frequencies. IEE Electron. Lett. **18**(4), 178–180 (1982)
36. Y. Takayama, A new load pull characterization method for microwave power transistors, in *IEEE Microwave Theory and Techniques Society's International Microwave Symposium Digest*, New Jersey, USA (June 1976), pp. 218–220

37. R.A. Hackborn, An automatic network analyzer system. Microw. J. **May**, 45–52 (1968)
38. W.S. El-Deeb, M.S. Hashmi, S. Bensmida, N. Boulejfen, F.M. Ghannouchi, Thru-less calibration algorithm and measurement system for on-wafer large-signal characterization of microwave devices, IET J. Microw. Antenna Propag. **4**(11), 1773–1781 (2010)
39. E.F. DaSilva, M.K. McPhun, Calibration technique for one-port measurements. Microw. J. **June**, 97–100 (1978)
40. J.R. Souza, E.C. Talboys, S-parameter characterization of coaxial to microstrip transition. IEE Proc. **129**(Part H), 37–40 (1982)
41. M.S. Hashmi, A.L. Clarke, J. Lees, M. Helaoui, P.J. Tasker, F.M. Ghannouchi, Agile harmonic envelope load-pull system enabling reliable and rapid device characterization. IOP J. Meas. Sci. Technol. **21**(055109), 1–9 (2010)
42. M.S. Hashmi, A.L. Clarke, S.P. Woodington, J. Lees, J. Benedikt, P.J. Tasker, Electronic multi-harmonic load-pull system for experimentally driven power amplifier design optimization, in *IEEE Microwave Theory and Techniques Society's International Microwave Symposium Digest*, Boston, USA, vols. 1–3 (June 2009), pp. 1549–1552
43. F. Blache, J.-M. Nebus, P. Bouysse, L. Jallet, A novel computerized multiharmonic active load-pull system for the optimization of high-efficiency operating classes in power transistor, in *IEEE International Microwave Symposium Digest*, Orlando, USA (June 1995), pp. 1037–1040
44. A. Grebennikov, N.O. Sokal, *Switch Mode RF Power Amplifiers* (Elsevier, Oxford, 2007)
45. F.M. Ghannouchi, F. Beauregard, A.B. Kouki, Power added efficiency and gain improvement in MESFETs amplifiers using an active harmonic loading technique. Microw. Opt. Technol. Lett. **7**(13), 625–627 (1994)
46. R. Hajji, F.M. Ghannouchi, R.G. Bosisio, Large-signal microwave transistor modeling using multiharmonic load-pull measurements. Microw. Opt. Technol. Lett. **5**(11), 580–585 (1992)
47. F.M. Ghannouchi, R. Larose, R.G. Bosisio, A new multiharmonic loading method for large-signal microwave and millimeter-wave transistor characterization. IEEE Trans. Microw. Theory Tech. **39**(6), 986–992 (1991)
48. Y.Y. Woo, Y. Yang, B. Kim, Analysis and experiments for high efficiency class-F and inverse class-F power amplifiers. IEEE Trans. Microw. Theory Tech. **54**(5), 1969–1974 (2006)
49. F.M. Ghannouchi, M.S. Hashmi, S. Bensmida, M. Helaoui, Enhanced loop passive source- and load-pull architecture for high reflection factor synthesis. IEEE Trans. Microw. Theory Tech. **58**(11), 2952–2959 (2010)

第3章　有源负载牵引系统

本章描述有源负载牵引系统及其设计技巧和重要特性,可以分为两个部分:首先讨论各类有源负载牵引技术的理论要求;其次讨论有源负载牵引系统设计和特性及实现过程中的实际问题。测量被测件行波的外围设备及其校准方法与第2章中无源负载牵引系统类似,本章不再赘述。

3.1　简介

无源负载牵引系统虽然能够通过无源调谐器直接提供特性阻抗传输,但是被测件和调谐器之间的测量网络存在内在损耗,无法对高反射系数进行综合[1]。然而在高功率晶体管器件表征和谐波负载牵引中,所需阻抗最有可能在 Smith 圆图的边界或者靠近 Smith 圆图的边界,反射系数非常高。无源负载牵引系统无法综合出高反射系数的缺点驱使我们将目光转向有源负载牵引系统[2,3]。

有源负载牵引系统的基本原理是在被测件端面注入信号,它能够克服无源负载牵引系统内在损耗的问题,综合出高反射系数,因此能够对 Smith 圆图进行全覆盖[4,5]。

有源负载牵引系统能够大致分为闭环(Closed - loop)、前向(Feed - forward)和开环(Open - loop)三大类[6-8]。为了在被测件端面模拟所需反射系数,闭环负载牵引对反射波进行了恰当的修正[4,6],因此闭环负载牵引也叫做反馈负载牵引。为了将在被测件端面的信号反射回来,前馈负载牵引分离一部分输入信号,并以此产生相干的修正信号[5,7],因此前馈负载牵引也叫做信号分离负载牵引。为了在被测件端面对反射系数进行综合,开环负载牵引采用外界的信号源来产生相干的修正反射波[8]。

3.2　闭环负载牵引

图 3.1 展示了一个典型的理想闭环负载牵引系统框图。它需要一个三端口器件,让入射波 b_2 向前传输并接收反射波 a_2。实际上,环形器就可用于此处。入射波 b_2 的幅值和相位被复数变量 $\rho e^{j\theta}$ 修改后,以反射波 a_2 的形式反射回环形器,因此综合出来的反射系数为

$$\Gamma_{\text{Load}} = \frac{a_2}{b_2} = \frac{b_2 \rho e^{j\theta}}{b_2} = \rho e^{j\theta} \tag{3.1}$$

式中:ρ 和 θ 分别为所需反射系数 Γ_{Load} 在被测件端面的幅值和相位。

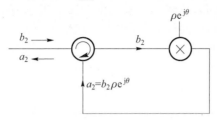

图 3.1　理想的闭环负载牵引系统中反射系统的描述方法

3.2.1　系统实现

如图 3.2 所示,闭环负载牵引系统由一个可变衰减器、一个移相器和一个环路放大器组成。为了在被测件端面模拟 Γ_{Load},将衰减器和环路放大器组合在一起,用以调节反射波 a_2 的幅值;移相器可以调节反射波 a_2 的相位。环形器分别在对应的方向上对 b_2 和 a_2 进行导引。为了保证负载牵引系统维持在超稳定的状态,也可以用定向耦合器替代环形器,我们将在后面的章节中详细讨论这一技术。

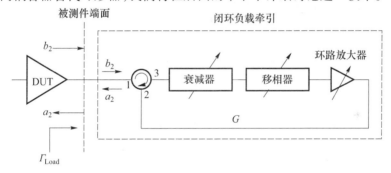

图 3.2　闭环负载牵引系统的框图

在理想的状态下,即环形器被看成是理想的,系统的损耗也可以忽略,由反馈环路所产生的修正后的入射波和反射波之间的关系如式(3.2)所示;它们在被测件端面与反射系数的关系如式(3.3)所示。

$$a_2 = G b_2 \tag{3.2}$$

$$\Gamma_{\text{Load}} = \frac{a_2}{b_2} = G \tag{3.3}$$

式中:G 为反射环路的复数增益,表示入射波 b_2 在幅值和相位上的所有变化。

当衰减器和环路放大器的参数固定后,改变移相器的参数只会改变 Γ_{Load} 的相位。因此,可以假设 Γ_{Load} 的幅值与 G 成正比。原则上,式(3.3)所确定的被测件端

面的反射系数 Γ_{Load} 可以被设置成任意的值;当选择合适的环路增益后,该值甚至可以大于1。考虑到 G 的值较高时将引发振荡,式(3.3)很容易向我们传递错误的信息。振荡可能破坏被表征的器件或测量系统本身。

当环路增益小于1时,负载牵引系统中的振荡可以被消除。为了保持 $G < 1$,放大器的增益不能超过环形器的隔离度[6]。理论上,理想的环形器具有无穷的隔离度,因此放大器的增益可以设置为任意值。然而,在实际应用中,标准环形器的隔离度一般在30dB左右,因此环路放大器的增益必须小于该值,以避免环路的不稳定性。为了阻止在截止频率以下的所有频点的振荡,在实际应用中,一般在环路中插入一个窄带滤波器,如果采用波导窄带滤波器效果更好。滤波器也能将高频处的振荡移到测量频带外。

3.2.2 闭环系统分析

一般情况下,如图3.2所示的闭环负载牵引系统可以在被测件端面轻而易举地综合高反射系数。然而,实验表明闭环负载牵引在进行器件表征和测量中,仍然会遇到以下一些问题[4, 6, 9]:

(1) 在移相器的设置中,反射系数 Γ_{Load} 的幅值 $|\Gamma_{Load}|$ 和相位 φ_{Load} 相互影响,并且影响很强烈。

(2) 综合幅值较小的反射系数时调谐范围有一定限制。

(3) 宽带环路放大器有时会遇到振荡。

为了更好地评估上述三个问题如何发生及其对闭环负载牵引系统的影响,我们采用如图3.3的信号流模型对系统进行分析。S参数仅仅依赖于反馈环路中组件的特性。环形器采用三端口S参数描述(记为 $\boldsymbol{S}_{cr}$)。反馈网络采用双端口S参数描述(记为 $\boldsymbol{S}_f$),$\boldsymbol{S}_f$ 可以通过级联衰减器的S参数(记为 $\boldsymbol{S}_{at}$)、移相器的S参数(记为 $\boldsymbol{S}_{ps}$)和环路放大器的S参数(记为 $\boldsymbol{S}_a$)获得。

对于线性环路放大器而言,图3.3中的被测件端面的反射系数为

$$\Gamma_{Load} = S_{11} + \frac{S_{12}S_{21}}{1 - S_{22}} \tag{3.4}$$

式中

$$S_{11} = \frac{S_{f11}S_{cr13}S_{cr31} - S_{f11}S_{cr23}S_{cr11} + S_{f12}S_{cr13}S_{cr21} - S_{f12}S_{cr23}S_{cr11} + S_{cr11}}{1 - S_{f11}S_{cr23} - S_{f12}S_{cr23}} \tag{3.5}$$

$$S_{12} = \frac{S_{f11}S_{cr13}S_{cr32} - S_{f11}S_{cr33}S_{cr12} + S_{f12}S_{cr13}S_{cr22} - S_{f12}S_{cr23}S_{cr12} + S_{cr12}}{1 - S_{f11}S_{cr23} - S_{f12}S_{cr23}} \tag{3.6}$$

$$S_{21} = \gamma S_{f21} + \alpha S_{f22} + S_{11}\frac{S_{f21}S_{cr33} + S_{f22}S_{cr23}}{S_{cr13}} \tag{3.7}$$

$$S_{22} = \delta S_{f21} + \beta S_{f22} + S_{12}\frac{S_{f21}S_{cr33} + S_{f22}S_{cr23}}{S_{cr13}} \tag{3.8}$$

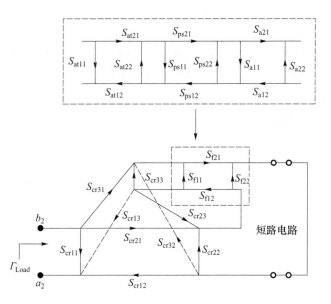

图 3.3　闭环有源负载牵引系统中信号流及其对应的 S 参数描述[1]，©IEEE1994

上述公式中的参数 α、β、γ 和 δ 定义在式（3.9）～式（3.12）中[1]。

$$\alpha = S_{cr21} - \frac{S_{cr11}S_{cr23}}{S_{cr13}} \qquad (3.9)$$

$$\beta = S_{cr22} - \frac{S_{cr12}S_{cr23}}{S_{cr13}} \qquad (3.10)$$

$$\gamma = S_{cr31} - \frac{S_{cr11}S_{cr33}}{S_{cr13}} \qquad (3.11)$$

$$\delta = S_{cr32} - \frac{S_{cr12}S_{cr33}}{S_{cr13}} \qquad (3.12)$$

从式（3.4）～式（3.12）可以发现，有源负载牵引系统中所用组件的非理想特性对反射系数的综合能力有重要影响。组件的非理想特性对系统造成的影响由环形器、衰减器、移相器和环路放大器本身的特性来决定。比如，为了确定环路组件非理想因素对反射系数 Γ_{Load} 的影响，式（3.13）～式（3.16）中典型的 S 参数可插入到式（3.4）～式（3.12）中的表达式[1]，即

$$\mathbf{S}_{cr} = \begin{bmatrix} 0.09 & 0.9 & 0.1 \\ 0.9 & 0.09 & 0.01 \\ 0.1 & 0.01 & 0.09 \end{bmatrix} \qquad (3.13)$$

$$\mathbf{S}_{at} = \begin{bmatrix} 0.25 & 0.01 \\ 0.01 & 0.25 \end{bmatrix} \qquad (3.14)$$

$$S_{ps} = \begin{bmatrix} 0.11 & 0.91 \\ 0.91 & 0.11 \end{bmatrix} \tag{3.15}$$

$$S_a = \begin{bmatrix} 0.3 & 25.1 \\ 0.25 & 0.3 \end{bmatrix} \tag{3.16}$$

图 3.4 显示了 $|S_{at21}|$ 和 $\mathrm{Arg}(S_{ps21})$ 对反射系数 Γ_{Load} 幅度和相位的影响。例如,如果衰减器设置成 $|S_{at21}| = -22\mathrm{dB}$,移相器设置成 $\mathrm{Arg}(S_{ps21})$ 从 $0°$ 变化到 $180°$,那么反射系数的相位 $\Delta\varphi_{Load}$ 没有变化,但是反射系数的幅值 $\Delta\Gamma_{Load}$ 变化了 0.7。

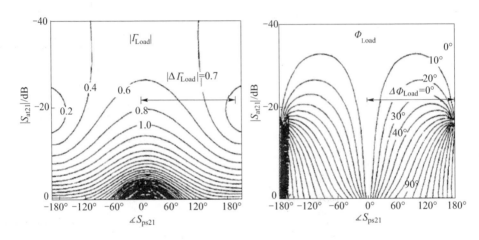

图 3.4　不同衰减器和移相器设置中反射系数等幅度圆和等相位圆

从图 3.4 中也可以观察到闭环负载牵引系统中可综合的反射系数具有一定的限制。举例来说,当移相器的设置为 $|S_{at21}| = 0°$ 时,无论怎么改变衰减器 $|S_{at21}|$ 的设置,系统并不能对小于 0.5 的反射系数进行综合。只有环路放大器中的非理性因素比式(3.13)～式(3.16)中的小,有源负载牵引系统才能对小于 0.5 的反射系数进行综合。

从式(3.4)～式(3.12)中很容易理解下列两个问题:一是系统对小反射系数的综合能力有一定限制;二是衰减器和移相器的设置对所综合的反射系数有一定影响。上述公式在解释系统中的振荡条件时太过抽象。为了让公式更加容易理解,先考虑理想的情况:所有组件的输入和输出端面已匹配好,环行器也具有无穷大的方向性,放大器具有无穷大的反向隔离度。在理想的情况下,图 3.4 所示的信号流模型变得简单,式(3.17)描述了被测件端面所综合的反射系数:

$$\Gamma_{Load} = \Gamma_{Load}^0 = S_{cr31} S_{at21} S_{ps21} S_{a21} S_{cr12} \tag{3.17}$$

其中:Γ_{Load}^0 为当所有的组件都是理想元件时所综合的反射系数,它的幅度由衰减器的设置决定,它的相位由移相器的设置来决定。

接下来我们将使用式(3.4)~式(3.12)作为扰动分析(Perturbation Analysis)的基准。我们采用逐步累积法进行分析,每一步只分析一个反馈网络中组件非理想因素的影响,例如表3.1中的影响(1)就是只考虑了放大器较差的输入匹配S_{a11}。这样做可以得到一系列的Γ_{Load},并大幅度简化分析过程。

表3.1总结了闭环有源负载牵引系统扰动分析的结果。如果在环路放大器的输出端采用了隔离器,非理想因素影响中的(2)、(5)和(7)可以忽略。编号为(8)的环形器S_{cr11}输入不匹配影响可以直接加到Γ_{Load}中,因此该项数值较小。编号为(1)、(4)、(6)、(9)和(10)几项的影响仅仅与闭环有源负载牵引系统所采用的定向耦合器有关。高耦合系数的耦合器会抑制这几项影响。例如,如果采用了环形器,那么环形器的高隔离度会消除这几项影响。

当反馈环路的前向增益大于1时,编号为(11)和(12)两项的影响可能会产生振荡,但可采用高方向性的环形器或定向耦合器对增益进行压缩。当衰减器和移相器的设置为$|S_{at21}| < 1$且$|S_{ps21}| < 1$时,能够避免振荡的充分条件如式(3.18)所示,这意味着在所有的频点上,放大器的增益必须都小于环形器的方向性。

$$|S_{at21}||S_{cr32}| < 1 \tag{3.18}$$

而且图3.5给出了上述公式的另一种表达形式,如式(3.19)所示。若式(3.19)未被满足,则负载牵引系统将会不稳定。

$$|\Gamma_{\text{Load}}||\Gamma_{\text{DUT}}| < 1 \tag{3.19}$$

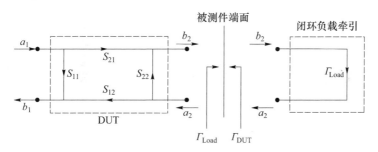

图3.5　闭环负载牵引系统的简单信号流图

表3.1　闭环有源负载牵引系统扰动分析结果[1]，ⒸIEEE1994

影响	重要性	$\Gamma_{\text{Load}} - \Gamma_{\text{Load}}^{0}$
(1)S_{a11}	小,高耦合系数可以抑制	$S_{cr31}S_{at21}S_{ps21}S_{a11}S_{at21}S_{ps21}S_{cr13}$
(2)S_{a22}	大,在放大器后加隔离器可以减小此项	$S_{cr21}S_{a22}S_{cr12}$
(3)S_{a12}	小	$S_{cr21}S_{a12}S_{at12}S_{ps12}S_{cr13}$
(4)S_{at11}	小,高耦合系数可以抑制	$S_{cr31}S_{at11}S_{cr13}$
(5)S_{at22}	大,在放大器后加隔离器可以减小此项	$S_{cr21}S_{a12}S_{ps12}S_{at22}S_{ps21}S_{a21}S_{cr12}$

影响	重要性	$\Gamma_{\text{Load}} - \Gamma_{\text{Load}}^0$
(6) S_{ps11}	小，高耦合系数可以抑制	$S_{cr31}S_{at11}S_{cr13}$
(7) S_{ps22}	大，在放大器后加隔离器可以减小此项	$S_{cr21}S_{a12}S_{at22}S_{a21}S_{cr12}$
(8) S_{cr11}	大，需要加入输入匹配	S_{cr11}
(9) S_{cr22}	小，高耦合系数可以抑制	$S_{cr31}S_{at21}S_{ps21}S_{a21}S_{cr22}S_{a12}S_{ps12}S_{at12}S_{cr13}$
(10) S_{cr33}	小，高耦合系数可以抑制	$S_{cr12}S_{at21}S_{ps21}S_{a21}S_{cr33}S_{a12}S_{ps12}S_{at12}S_{cr12}$
(11) S_{cr23}	大，必须采用高方向性	$\dfrac{S_{cr12}S_{at12}S_{ps12}S_{a12}S_{cr13}}{1-S_{a12}S_{ps12}S_{at12}S_{cr23}}$
(12) S_{cr32}	大，必须采用高方向性，无振荡条件：$\mid S_{a21}\mid\ \mid S_{cr32}\mid\ <1$	$\dfrac{S_{cr31}S_{at21}S_{ps21}S_{a21}S_{cr12}}{1-S_{a21}S_{ps21}S_{at21}S_{cr32}}$

在实际的应用中，$\mid\Gamma_{\text{DUT}}\mid$一般小于1，$\Gamma_{\text{DUT}}$也小于1，因此有源负载牵引系统能够综合数值大于1的$\mid\Gamma_{\text{Load}}\mid$。根据基本的稳定理论，当$\Gamma_{\text{Load}}$大于1时，有可能打破式(3.19)的限制并发生意外的振荡[10]。当在反馈环路中采用具有增益波动较大的宽带环路放大器时，这种现象有可能发生。举例来说，通过减少在某特定频率f_1处的环路衰减能够对高反射系数进行综合；但是，如果放大器在另外一个频率f_2处的增益更高，那么能够就能够产生振荡。既然负载牵引系统和被测件通过反射系数相互耦合，那么式(3.19)中的稳定条件对被测件也有影响，因为系统的振荡可以轻易地传递给被测件[10]。

为了在测量系统中保持稳定，对式(3.3)和式(3.19)化简后发现：有源负载牵引系统的环路增益G必须小于被测件输出端的回波损耗，即

$$G < 20\lg\mid S_{22}\mid \text{dB} \tag{3.20}$$

式(3.20)也说明了被测件输出端口完全匹配可以让增益G无限大，并且不引起任何系统振荡。在实际的应用中，由于环形器的方向性有限，增益G的大小也受到限制。为了避免振荡，环路增益G必须小于环形器的方向性，以满足式(3.18)和式(3.20)的要求。

3.3 闭环负载牵引系统的结构

在分析闭环负载牵引系统中，我们得到一个启示：虽然闭环负载牵引系统结构简单并且存在不稳定的风险，但是在原理上它能够综合高反射系数。为了克服振荡的问题，可以采用图3.6所示的方法，在环路放大器的输出端口加入隔离器。加入隔离器的做法非常有效，特别是在高功率被测件表征和测量的场景中。在高功

率被测件表征和测量时,信号输入功率非常高,并且环形器端口存在轻度的失配,有可能造成环路振荡并破坏测量系统和被测件。

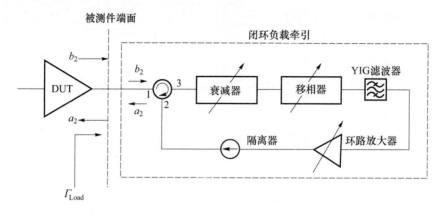

图3.6 为了避免振荡,闭环有源负载牵引系统加入
隔离器和窄带滤波器[11] , ⓒIEEE 2007

由于环路放大器的增益波动比较大,闭环负载牵引系统中的振荡可以采用图3.6所示的方法来消除:在反馈回路中插入高选择性的滤波器。钇铁石榴石(Yttrium Iron Garnet,YIG)滤波器是一种典型的高选择性滤波器,它在特定的带宽内增益平稳,能够消除由于环路放大器增益波动较大带来的麻烦。在环路中插入 YIG滤波器的缺点在于 YIG 滤波器限制了负载牵引系统的带宽。

在对高效率功率放大器所使用的晶体管进行表征和测量的应用中,闭环负载牵引系统需要在 Smith 圆图的边缘地带使用谐波阻抗[12-15]。有源负载牵引系统可以采用图 3.7 所示的方法,轻易地扩展为三谐波系统。三谐波负载牵引系统需要一个三工器将入射波 b_2 的谐波成分分割为式(3.21)所示的三部分。相应的谐波分量经过反馈环路修正后,再通过另一个三工器合成为反射波 a_2。式(3.21)和式(3.22)对应谐波分量的比值就是对应的反射系数,如式(3.23)所示。

$$b_2 = b_2(f_0) + b_2(2f_0) + b_2(3f_0) \tag{3.21}$$

$$a_2 = a_2(f_0) + a_2(2f_0) + a_2(3f_0) \tag{3.22}$$

$$\Gamma_{\text{Load}}(nf_0) = \frac{a_2(nf_0)}{b_2(nf_0)} \tag{3.23}$$

式中:$n = 1,2,3$。

图 3.7 所示的谐波负载牵引系统可以通过提高特定谐波分量的反射波 a_2 的功率水平,实现对任意谐波分量中的反射系数综合。为了提高反射波的功率水平,环路放大器可能会进入压缩工作状态,这是整个系统的主要限制因素。3.4 节我们将讨论如何保持系统工作在正确的状态。

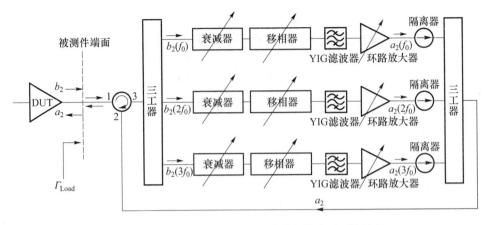

图 3.7　基于有源闭环技术的三谐波负载牵引系统结构

3.4　环路负载牵引系统的优化设计

测量网络中的损耗对有源负载牵引系统有两方面的影响：一是增加了系统振荡的风险[16]；二是为了综合某给定的 Γ_{Load}，增加了环路放大器对输出功率的要求。一个解决的办法就是利用低通三端口器件来替代环形器。图 3.8 显示了利用负载牵引端头(Load - pull Head)[17]替代环形器后的有源负载牵引结构。注意环路中出现了隔离器，它能保护环路放大器，并增加反馈环路的稳定性。

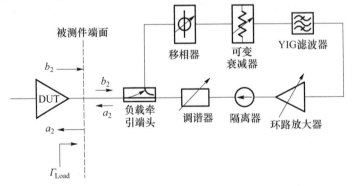

图 3.8　采用负载牵引端头的有源负载牵引系统①

系统中还增加了无源调谐器，它能够进一步减少环路放大器在综合低阻抗时对输出功率的要求。环路中的调谐器可以是双端口插芯调谐器(一个或多个插芯)[18]。当插芯完全未插入时，调谐器对 Γ_{Load} 没有任何影响，因此它只受有源环

---

① 译者注：原文图 3.8 和图 3.9 的图名一模一样，译者根据上下文自拟了图 3.8 的图名。

路的控制。在这种情况下,环路放大器的功率要求是最高的。另外,当插芯完全插入,环路被切断,无论环路放大器的输出功率多大,都对 Γ_{Load} 没有任何影响。因此,在这两种极端情况之间,肯定会存在一个最优的插芯位置,此时环路放大器的功率要求是最低的。这个问题可以用图 3.9 所示的原理图进行简单地分析。图中环路线缆内在的损耗用 L_c 来表示,测量网络的损耗用 L 来表示。图 3.9 也表示了在各端面的入射波和反射波以及无源调谐器的 S 参数。

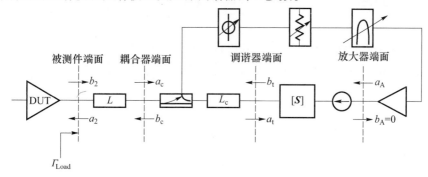

图 3.9   采用了无源调谐器的有源负载牵引系统[6],ⒸIEEE 2008

根据图 3.9 所示的闭环负载牵引系统简化分析方法,定义了以下参数[6]:

(1) G 表示环路总增益,包括负载牵引端头的耦合系数、放大器增益和总的环路损耗。

(2) b_A 的值设置为 0,这是因为采用了理想隔离器。

(3) Γ_{Lo} 是被测件端面的反射系数。

(4) Γ_{Lt} 表示仅采用无源调谐器在被测件端面所能综合的最大反射系数,即当有源环路完全被关断($a_A = 0$)时所能综合的最大反射系数。

(5) P_{out} 表示当 $\Gamma_{Load} = \Gamma_{Lo}$ 时被测件输出的功率。

环路放大器的输出功率 P_A 可以表示为

$$P_A = |a_A|^2 \tag{3.24}$$

式中

$$a_A = Ga_c = GLb_2 \tag{3.25}$$

联合式(3.24)和式(3.25),可以将环路放大器的输出功率 P_A 表示为入射波 b_2 和测量网络损耗 L 的函数,即

$$P_A = |G|^2 |L|^2 |b_2|^2 \tag{3.26}$$

当 $\Gamma_{Load} = \Gamma_{Lo}$ 时,入射波 b_2 与被测件端面的输出功率 P_{out} 之间的关系为

$$|b_2|^2 = \frac{P_{out}}{1 - |\Gamma_{Lo}|^2} \tag{3.27}$$

化简式(3.26)和式(3.27),就可以将环路放大器输出功率 P_A 表示为反馈环路增益 G、被测件输出功率 P_{out} 和测量网络损耗 L 的函数,即

$$P_A = |G|^2 |L|^2 \frac{P_{out}}{1 - |\Gamma_{Lo}|^2} \tag{3.28}$$

在调谐器端面,环路调谐器的 S 参数用 $S_{ij}(i,j = 1,2)$ 表示,它与放大器端面的反射波 a_A 的关系为

$$b_t = S_{11}a_t + S_{12}a_A \tag{3.29}$$

对于具有较低耦合系数(小于20dB)的负载牵引端头而言,假设行进波与测量网络的损耗和反馈回路的损耗有关,在调谐器参考端面的行进波为[6,19]

$$b_t = \frac{a_2}{LL_c} \tag{3.30}$$

$$a_t = LL_c b_2 \tag{3.31}$$

将式(3.25)、式(3.30)和式(3.31)代入式(3.29),得到环路增益 G,化简后有

$$G = \frac{\Gamma_{Lo} - S_{11}(LL_c)^2}{S_{12}L(LL_c)} \tag{3.32}$$

而且,对于互易无耗调谐器而言,S_{11} 与 S_{12} 的关系为[19]

$$|S_{11}|^2 + |S_{21}|^2 = |S_{11}|^2 + |S_{12}|^2 = 1 \tag{3.33}$$

至于互易低耗无源调谐器环路,下列的假设是成立的:

$$|S_{11}|^2 + |S_{21}|^2 = |\gamma|^2 \tag{3.34}$$

式中:$|\gamma|$ 为 $|S_{11}|$ 能够达到的最大值,而不是传播常数。

式(3.28)、式(3.32)和式(3.34)联立求解后,可以得到环路放大器的输出功率[6],即

$$P_A = \frac{|\Gamma_{Lo} - S_{11}(LL_c)^2|^2}{(|\gamma|^2 - |S_{11}|^2(LL_c)^2)} \frac{P_{out}}{1 - |\Gamma_{Lo}|^2} \tag{3.35}$$

式(3.35)揭示了放大器的输出功率与所需要的反射系数 Γ_{Lo}、环路调谐器的预调谐量 S_{11} 和测量系统总的损耗 LL_c 之间的关系。为了确认环路调谐器和负载牵引端头对 P_A 的影响,我们可以考察当 Γ_{Lo} 固定时,P_A 在不同的 LL_c 值下随着 S_{11} 变化的情况。例如,图3.10显示了当 Γ_{Lo} 为0.96和 γ 为1时,P_A 随着 S_{11} 的变化情况,其中 S_{11} 限定为纯实数并且在0和 γ 之间变化。

图3.10中画出了不同 LL_c 取值下 P_A 的值。图中 LL_c 的最小值为 $-2.4dB$,这个值对应标准耦合器的典型设置;图中 LL_c 的最大值为 $-0.4dB$,这个值对应系统加入负载牵引端头的情况。图中所表示的 P_A 已经过归一化处理,它将 LL_c 为 $-2.4dB$,S_{11} 为0时所对应的 P_A 定为1。

从图3.10中可以发现:采用负载牵引端头可以降低系统损耗 LL_c,进而降低有

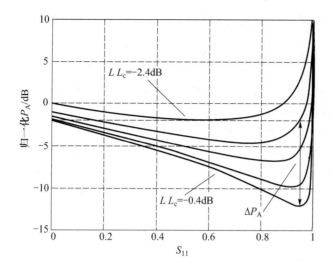

图 3.10　归一化环路放大器输出功率 P_A 在不同的总的系统损耗情况下随调谐器的 S_{11} 值的变化情况,其中 ΔP_A 表示 P_A 在 S_{11} 为零时的值和 P_A 的最小值之间的差异[6],©IEEE 2008

源负载牵引系统对环路放大器所需输出功率的要求。为了获得值为 0.96 的 Γ_{Lo},系统损耗对环路放大器所需输出功率的影响很大。当 S_{11} 为 0 时,即环路已无调谐器,系统损耗为 -0.4dB,此时所需要的环路放大器的输出功率比系统损耗为 -2.4dB 时所对应的输出功率小 2dB。

图 3.10 也显示了作为预匹配器件的环路调谐器对闭环负载牵引系统的影响。很明显所需要的最小 P_A 强烈依赖于调谐器中 S_{11} 值的设置。如果 ΔP_A 表示最小的 P_A 与 $S_{11}=0$ 时所对应的 P_A 之间的差值,那么可以推定:当 $LL_c = -2.4$dB 时,$\Delta P_A = 2$dB;当 $LL_c = -0.4$dB 时,$\Delta P_A = 10$ dB。上述数据清晰地表明了在闭环有源负载牵引系统中采用环路调谐器和负载牵引端头所带来的好处。

为了确定最佳的调谐器设置,可对式(3.35)求导并令其实部等于 0,则可以得到

$$S_{11,min} = \frac{|\gamma|^2 (LL_c)^2}{\Gamma_{Lo}} \tag{3.36}$$

式中:$S_{11,min}$ 为最小 P_A 所对应的调谐器设置。

如果有源环路关闭,即 $a_A = 0$,调谐器的 S_{11} 设置为 $S_{11,min}$,那么在被测件端面所综合出来的反射系数 Γ_{Load} 最小,为 Γ_{Lmin},具体的表达式为[6]

$$\Gamma_{Lmin} = \frac{|\gamma|^2 (LL_c)^4}{\Gamma_{Lo}} \tag{3.37}$$

然而,当 $a_A = 0$ 时,根据初始定义,$|\Gamma_{Load}|$ 最大时所对应的调谐器反射系数为 $|\Gamma_{Lt}|$,即[6]

$$| \Gamma_{\mathrm{Lt}} | = | \gamma | (LL_{\mathrm{c}})^2 \tag{3.38}$$

当调谐器设置为$| S_{11,\min} |$,被测件端面所综合出来的反射系数大小为

$$| \Gamma_{\mathrm{Load}} | = \frac{| \Gamma_{\mathrm{Lt}} |^2}{| \Gamma_{\mathrm{Lo}} |} \tag{3.39}$$

考虑到这些因素,一个较为实际的寻找最小P_{A}所对应的调谐器设置和获得Γ_{Lo}的方法总结如下[6]:

(1) 关闭环路,并加载调谐器测量最大的$| \Gamma_{\mathrm{Lt}} |$。

(2) 如果所需$| \Gamma_{\mathrm{Lo}} | < | \Gamma_{\mathrm{Lt}} |$,就没有必要采用有源负载牵引。

(3) 如果所需$| \Gamma_{\mathrm{Lo}} | \geqslant | \Gamma_{\mathrm{Lt}} |$,调节调谐器。当环路关闭时,$| \Gamma_{\mathrm{Load}} | = | \Gamma_{\mathrm{Lt}} |^2 / | \Gamma_{\mathrm{Lo}} |$,并且$\arg(\Gamma_{\mathrm{Load}}) = \arg(\Gamma_{\mathrm{Lo}})$,对应的调谐器$S_{11}$等于$S_{11,\min}$。

(4) 最终,通过设置合适的有源环路衰减器和移相器进行Γ_{Lo}综合。

3.5 前馈负载牵引系统

前馈负载牵引系统将源信号分为两路信号:一路信号直接输入到被测件;另一路信号经过衰减器、移相器和环路滤波器修正后,再反馈到被测件的输出端口以完成负载牵引。整个系统的架构如图 3.11 所示。经分析显示,由于功率分配器和额外的隔离器对环路放大器输出进行了高度隔离,这类负载牵引系统振荡的风险很低。

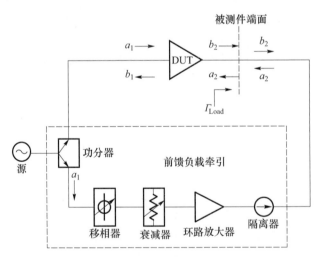

图 3.11 前馈负载牵引系统框图

如果负载牵引系统所有的组件都是理想的,即功率分配器不存在插入损耗和回波损耗,并且它的两个输出端口的隔离度为无穷大,所有的连接器也是无损耗的,那么系统所产生的修正后的行波之间的关系为

$$a_2 = Ga_1 \tag{3.40}$$

式中:G 为由前馈负载牵引组件所带来的总的复数增益。

而且,式(3.40)还假设了环路放大器已得到完美匹配,这个条件是由环路放大器输出端口的隔离器来决定的。

在被测件端面的入射波 b_2 与激励 a_1 有关,在被测件端面的反射波 a_2 由下式决定,即

$$b_2 = S_{21}a_1 + S_{22}a_2 \tag{3.41}$$

式中:S_{21} 和 S_{22} 为被测件在基波处的大信号 S 参数[21, 22]。

经过化简后,使用式(3.40)和式(3.41)①可以得到在被测件端面的综合后的负载端反射系数 Γ_{Load},即

$$\Gamma_{\text{Load}} = \frac{a_2}{b_2} = \frac{1}{(S_{21}/G + S_{22})} \tag{3.42}$$

从式(3.42)可以推出,综合后的反射系数 Γ_{Load} 不仅与负载牵引系统的增益 G 有关,还与被测件的大信号参数 S_{21} 和 S_{22} 有关。当增益 $G = 0$,综合后的反射系数 Γ_{Load} 将为 0,即负载牵引还未开始;当增益 $G = 1/S_{22}$ 时,Γ_{Load} 将会达到最大值,即负载牵引已经开始,并且有非常高的输入功率经前馈负载牵引注入到被测件输出端口。根据式(3.42),被测件处于稳定状态时,$S_{22} \leq 1$ 一直成立,从前馈负载牵引系统所获得的最大 Γ_{Load} 可以覆盖整个 Smith 圆图。

然而,前馈负载牵引系统 Γ_{Load} 的综合过程是难以预测的,原因是它依赖于被测件的大信号 S 参数中的 S_{21} 和 S_{22}。例如,为了综合出特定的 Γ_{Load},当给定测量好的 S_{21} 和 S_{22} 后,负载牵引的增益 G 可以通过式(3.42)进行计算。大信号 S 参数极大地依赖于被测件的端口阻抗和被测件的参数(如驱动功率放大器和偏置器)。负载牵引组件(包括驱动功率放大器和偏置器)的任何变化都会改变被测件的参数,因此很有必要重新计算新的增益 G。大信号 S 参数依赖于端口阻抗、驱动功率放大器和偏置器,因此反射系数的综合是一个迭代过程。为了获得高精度综合后的反射系数,在原则上前馈负载牵引系统需要收敛技术,我们将在后面的小节描述这一技术。

相比闭环有源负载牵引系统,前馈负载牵引系统由于采用了迭代的过程综合反射系数过程较慢,但是却表现出更好的稳定性。只要系统的复数增益 G 小于被测件的反向传输系数 S_{12} 和功率分配器的隔离度之和,那么系统就是稳定的。在实际的测量中,标准的功率分配器的隔离度一般超过 20dB[23],反向传输系数 S_{12} 又增加了 20dB,给前馈负载牵引系统的增益 G 留下了足够的空间。另外,前馈环的输出和输入端口完全隔离,因此系统的稳定度与被测件的 S_{22} 无关。因此有源前馈

---

① 译者注:原文为"式(3.41)和式(3.42)"疑似有误,根据上下文改。

负载牵引系统的稳定度与器件的稳定度无关,也不再要求环路放大器具有恒定的幅度和相位响应。

从式(3.42)还可以发现,虽然对于大多数应用来说,前馈负载牵引系统是稳定的;但是当环路的复数增益特别高时,系统仍然可能发生振荡,这种情况会出现在对高功率被测件进行表征和测量的过程中。因此,被测件的无条件稳定得不到保证,为了解决这个问题,需要在被测件输入端口进行额外的处理。

3.6　前馈负载牵引系统优化设计

图3.11所示的典型的负载牵引系统所对应的测量信号流程如图3.12所示,所综合的反射系数如式(3.43)所示。在信号流图中,功率源的激励信号用 a_1 表示,而负载牵引系统的信号用 a_2 表示为

$$\Gamma_{\text{Load}} = \frac{a_2}{b_2} = L_1 G e^{j\varphi} \tag{3.43}$$

式中: L_1 为前馈环的损耗; $G e^{j\varphi}$ 为前馈环的复数增益。

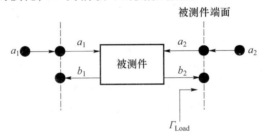

图3.12　前馈负载牵引系统的测量信号图[20],ⒸIEEE 1994

前馈负载牵引系统的输出端口一般匹配到50Ω,因此 Γ_{Load} 的初始值为0。因此,它所综合出来的反射系数一般围绕着50Ω形成轨迹,如图3.13所示[25]。这种方式所综合出来的反射系数对于轻微失配的被测件是有效的,但是在综合高度失配的被测件时会遇到三方面的麻烦[20]:

(1)反射系数的分布有可能较为分散,不会聚集到Smith圆图上被测件良好匹配所对应的中心地带,因此扫描结果不理想,图3.14就显示了这种结果。在图3.14中,由于被测件失配很严重,大多数实验数据并没有用[25],导致负载牵引系统只能提供非常糟糕的测量结果。

(2)高度失配的情况下,反射系数的幅值较大,相位的轻微改变有可能导致被测件的损坏,图3.14也显示了这种情况。

(3)为了产生较高的反射系数,需要大功率信号源来驱动被测件的输出端口。例如,在对器件进行精确优化和表征的过程中,为了综合出所需的反射系数,8 W

的被测件需要 40 W 的输入功率来驱动前馈负载牵引系统[20]。

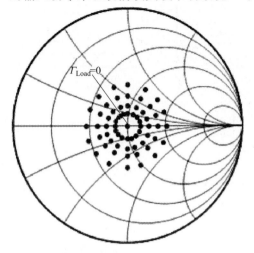

图 3.13　前馈负载牵引系统所综合出来的中心圆[20]，ⒸIEEE 1994

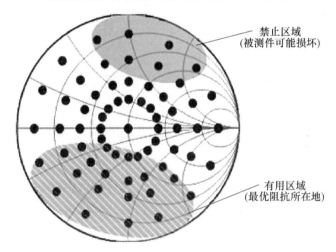

图 3.14　前馈负载牵引系统所遇到的问题示意图[20]，ⒸIEEE 1994

　　为了改善和克服前馈负载牵引系统所遇到的三个问题，输出端可以轻微的失配并采用组装的滑动短路线和定向耦合器将输出端从 50Ω 处移开，如图 3.15 所示[26]。为了在被测件端面综合所需的反射系数，负载牵引组件连接到定向耦合器的耦合端口，二者之间的耦合系数为 C。图 3.15 也显示了修正后的前馈负载牵引系统的信号流图。从图中可以发现，由滑动短路线预匹配带来的 Γ_0 和由前馈负载牵引系统带来的注入信号 δa_2 之间的关系可以表示为式(3.44)和式(3.45)：

$$a_2 = \Gamma_0 b_2 + C\delta a_2 \tag{3.44}$$

$$\frac{a_2}{b_2} = \Gamma_{\text{Load}} = \Gamma_0 + C\frac{\delta a_2}{b_2} = \Gamma_0 + \delta\Gamma \tag{3.45}$$

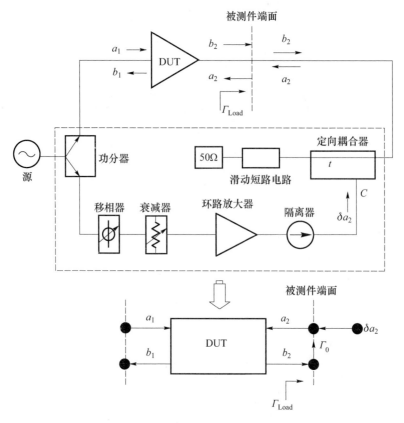

图 3.15　修正后的前馈负载牵引图(上)和对应的信号流图(下)[26]，ⒸIEEE 1993

从式(3.45)可知,如果将前馈负载牵引的功率关掉,则反射系数等于Γ_0,即滑动短路电路所设置的值。在这种系统中,在利用负载牵引测量任何被测件时,先用滑动短路电路在 Smith 圆图上确定所能达到的最佳反射系数所在位置,然后再采用滑动短路电路综合反射系数。随后,前馈负载牵引系统的有源器件注入δa_2以便寻找所需反射系数的中心区域,如图 3.16 所示。换言之,当前馈负载牵引系统打开后,反射功率δa_2产生了反射系数,这就像图 3.16 所示的那样,采用滑动短路电路对初始的Γ_0进行了微扰从而形成了$\delta\Gamma$。

在特定的 Smith 圆图区域上,仅需要非常小的δa_2即可产生微扰$\delta\Gamma$,这说明只有极小的概率才会使修正后的反射系数超过 Smith 圆图的安全区域。因此,在前馈负载牵引系统中,采用滑动短路电路时需要保证负载牵引操作处于安全的状态下,并且减小了损坏被测件的风险。

而且,前馈负载牵引系统只需要在Γ_0的基础上产生$\delta\Gamma$,因此减小了环路放大器的输出功率。例如,如果扰动量的矢量$\delta\Gamma$与Γ_0同相位,为了获得由负载牵引系统所反射回来的功率$\delta a_2^2/2$,式(3.45)可以化简为

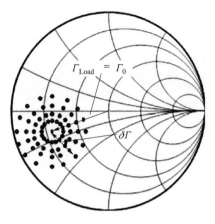

图 3.16 修正后前馈负载牵引系统所能综合的反射系数[20],ⒸIEEE1994

$$\frac{1}{2}\mid\delta a_2\mid^2=\frac{1}{\mid C\mid^2}\mid b_2\mid^2\mid\Gamma_{\mathrm{Load}}-\Gamma_0\mid^2 \tag{3.46}$$

在如图 3.11 所示的标准前馈负载牵引系统中,由负载牵引源反射的功率为

$$\frac{1}{2}\mid a_2\mid^2=\frac{1}{\mid C\mid^2}\mid b_2\mid^2\mid\Gamma_{\mathrm{Load}}\mid^2 \tag{3.47}$$

式中:R 为修正后的前馈负载牵引系统的反射功率和原始前馈负载牵引系统的反射功率之比,其值为

$$R=\frac{1}{\mid C\mid^2}\frac{\mid\Gamma_{\mathrm{Load}}-\Gamma_0\mid^2}{\mid\Gamma_{\mathrm{Load}}\mid^2} \tag{3.48}$$

如果选择无损耗的 6dB 理想耦合器,即 $\Gamma_0=0.75$,$\mid C\mid^2=0.25$,那么由式(3.48)可得[20]

$$\Gamma_{\mathrm{Load}}=0.9\rightarrow R=11\%$$
$$\Gamma_{\mathrm{Load}}=0.95\rightarrow R=17\%$$
$$\Gamma_{\mathrm{Load}}=0.99\rightarrow R=23.5\% \tag{3.49}$$

从式(3.49)可知,当在标准的前馈负载牵引系统中采用滑动短路电路和理想的 6dB 耦合器时,如果反射系数从 0.9 变到 0.99,则系统所需要的反射功率大约减小 75%。

3.7 谐波前馈负载牵引系统

将前馈负载牵引系统扩展为谐波负载牵引系统非常简单,图 3.17 就表示了一种三阶谐波前馈负载牵引系统。考虑到输入信号几乎没有谐波分量,那么前馈有源环路需要二倍频器和三倍频器来产生相应的谐波频率。根据式(3.22),为了综合对应频率分量的反射系数,衰减器、移相器和环路放大器也需要修正到相应的反

65

射波 a_2 的二倍频和三倍频。

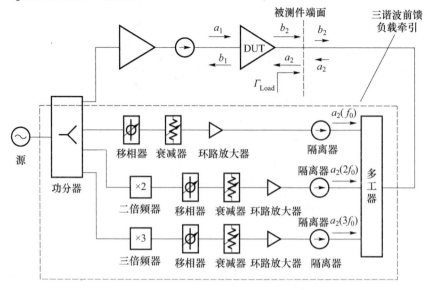

图 3.17　基于前馈技术的三谐波负载牵引系统

根据式(3.22),修正后的分量 $a_2(f_0)$、$a_2(2f_0)$ 和 $a_2(3f_0)$ 通过多工器在前馈环路的输出口合并在一起。该技术的主要限制在于:当需要进行负载牵引的谐波增加后,需要越来越高的环路放大器功率。为了最小化环路放大器的输出功率,图3.18所示的基于电子负载模块(Electronic Load – module,ELM)的矢量生成器可以用来构建前馈负载牵引系统。

电子负载模块是由一系列的 IQ 调制器和频率多工器组成。IQ 调制器基于双平衡混频器,用来产生基波频率;多工器用来产生谐波分量。如图3.18所示,在这类设备中,信号源直接连接到负载牵引环 a_1,先用 3 – dB 耦合器将信号分为两路正交信号;再用两个双平衡混频器将这两路信号乘以 I 和 Q 的调制信号;最后按照式(3.22)形成反射波 a_2。假设 I 信号和 Q 信号可以写成含正向和反向极化的直流电压信号 V_I 和 V_Q,每个电子负载模块的输出的谐波分量 $V_{out}(t)$ 为

$$V_{out}(t)^n = a_2(nf_0) = cst\hat{V}_{in}\left[V_I^n\cos(\omega_0 t) + V_Q^n\sin(\omega_0 t) \right] \tag{3.50}$$

式中:n 为谐波分量;$\hat{V}$ 为输入信号的幅度;cst 为乘法器的转换增益。

V_I 控制复平面的输出向量的实部,V_Q 控制复平面的输出向量的虚部。因此 IQ 调制器能够对射频输出电压进行调整,将反射系数的幅度和相位调整到与输入信号的任意关系上。乘法器和控制信号也能够根据电子负载模块的输入电压,提供一定的增益,并产生相应的谐波分量,进而减少环路放大器所需的输出功率。

谐波前馈负载牵引系统的反射系数综合过程较慢,因此不适合应用在测量各谐波分量所对应的反射系数的场合。任何特定的谐波反射系数的收敛范围与其他

66

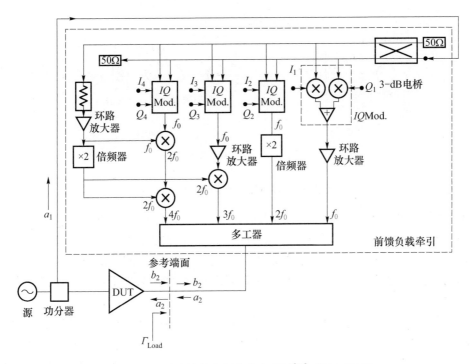

图 3.18　四谐波前馈有源负载牵引图[27]，©IEEE2000

谐波的行进波有关，从而导致不同的谐波反射系数之间发生相互作用。

3.8　开环负载牵引系统

有源开环和前馈负载牵引技术非常相似，只是反射波 a_2 的来源有所不同。前馈负载牵引系统采用相同的源激励和反射波形，而开环负载牵引系统采用两个独立的源来激励和反射波形，如图 3.19 所示。为了保持被测件端面的传输波和反射波相位相干，信号源锁定在一个共同的参考源，如 10MHz 信号源。隔离器避免了环路放大器的任何损耗，而衰减器和移相器修正了反射波的相位和幅度。

开环负载牵引系统在被测件端面所综合的反射系数为

$$\varGamma_{\mathrm{Load}} = \frac{a_2}{b_2} = \frac{a_2}{S_{21} a_1 + S_{22} a_2} = \frac{1}{S_{21} G + S_{22}} \qquad (3.51)$$

式中：S_{21} 和 S_{22} 为被测件在基波处的大信号 S 参数[21, 22]；G 为开路有源负载牵引系统所产生的总的复数增益。

从式（3.51）可以发现，当改变反射波的大小 a_2 时，开环负载牵引系统可综合的 $\varGamma_{\mathrm{Load}}$ 的取值范围在 0 到 ∞ 之间。当负载牵引的源关闭时，反射波 a_2 不存在，反射系数 $\varGamma_{\mathrm{Load}}$ 将会是 0；反射系数会随着 a_2 的增加而增加，并会达到最大值 $1/S_{22}$，这

67

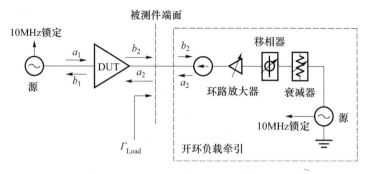

图 3.19 有源开环负载牵引系统框图

和前馈负载牵引系统所能达到的最大值一模一样,并且在实际的测量应用中也是存在的。开环负载牵引系统所综合的反射系数与被测件的大信号 S 参数有关,当被测件端口的激励、偏置和阻抗情况发生改变后,需要重新进行测量。因此整个测量过程是一个迭代过程,并且需要一个收敛的算法,我们将在下一小节详细描述如何设置这些条件。

由于开环负载牵引系统连接被测件时不存在环路,因此该系统不存在任何环路振荡,所以开环负载牵引系统的优点在于整个测量过程中绝对稳定。高度稳定性让开环负载牵引系统非常适合测量高功率器件和高反射情况下的谐波反射系数。增加环路放大器的输出功率就可以增大反射系数。另外,绝对稳定条件使系统对环路放大器的幅值和相位都没有要求,这与闭环负载牵引系统不一样。

开环负载牵引系统能够轻易地扩展为多谐波装置,图 3.20 就显示了三谐波开环负载牵引系统的架构。为了保持谐波分量之间的相干性,信号源产生的所需谐波分量被锁定到一个通用的参考信号。三工器将负载牵引源所产生的基波分量 $a_2(f_0)$、二阶谐波分量 $a_2(2f_0)$ 和三阶谐波分量 $a_2(3f_0)$ 连在一起。在这种架构中,可以通过内建功能选择相应的负载牵引源,以实现对相应谐波反射波进行幅度和相位的调控。如果负载牵引源没有内建功能来控制幅值和相位,那么可以采用相应的衰减器和移相器来实现调幅和调相的功能。

开环谐波负载牵引系统最为严重的缺点是,当利用它进行高次谐波扫描时,需要非常昂贵的负载牵引源。为了避免这个问题,可以采用能够在多个端口产生多谐波的源;或者用如图 3.21 所示的办法,采用二倍频器和三倍频器加功率分配器的方法来产生谐波。但是在这种配置中,由于功率分配器存在固定的衰减,环路放大器的输出功率增加了。

而且,由于 a_2 的各次谐波分量会相互作用,不能对各次谐波的反射系数进行独立测量。当系统在搜索某特定的谐波分量的收敛区域时,谐波间的相互作用会干扰其他谐波反射系数的设置。采用高速算法能够降低收敛所需的迭代次数,因此可以最小化已测的谐波反射系数的偏移[28],同时也减小了谐波频率之间的迭代次数。

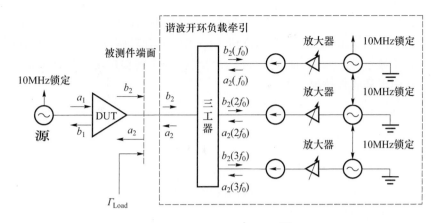

图 3.20　三谐波有源开环负载牵引设备[8]，ⓒIEEE 2000

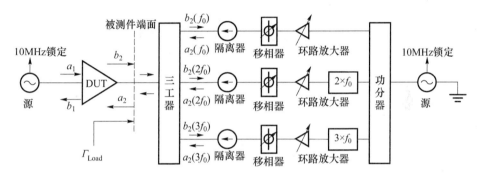

图 3.21　含信号源、二倍频器和三倍频器的开环有源负载牵引系统

3.9　开环和前馈负载牵引系统的收敛算法

根据有源前馈负载牵引和开环负载牵引系统的概念，这两个系统中综合反射系数需要求解式(3.52)中的 $a_{2,h}$，其中 h 表示谐波次数[28]：

$$a_{2,h} - \Gamma_h b_{2,h}(a_{2,1}, a_{2,2}, \cdots, a_{2,h}) = 0 \qquad (3.52)$$

如果不能提前得到 $b_{2,h}$ 的表达式，那么可以采用数值方法来求解式(3.52)，如牛顿 – 拉斐森(Newton – Raphson)算法[29]。求解是一个迭代过程，对于基波来说，一般需要 5～10 次迭代才能收敛到一个解[30]。在谐波负载牵引测量中，迭代次数还会增加，毕竟改变谐波就增加了高次谐波的失真。考虑到数值算法本身的缺点，如多重根问题和数值振荡问题，迭代次数甚至会进一步增加[29]。

多谐波失真模型(Poly Harmonic Distortion Modeling, PHD)原理[31,32]也可以用来求解式(3.52)[28]。多谐波失真模型包含输入信号频谱分量的幅值和相位，也含有谐波交叉产物的信息，这些信息确定了特定驱动功率和频率下的谐波分量之间的关系。谐波交叉产物的信息能够用来求解式(3.52)，并且减少迭代次数。

在式(3.53)中,多谐波失真模型能够在被测件端面以反射波 $a_{2,h}$ 为变量,描述非线性被测件的输出 $b_{2,h}$。式(3.52)和式(3.53)联合求解,能形成一种新的收敛算法。相比数值算法,新的收敛算法极大地改善了前馈和开环负载牵引系统反射系数计算速度和收敛情况。

$$b_{2,h} = S_{21}(|a_{1,1}|)|a_{1,1}| + \sum_h S_{22}(|a_{1,1}|)|a_{2,h}| + \sum_h T_{22,h}(|a_{1,1}|)(a_{2,h}^*)$$

(3.53)

式中:S 和 T 两个系数只与基波分量 a_1 和 a_2 的幅度有关[33]。

用 P 和 Q 作为输入和输出 a 型波的相位操作器,式(3.53)可以采用文献[33]的方法进行修改,结果显示在式(3.54)和式(3.55)中。$b_{2,h}$ 所产生的三阶模型显示在式(3.56)和式(3.57)中[28]。

$$b_{2,h} = S_{21}|a_{1,1}|\left(\frac{Q}{P}\right)^0 P + \sum_h S_{22}|a_{2,h}|\left(\frac{Q}{P}\right)^1 P + \sum_h T_{22,h}|a_{2,h}|\left(\frac{Q}{P}\right)^{-1} P$$

(3.54)

$$P = \frac{a_{1,1}}{|a_{1,1}|}, \quad Q = \frac{a_{2,1}}{|a_{2,1}|}$$

(3.55)

$$b_{2,h} = P\sum_{n=-1}^{n=1}\left\{R_{2,h,n}\left(\frac{Q}{P}\right)^n\right\}$$

(3.56)

$$R_{2,h,n} = G_{h,n}(|a_{1,1}|, |a_{2,1}|, \cdots)$$

(3.57)

采用上述公式,且假设 $|a_{1,1}|$ 的大小恒定,如果只考虑线性的三阶混合量,式(3.54)可以化简为式(3.58)。这与文献[32]中 X 参数的表述是一样的。

$$b_{2,h} = G_{2,0,h} + G_{2,1,h}|a_{2,h}|\left(\frac{Q}{P}\right) + G_{2,-1,h}|a_{2,h}|\left(\frac{P}{Q}\right)$$

(3.58)

在测量过程中,$G_{2,0,h}$ 可以根据负载牵引中的 $|a_{1,1}|$ 的谐波输出响应推导出来。参数 $G_{2,1,h}$ 和 $G_{2,-1,h}$ 可以通过对入射波 a_{21} 进行微扰得到:先用相位为 0 的信号进行微扰,再用相位为 90° 的信号进行微扰,两次微扰中 $|a_{1,1}|$ 都保持不变[31]。下标 0、1 和 2 分别表示 $a_{2,h}$ 和 $b_{2,h}$ 的中心点和两个偏移点,利用式(3.59)~式(3.62)计算出 G 参数:

$$\Delta_1 = a_{2,h,1} - a_{2,h,0} \quad \Delta_2 = a_{2,h,2} - a_{2,h,0}$$

(3.59)

$$G_{2,1,h} = \frac{(\Delta_2^*)(b_{2,h,1} - b_{2,h,0}) + (\Delta_1^*)(b_{2,h,2} - b_{2,h,0})}{(\Delta_1)(\Delta_2^*) - (\Delta_1^*)(\Delta_2)}$$

(3.60)

$$G_{2,-1,h} = \frac{b_{2,h,1} - b_{2,h,0} - G_{2,1,h}(\Delta_1)}{(\Delta_1^*)}$$

(3.61)

$$G_{2,0,h} = b_{2,h,0} - G_{2,1,h}(a_{2,h,0}) - G_{2,-1,h}(a_{2,h,0}^*)$$

(3.62)

从式(3.58)~式(3.62)中可以估算 $b_{2,h}$，当得知目标反射系数 Γ_h 后，就可以用式(3.52)计算反射信号 $a_{2,h}$。如果所得到的 $a_{2,h}$ 不足以保证反射系数的精度，那么需重复式(3.53)~式(3.62)所描述的过程。

为了在前馈和开环负载牵引系统中使用这些算法，我们需要考虑一些实际问题。

首先，式(3.47)所预测的反射波并没有考虑负载牵引系统的非理想因素。这些非理想因素在图3.22中进行了描述，其中 $T_{s,h}$ 表示了负载牵引放大器和耦合器的插入增益/损耗，$\Gamma_{L,h}$ 表示了测量系统的阻抗失配情况，两个参数都依赖于 $a_{2\text{set},h}$。为了解释系统的物理过程，可重新调整来自 $a_{2,h}$ 的反射波以补偿 $a_{2\text{set},h}$ 的值。为了正确地得到目标反射系数 $\Gamma_{T,h}$，系统在负载牵引谐波处的反射系数 $\Gamma_{L,h}$ 和放大器的增益 $T_{s,h}$ 的关系式(3.63)所示，最后将该式再代入式(3.52)中。

$$a_{2\text{set},h} = \frac{b_{2,h}(\Gamma_{T.h} - \Gamma_{\text{Load},h})}{T_{s,h}} \tag{3.63}$$

为了计算本地模型，并通过式(3.52)预测反射波 $a_{2,h}$，需要进行两组截然不同的测量。因此，如果输入驱动 $|a_{1,1}|$ 和偏置条件都未改变，为了最大化使用已存在的 G 参数，需要做一些优化。如果所计算的反射系数在可接受的目标反射系数范围内，已存在的模型将会直接收敛而不需要更新；这在反射系数网格的负载牵引中很有利。算法的有效性可以通过比较所能减少的测量次数来计算。

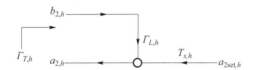

图3.22　有源负载牵引损耗和放大器增益信号流图

最终，根据式(3.52)，任何对基波反射系数 $a_{2,1}$ 的调节都会让高次谐波分量失真，当需要高次谐波反射系数时需要额外的迭代。这个问题可以用基波信号本地模型所生成的谐波交叉产物信息来补偿。比如，在进行基波负载牵引的过程中，需要二阶谐波来保证恒定的阻抗。在这种情况下，为了实现恒定反射系数，所测量到的二阶谐波输出响应 $b_{2,2}$ 可以用来计算反射波 $a_{2,2}$ 所需要的调节量。

流程图3.23总结了实现收敛算法的流程，包括为了确定有源前馈和开环负载牵引系统反射系数所进行的优化和调试步骤，这些步骤是基于多谐波失真模型的。为了演示算法如何工作，可以考虑一个采用开环负载牵引系统进行反射系数模型的单目标例子[28]；随后再于方形网格上进行多目标测试。测量是基于 $10 \times 75\,\mu m$ GaAs HEMT，工作频率为3GHz，偏置为B类。

图3.24表示为了达到目标阻抗，算法所经过的路径；图3.25显示了在一个 5×5 方形网格上寻找目标阻抗的收敛过程和模型需要更新的点。在起始点

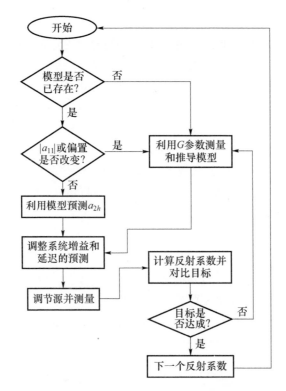

图 3.23　为了确定前馈和开环负载牵引系统的反射系数,采用
基于多谐波失真模型实现收敛算法的流程图[28],ⒸIEEE 2010

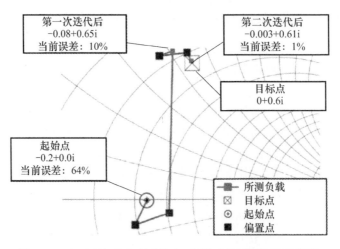

图 3.24　在开环负载牵引系统中,为了对目标阻抗进行模拟,
基于多谐波失真模型的算法收敛路径[28],ⒸIEEE 2010

$-2.0+\mathrm{i}0$，为 $a_{2,1}$ 制造了两个微扰，然后创造了两个偏移点，并用这两个偏移点来计算本地模型。本地模型可以用来计算 $a_{2\mathrm{set},h}$ 的值，并将负载移动到一个新的位置：$-0.08+\mathrm{i}0.65$。然而在本例中，这个位置并不在所设定的 5% 的容忍范围内。算法因此需要自我更新，并重新设置偏移点。新的负载点为 $-0.003+\mathrm{i}0.61$，与目标 $0+\mathrm{i}0.6$ 的误差在 1% 的范围内，意味着算法收敛到了一个解。

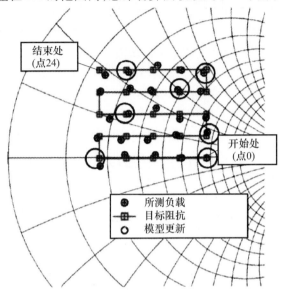

图 3.25　在开环负载牵引系统中，为了对目标阻抗进行模拟，
在 5×5 方形网格上的收敛情况[28]，ⓒIEEE 2010

收敛算法的性能可以用所用负载牵引系统的效率进行量化。对于一个理想的系统，效率应该是 100%，在每个阻抗点只需要一次测量。在 5×5 的方形阻抗网格上，基于多谐波失真的算法的效率是 44%，在每个阻抗点的平均测量次数为2.26；这比采用牛顿－拉弗森算法的效率高的多，毕竟牛顿－拉弗森算法的效率只有 5%～10%[30]。

3.10　有源负载牵引技术对比

表 3.2 比较了三种有源负载牵引技术。

表 3.2　三种有源负载牵引技术的对比

项目	闭环负载牵引	前馈负载牵引	开环负载牵引
动态范围限制	低	中	高
$(\varGamma_{\mathrm{Load}})_{\min}$	有限制	无限制	无限制
$(\varGamma_{\mathrm{Load}})_{\max}$	1	1	1

项目	闭环负载牵引	前馈负载牵引	开环负载牵引
Γ_{Load} 可调性	快	慢	慢
振荡可能性	高	低	无
成本	低	中	高
谐波调谐	独立	相互关联	相互关联

为了避免环路振荡,闭环负载牵引系统需要环路放大器的增益很平缓,极大地限制了其动态范围。前馈和开环负载牵引系统并不需要环路放大器输出平缓的增益,因此动态范围更高。前馈负载牵引系统在一些情况下也会遇到振荡问题,而开路负载牵引系统在这方面就比其他两类负载牵引系统具有明显的优势。

在闭环负载牵引系统中,综合幅值较小的反射系数时强烈依赖于移相器和衰减器所设置的分辨率。前馈负载牵引系统和开环负载牵引系统并没有此限制,因此能够综合极小的反射系数。理论上,最大的反射系数可以大于1,但是在实际的应用中,反射系数等于1就足够了。

闭环负载牵引系统的反射系数综合过程很快,而另外两类就很慢,因为它们在综合过程中需要采用迭代算法。闭环负载牵引系统中存在固有的振荡,因此需要采用一些特定的测量方法来阻止振荡。在进行高功率被测件表征中,前馈负载牵引系统遇到振荡的可能性极小;但开环负载牵引系统完全没有环路振荡。

在前馈负载牵引和开环负载牵引系统中,谐波反射系数相互依赖;而在闭环负载牵引系统中谐波反射系数相互独立。

参考文献

1. J.-E. Muller, B. Gyselinckx, Comparison of active versus passive on-wafer load-pull characterization of microwave and MM-wave power devices, in *IEEE MTT-S International Microwave Symposium Digest* (June 1994), pp. 1077–1080
2. Maury Microwave Corporation, Pulsed-bias pulsed-RF harmonic load-pull for gallium nitride (GaN) and wide band gap (WBG), Application Note: 5A-043, Nov. 2009
3. C. Roff, J. Benedikt, P.J. Tasker, Design approach for realization of very high efficiency power amplifiers, in *IEEE MTT-S International Microwave Symposium Digest* (June 2007), pp. 143–146
4. G.P. Bava, U. Pisani, V. Pozzolo, Active load technique for load-pull characterization at microwave frequencies. IEE Electron. Lett. **18**(4), 178–180 (1982)
5. Y. Takayama, A new load pull characterization method for microwave power transistors, in *IEEE/MTT-S International Microwave Symposium*, New Jersey, USA (June 1976), pp. 218–220
6. V. Teppati, A. Ferrero, U. Pisani, Recent advances in real-time load-pull systems. IEEE Trans. Instrum. Meas. **57**, 11 (2008)
7. M. Spirito, L.C.N. de Vreede, M. de Kok, M. Pelk, D. Hartskeerl, H.F.F. Jos, J.E. Mueller, J. Burghartz, A novel active harmonic load-pull setup for on-wafer device characterization, in *IEEE/MTT-S International Microwave Symposium* (June 1994), pp. 1217–1220

8. J. Benedikt, R. Gaddi, P.J. Tasker, M. Goss, M. Zadeh, High power time domain measurement system with active harmonic load-pull for high efficiency base station amplifier design, in *IEEE/MTT-S International Microwave Symposium*. Boston, USA (2000), pp. 1459–1462

9. D.D. Poulin, J.R. Mahon, J.-P. Lanterri, A high power on-wafer pulsed active load-pull system. IEEE Trans. Microw. Theory Tech. **40**(12), 2412–2417 (1992)

10. G.D. Vendelin, A.M. Pavio, U.L. Rohde, *Microwave Circuit Design Using Linear and Nonlinear Techniques* (Wiley, New York, 1990), p. 400

11. V. Camarchia, V. Teppati, S. Corbellini, M. Pirola, Microwave measurements part II—nonlinear measurements. IEEE Instrum. Meas. Mag. **10**, 34–39 (2007)

12. Y.Y. Woo, Y. Yang, B. Kim, Analysis and experiments for high efficiency class-F and inverse class-F power amplifiers. IEEE Trans. Microw. Theory Tech. **54**(5), 2006 (1969–1974)

13. P. Colantonio, F. Giannini, R. Giofre, E. Limiti, A. Serino, M. Peroni, P. Romanini, C. Proietti, A C-band high efficiency second harmonic tuned power amplifier in GaN technology. IEEE Trans. Microw. Theory Tech. **54**(6), 2713–2722 (2006)

14. M. Helaoui, F.M. Ghannouchi, Optimizing losses in distributed multi-harmonic matching networks applied to the design of an RF GaN power amplifier with higher than 80 % power-added efficiency. IEEE Trans. Microw. Theory Tech. **57**(2), 314–322 (2009)

15. F.M. Ghannouchi, M.S. Hashmi, Experimental investigation of the uncontrolled higher harmonic impedances effect on the performance of high-power microwave devices. Microw. Opt. Technol. Lett. **52**(11), 2480–2482 (2010)

16. A. Ferrero, Active load or source impedance synthesis apparatus for measurement test set of microwave components and systems, U.S. Patent 6 509 743, Jan. 21, 2003

17. V. Teppati, A. Ferrero, A new class of non-uniform, broadband, nonsymmetrical rectangular coaxial-to-microstrip directional couplers for high power applications. IEEE Microw. Wirel. Compon. Lett. **13**(4), 152–154 (2003)

18. S. Dudkiewics, R. Meierer, Cascading tuners for high-VSWR and harmonic load-pull, Maury Microwave Corporation, Application Note: 5C-081, Jan 2009

19. D.M. Pozar, *Microwave Engineering*, 3rd edn. (Wiley, New York, 2005). ISBN 0-471-17096-8

20. P. Bouysse, J.M. Nebus, J.M. Coupat, J.P. Villotte, A novel, accurate load-pull setup allowing the characterisation of highly mismatched power transistors. IEEE Trans. Microw. Theory Tech. **42**(2), 327–332 (1994)

21. J. Verspecht, F. Verbeyst, M.V. Bossche, Network analysis beyond S-parameters: characterizing and modeling component behavior under modulated large-signal operating conditions, in *56th ARFTG Conference Digest* (Nov. 2000), pp. 1–4

22. J. Verspecht, Large-signal network analysis. IEEE Microw. Mag. **6**(4), 82–92 (2005)

23. K. Rawat, F.M. Ghannouchi, A design methodology for miniaturized power dividers using periodically loaded slow wave structure with dual-band applications. IEEE Trans. Microw. Theory Tech. **57**(12), 3380–3388 (2009)

24. F. Blache, J.M. Nebus, P. Bouysse, J.-P. Villotte, A novel computerized multiharmonic active load-pull system for the optimization of high efficiency operating classes in power transistors, in *IEEE/MTT-S International Microwave Symposium*, USA (1995), pp. 1037–1040

25. J.-M. Nebus, P. Bouysse, J.-P. Villotte, J. Obregon, Improvement of active load-pull technique for the optimization of high power communication SSPAs. Int. J. Microw. Millimeter-wave Computer-Aided Eng. **5**(3), 149–160 (1995)

26. J.-M. Nebus, P. Bouysse, J.M. Coupat, J.-P. Villotte, An active load-pull setup for the large signal characterization of highly mismatched microwave power transistors, in *IEEE Instrumentation and Measurement Technology Conference*, Irvine, USA (1993), pp. 2–5

27. F.V. Raay, G. Kompa, Waveform measurements—the load-pull concept, in *55th ARFTG Conference*, Boston, USA (2000), pp. 1–8

28. R.S. Saini, S. Woodington, J. Lees, J. Benedikt, P.J. Tasker, An intelligence driven active load-pull system, in *75th ARFTG Microwave Measurement Conference*, Anaheim, USA (2010), pp. 1–4

29. S.C. Chapra, *Numerical Methods for Engineers*, 6th edn. (McGraw Hill, New York, 2009)

30. D.J. Williams, P.J. Tasker, An automated active source and load pull measurement system, in

Proceedings of 6th IEEE High Frequency Postgraduate Colloquium, Cardiff, UK (2001), pp. 7–12

31. J. Verspecht, D.E. Root, Poly-harmonic distortion modeling. IEEE Microw. Mag. **7**(3), 44–57 (2006)
32. J. Horn, D. Gunyan, L. Betts, J. Verspecht, D.E. Root, Measurement-based large-signal simulation of active components from automated nonlinear vector network analyzer data via X-parameters, in *IEEE International Conference on Microwaves, Communications, Antenna and Electronic Systems* (May 2008), pp. 1–6
33. S. Woodington, T. Williams, H. Qi, D. Williams, L. Pattison, A. Patterson, J. Lees, J. Benedikt, P.J. Tasker, A novel measurement based method enabling rapid extraction of a RF waveform look-up table based behavioral model, in *IEEE/MTT-S International Microwave Symposium*, Boston, USA (June 2008), pp. 1453–1456

第 4 章 六端口负载牵引系统

前面几章解释了有源和无源负载牵引系统的理论、概念和测量技术。本章详细讨论基于六端口(Six – port, SP)器件的无源和有源负载牵引/源牵引测量和基于六端口反射计的谐波负载牵引/源牵引测量。负载牵引系统测量在片器件的校准与通用校准有所不同,因此,本章还介绍了一个基于反射技术的阻抗和功率流(Power Flow)校准流程。

4.1 简介

如前面章节所示,负载牵引/源牵引系统利用实验来确定器件在大信号下的性能表现,并通过实验寻找所需性能条件下的最优负载条件,这些性能包括功率、功率效率、线性度或几者之间的平衡。为了进行负载牵引/源牵引测量,人们研制了各种各样的有源和无源负载牵引设备。其中六端口结(Six – port Junction)是负载牵引/源牵引系统常用设备之一[1-9],应用方式非常灵活。

在理论上,任何负载牵引系统都能够测量在被测件输出端面所呈现的输出阻抗 Z_L、在被测件输入端面所呈现的源阻抗 Z_S、被测件所吸收的功率 P_{in} 和被测件输出到负载的功率 P_L。为了在 Smith 圆图上画出等 PAE 圆,对于任何需要测量的阻抗对(Z_S , Z_L),负载牵引系统都需要监测流经被测件的输入和输出端口的电压和电流。

在一些应用中,也需要对器件的线性度进行测量和监测。根据应用场合不同,线性度指标也有所区别,如 AM/AM 失真(Amplitude Dependent Amplitude Distortion)、AM/PM 失真(Amplitude Dependent Phase Distortion)、C/IMD3(Carrier to Third – order Intermodulation Products)、临信道功率比(Adjacent Channel Power Ratio, ACPR)和误差矢量幅度(Error Vector Magnitude, EVM)。六端口负载牵引系统可以对上述任何指标进行测试,因此在负载牵引/源牵引领域具有重要的地位。

4.2 阻抗和功率流测量

利用六端口反射计测量散射参数(S 参数)最早是在三十年前报道的,一个典型的六端口反射计的结构如图 4.1 所示[10, 11]。

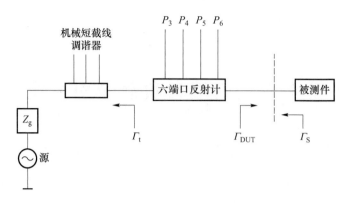

图 4.1 拥有可变端口阻抗的六端口反射计

测量一个 N 端口网络的复数 S 参数需要 $4N$ 个功率读数[11, 12]。S 参数的相位信息直接来于射频信号;校准和测量计算过程与六端口反射计输入端所呈现的源阻抗无关,因此可以在六端口反射计前插入无源调谐器来调节源阻抗[12]。如图 4.1 所示,被测件激发的功率流连接到六端口结的测量端口,可以通过下列的表达式进行计算[12]:

$$\Gamma_{DUT}(f) = \frac{w(f) - e(f)}{-c(f)w(f) + d(f)} \tag{4.1}$$

$$P_{DUT}(f) = \frac{k(f)P_{ref}(f)}{|1 + c(f)\Gamma_{DUT}(f)|^2} \tag{4.2}$$

式中:$c(f)$、$d(f)$ 和 $e(f)$ 为误差框参数;$w(f)$ 为嵌入反射系数;$k(f)$ 为由每个测量频率决定的功率校准参数;$P_{ref}(f)$ 为六端口结的功率读数;$\Gamma_{DUT}(f)$ 为六端口反射计测量到的反射系数。

在图 4.1 中,$\Gamma_S(f)$ 表示被测件源阻抗的反射系数,它的值与调谐器阻抗、$\Gamma_t(f)$ 和由六端口输入输出端口所形成的二端口网络的 S 参数 S_{ij} 有关。六端口反射计的其他端口连接到 50Ω 的功率传感器[12]。$\Gamma_S(f)$ 的具体表达式为

$$\Gamma_S(f) = S_{22}(f) + \frac{S_{12}(f)S_{21}(f)\Gamma_t}{1 - S_{11}(f)} = \frac{\alpha(f)\Gamma_t + \beta(f)}{\mu(f)\Gamma_t + 1} \tag{4.3}$$

式中:$\alpha(f)$、$\beta(f)$ 和 $\mu(f)$ 直接与六端口反射计的输入和输出参考端面分开的二端口网络有关。

如果六端口反射计设计成"透明"的,即六端口反射计的输入和输出端口都直接连到 50Ω,即 $|S_{12}| = |S_{21}| \approx 1$,$|S_{11}| = |S_{22}| \approx 0$。$\Gamma_S(f)$ 的一个较好的近似为[12]

$$\Gamma_S(f) \approx \Gamma_t(f) \tag{4.4}$$

从式(4.2)~式(4.4)中可以发现,如果调谐器全部经过预先校准,调谐短截线的任何位置所对应的阻抗和 Γ_t 都是已知的,被测件所呈现阻抗的任何改变都可以及时地通过六端口反射计进行阻抗和功率流测量。

4.3　六端口反向配置

六端口反射计物理结构包括输入端口、输出端口、功率参考端口及其他三个功率探测端口。一般来说，六端口反射计的输入端口连接到信号源，而输出端口连接到被测件，如图4.2(a)所示[13]。在这种配置下，微波信号从输入口注入，并从输出口流出，六端口反射计就可以在输出端口对被测件的反射系数和功率流用式(4.1)和式(4.2)进行计算。在这种正向配置中，信号源的阻抗可以是任意值，并且对六端口反射计的校准和测量没有任何影响[11]。

当信号发生器连接到六端口反射计的输出端口，而被测件连接到六端口反射计的输入端口，这时候六端口结就工作在所谓的反向配置中，如图4.2(b)所示[13]。在反向配置中，微波信号从六端口反射计的输出端口注入六端口反射计的输入端口，六端口反射计能够测量被测件在六端口反射计输出端面(端口2所在的端面)的反射系数。

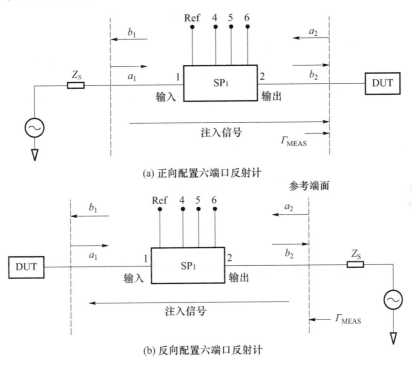

(a) 正向配置六端口反射计

(b) 反向配置六端口反射计

图4.2　六端口反射计的工作模式[13]，ⒸIEEE1994

4.3.1　六端口反射计反向配置中的校准

六端口反射计反向配置中的校准过程可以分为以下两步[13]：

79

（1）采用 13 个未知但容易区分的负载将普通的六端口反射计变成四端口器件。

（2）采用三个已知的标准来实现一个新的误差框。

通过正向配置所获得数据，我们可以获知误差框的参数[12]。图 4.3 描述了反向六端口反射计的校准、去嵌入和测量步骤。校准和去嵌入过程描述了六端口反射计的特征并确定了图 4.3（a）和图 4.3（b）中的参考端面。与精准校准方法[11]相反的自我校准方法[14, 15]可以在这种情况下使用。

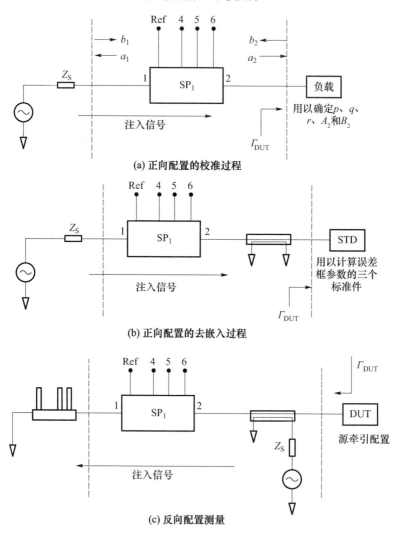

(a) 正向配置的校准过程

(b) 正向配置的去嵌入过程

(c) 反向配置测量

图 4.3　反向配置六端口反射计测量过程[13]，ⒸIEEE1994

值得注意的是，在去嵌入过程中，我们在六端口反射计的输出端口加入了一个 −10dB 的定向耦合器，如图 4.3（c）所示。耦合器保证了反向配置的六端口反射计能够正常工作。反向配置中的信号发生器也位于六端口反射计的输出端口,并与 $-10\mathrm{dB}$ 的定向耦合器连在一起。六端口结测量的是调谐器的反射系数,该反射系数还需要从输入端口(端口 1)转到输出端口(端口 2)的参考端面。

在反向配置六端口反射计中,微波信号从耦合器注入系统并激励被测件,其中一部分信号反射到了六端口结,使其能够测量连接到调谐器输入端口的反射系数。为了最小化插入损耗和让调谐器在 Smith 圆图上覆盖范围更广,可以假设六端口结是理想的,即 $|S_{12}| = |S_{21}| \approx 1$ 和 $|S_{11}| = |S_{22}| \approx 0$。另外,所测量的调谐器反射系数需要移到在去嵌入过程中所定义的参考端面,即六端口结和定向耦合器的右边。反向配置六端口反射计同样需要在六端口反射计的正向配置中的校准步骤,因此有必要建立正向配置和反向配置的校准和去嵌入关系。

六端口结的功率读数由下列表达式给出:

$$P_{\mathrm{ref}} = P_3 = \beta_3 |1 + \xi_3 \Gamma_{\mathrm{DUT}}|^2 |b_2|^2 \tag{4.5}$$

$$P_i = \beta_i |1 + \xi_i \Gamma_{\mathrm{DUT}}|^2 |b_2|^2, i = 4,5,6 \tag{4.6}$$

式中:β_i 为实常数;ξ_i 为表征六端口结的复数常数;b_2 为图 4.3 中端口 2 的出射波;Γ_{DUT} 为被测件的反射系数。

P_i 与 P_3 的比值可以写为[15]

$$\frac{P_4}{P_{\mathrm{ref}}} = \alpha_4 |\Gamma_{\mathrm{DUT}} - Q_4|^2 \tag{4.7}$$

$$\frac{P_5}{P_{\mathrm{ref}}} = \alpha_5 |\Gamma_{\mathrm{DUT}} - Q_5|^2 \tag{4.8}$$

$$\frac{P_6}{P_{\mathrm{ref}}} = \alpha_6 |\Gamma_{\mathrm{DUT}} - Q_6|^2 \tag{4.9}$$

式中:α_i 和 Q_i 为复数常数。

采用六端口到四端口的简化技术,反射系数 Γ_{DUT} 可以由三个圆环的交叉点来确定[12]:

$$
\begin{bmatrix} |\Gamma_{\mathrm{DUT}}|^2 \\ \Gamma_{\mathrm{DUT}}^2 \\ \Gamma_{\mathrm{DUT}} \end{bmatrix} = \begin{bmatrix} \alpha_4 & -\alpha_4 Q_4^* & -\alpha_4 Q_4 \\ \alpha_5 & -\alpha_5 Q_5^* & -\alpha_5 Q_5 \\ \alpha_6 & -\alpha_6 Q_6^* & -\alpha_6 Q_6 \end{bmatrix}^{-1} \begin{bmatrix} \dfrac{P_4}{P_{\mathrm{ref}}} - \alpha_4 |Q_4|^2 \\ \dfrac{P_5}{P_{\mathrm{ref}}} - \alpha_5 |Q_5|^2 \\ \dfrac{P_6}{P_{\mathrm{ref}}} - \alpha_6 |Q_6|^2 \end{bmatrix} \tag{4.10}
$$

在式(4.10)中,第二行和第三行的乘积等于第一行。因此,对式(4.10)化简后,可得,即

$$p\left[\frac{P_4}{P_{\mathrm{ref}}}\right]^2 + q(A^2)^2\left[\frac{P_5}{P_{\mathrm{ref}}}\right]^2 + r(B^2)^2\left[\frac{P_6}{P_{\mathrm{ref}}}\right]^2 + (r - p - q)A^2\left[\frac{P_4}{P_{\mathrm{ref}}}\right]\left[\frac{P_5}{P_{\mathrm{ref}}}\right]$$

$$+ (q - p - r)B^2 \left[\frac{P_4}{P_{\text{ref}}}\right]\left[\frac{P_6}{P_{\text{ref}}}\right] + (p - q - r)A^2 B^2 \left[\frac{P_5}{P_{\text{ref}}}\right]\left[\frac{P_6}{P_{\text{ref}}}\right]$$

$$+ p(p - q - r)\left[\frac{P_4}{P_{\text{ref}}}\right] + q(q - p - r)A^2 \left[\frac{P_5}{P_{\text{ref}}}\right]$$

$$+ r(r - p - q)B^2 \left[\frac{P_6}{P_{\text{ref}}}\right] + pqr = 0 \tag{4.11}$$

式中:实数 p、q、r、A^2 和 B^2 为与 α_i 和 Q_i 相关的校准常数,并与六端口结的物理结构有联系[14]。这些参数由六端口到四端口的化简公式决定。

对于每个特定的频率,至少需要对不同的分布式负载进行 5 次测量,因此我们可以列出 5 个非线性方程并进行求解[14, 15]。精确求解与分布式负载相关的阻抗值并不需要计算 p、q、r、A^2 和 B^2。

正如前文所述,在实际的测量中,为了改善在 Smith 圆图上的校准精度,需要采用 13 个负载进行测量[12]。当从表达式中消除参数 $|b_2|^2$ 后,p、q、r、A^2 和 B^2 完全与六端口结的测试端口无关。因此,为了确定 p、q、r、A^2 和 B^2 这 5 个参数,如果固定功率参考端口和剩余的检测端口,六端口结的校准与六端口反射计的配置无关。无论是正向配置还是反向配置,p、q、r、A^2 和 B^2 这 5 个参数的值都是一样的。

4.3.2　误差框计算

当确定了校准常数后,六端口反射计就可以开始在被测件参考端面测量含嵌入的反射系数[14]:$w = g(P_i/P_{\text{ref}}, p, q, r, A^2, B^2)$,如式(4.1)所示。误差框计算,或者叫做去嵌入过程,确定了三个复数常数 c、d 和 e,它们是 w 和反射系数 Γ 之间的桥梁,在选定的参考端面,这几个参数之间的关系为

$$w = \frac{d\Gamma + e}{c\Gamma + 1} \tag{4.12}$$

利用已知的三个标准件及其测量到的三个嵌入反射系数 w_i,我们可以通过求解下列线性方程来获得 c、d 和 e,即

$$w_1 \Gamma_1^{\text{std}} c - \Gamma_1^{\text{std}} d - e = -w_1$$

$$w_2 \Gamma_2^{\text{std}} c - \Gamma_2^{\text{std}} d - e = -w_2$$

$$w_3 \Gamma_3^{\text{std}} c - \Gamma_3^{\text{std}} d - e = -w_3 \tag{4.13}$$

参考图 4.3(c),对于反向配置而言,微波信号源必须从输出端口注入输入端口,因此需要在参考端面的左边布置 3 个去嵌入标准件,这在物理上是不可行的。为了克服这个问题,采用图 4.3(b)所示的方法,在正向配置中,将三个标准件连接到参考端面的右边。对于反向配置的误差框计算,式(4.13)变为

$$w_1 \frac{c'}{\Gamma_1^{\mathrm{std}}} - \frac{d'}{\Gamma_1^{\mathrm{std}}} - e' = -w_1$$

$$w_2 \frac{c'}{\Gamma_2^{\mathrm{std}}} - \frac{d'}{\Gamma_2^{\mathrm{std}}} - e' = -w_2 \qquad (4.14)$$

$$w_3 \frac{c'}{\Gamma_3^{\mathrm{std}}} - \frac{d'}{\Gamma_3^{\mathrm{std}}} - e' = -w_3$$

其中,式(4.13)中三个标准件的值 Γ_i^{std} 变成了式(4.14)中的 $1/\Gamma_i^{\mathrm{std}}$,这和在参考端面左边使用 Γ_i^{std} 是等效的,这是因为在两种情况下都使用了相同的特性阻抗,即 50Ω。

短路电路、开路电路和匹配好的 50Ω 负载($\Gamma = 0$)经常作为三个去嵌入标准件。不幸的是,对于反向配置六端口反射计的误差框而言,匹配好的 50Ω 负载需要替换为另一个标准件,以避免 $1/\Gamma$ 变得无穷大。为了避免这个麻烦,我们可以先找到反向配置的六端口反射计中的参数 c、d 和 e,然后通过下列公式将它们变成参数 c'、d' 和 e'[12],这可以通过对比式(4.13)和式(4.14)获得

$$c' = 1/c; d' = 1/d; e' = 1/e \qquad (4.15)$$

从上述过程获得的反向配置六端口反射计的校准和去嵌入测量结果可以验证这种技术的可靠性[13]。反向配置六端口反射计适合在被测件的输入端口进行源牵引测量。反向配置六端口反射计的信号是由定向耦合器注入的,因此可以获得信号注入处的反射系数,从而保证六端口反射计反向配置的正确工作。值得一提的是,当被测件处于完美匹配时,六端口反射计不会输出功率并且不会工作。因此,源牵引测量只在被测件输入端失配时才能进行。

4.3.3　讨论

根据式(4.12)和式(4.15)可知 $\Gamma' = 1/\Gamma$,其中 Γ' 和 Γ 分别为六端口反射计在反向和正向配置下的反射系数。粗略来看,如果用 a 表示入射波,b 表示反射波,那么 $\Gamma = b/a$ 且 $\Gamma' = a/b$,然而这个结论并不正确。例如,在正向配置六端口反射计中,$1/\Gamma_{\mathrm{meas}}$ 并不能得到信号发生器的阻抗,也没有任何物理意义。在正向配置的六端口反射计中,被测件连接到六端口反射计的端口 2,可以测量 a_2 和 b_2 的比值,即在六端口反射计输出端口的入射波和出射波,如图 4.2 所示。a_2/b_2 表示从参考端面左边向被测件看过去的反射系数。在反向配置六端口反射计中,参考端面永远固定在端口 2 处,而六端口反射计的输出端口变成了端口 1。

反向配置六端口反射计测量 a_1/b_1 而非 a_2/b_2。a_1/b_1 可以通过去嵌入过程转移到六端口反射计的端口 2,它表示从参考端面负载处朝六端口反射计测试端口看过去的反射系数。因此,a_1/b_1 的倒数并不表示被测件在端口 2 处的反射

系数。

综上所述,反向配置六端口反射计既需要传统的校准技术以表征六端口反射计,也需要特别的误差框计算以转移参考端面。该误差框可以采用式(4.15)的关系进行计算,也可以通过反转在计算参考 c、d 和 e 时所用标准件的反射系数获得[12]。

4.4　六端口反射计源牵引配置

源牵引测量的目的在于评估线性和非线性器件在不同源阻抗情况下的性能表现[8]。在源牵引测试中,为了测量不同源阻抗情况下被测件的性能表现,需要不断改变源阻抗。有源和无源系统的源牵引测量都可以通过六端口技术完成。

图 4.4 所示为一种典型的基于六端口反射计的无源源牵引系统。在该系统中,输入信号通过定向耦合器注入被测件,源阻抗通过短截线调谐器进行变化。六端口反射计工作在反向配置中,并测量参考端面的源阻抗。

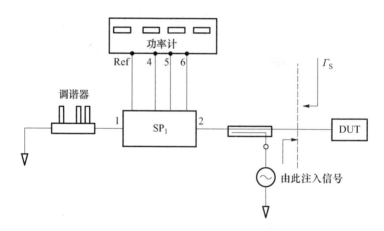

图 4.4　基于六端口反射计的无源源牵引系统

图 4.5 所示为一种基于六端口反射计的有源源牵引测量系统。为了对所需综合的反射系数的幅值和相位进行改变,该系统采用了可变衰减器和可变移相器。衰减器和移相器的设置可以在测量中根据需要进行调节。六端口反射计也采用了反向配置,并在参考端面测量源阻抗。

值得注意的是,由于有源源牵引系统取决于移相器和衰减器的设置,因此它具有更好的灵活性和更高的精度。但是随着更高精度的自动无源调谐器技术的发展,无源源牵引技术也获得了和有源源牵引技术等同的灵活度和精度。

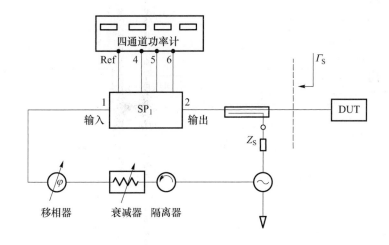

图 4.5 基于六端口反射计的有源源牵引系统

4.5 六端口反射计负载牵引配置

无源和有源负载牵引系统都可以引入六端口反射计,并且与第 2 章及第 3 章所描述的传统无源和有源负载牵引测量过程很类似。唯一的不同在于反射系数的测量。传统负载牵引系统直接捕获行波,而六端口负载牵引系统依赖于六端口反射计测量去嵌入反射系数。

4.5.1 无源负载牵引系统

图 4.6 显示了基于六端口反射计的无源负载牵引系统,它包含 2 个六端口结 SP_1 和 SP_2,两个调谐器 T_1 和 T_2。该系统可以利用 SP_1 测量被测件的大信号输入阻抗反射系数 $\Gamma_{in}(f)$ 和被测件的输入功率 $P_{in}(f)$,测量方法可以用式(4.16)和式(4.17)表示。从被测件看过去的源阻抗可以通过改变 T_1 的短截线位置进行改变。

$$\Gamma_{in}(f) = \frac{b_1}{a_1} = \Gamma_1(f) \tag{4.16}$$

$$P_{in}(f) = \frac{1}{2}(\mid a_1 \mid^2 - \mid b_1 \mid^2) = \frac{k_1(f) P_{refl}(f)(1 - \mid \Gamma_{in} \mid (f)^2)}{\mid 1 + c_1(f) \Gamma_{in}(f) \mid^2} \tag{4.17}$$

如果直接采用传统六端口反射计的校准和测量方法,则无论是正向配置还是反向配置,都不可能直接获得源阻抗反射系数 $\Gamma_s(f)$。不过这个问题可以采用矢量网络分析仪对 T_1 进行预先校准来解决。预先校准可以根据调谐器的短截线位置提供连接到被测件的调谐器阻抗。这种技术需要高重复性和高质量的计算机控制调谐器的支持[12]。

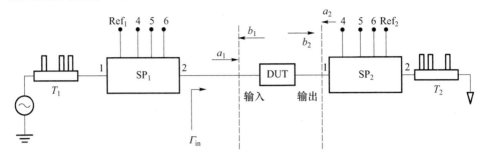

图 4.6　基于六端口反射计的无源负载牵引系统

与反射系数相关的负载阻抗和被负载吸收的功率可以通过正向配置的 SP_2 进行测量，SP_2 的端口 1 连接到被测件，端口 2 连接到调谐器 T_2，计算方式为

$$\Gamma_{DUT}(f) = \frac{a_2(f)}{b_2(f)} \tag{4.18}$$

$$P_{DUT}(f) = \frac{1}{2}(\mid b_2 \mid^2 - \mid a_2 \mid^2) = \frac{k_2(f)P_{ref2}(f)(1 - \mid \Gamma_{DUT}(f) \mid^2)}{\mid 1 + c_2(f)\Gamma_{DUT}(f) \mid^2} \tag{4.19}$$

SP_2 工作在正向配置中，并通过下列表达式决定 Γ_{DUT}，即

$$\Gamma_{DUT} = \frac{\alpha\Gamma_2 + \beta}{\delta\Gamma_2 + 1} \tag{4.20}$$

式中：α、β 和 δ 为 Γ_{DUT} 和 Γ_2 两个参考端面所界定的二端口网络的复数系数。

系数 α、β 和 δ 可以事先采用短路、开路和负载三种标准件的去嵌入技术进行确定[12]。4.6 节将给出在不同参考端面和不同误差流网络中的反射系数和功率流测量中的去嵌入方程。

4.5.2　有源支路负载牵引系统

如图 4.7(a)所示，有源支路负载牵引系统基本上是一个六端口网络分析仪，它包含 2 个六端口结，并在支路中插入了相位和幅度信号控制器。2 个六端口结采用反向配置，并通过阻抗和功率流测量进行了各自的校准。呈现给被测件的有源负载 $Z_{DUT}(f)$ 可以通过改变在被测件输出端面的注入信号 $a_2(f)$ 的幅度和相位获得。

式(4.21)和式(4.22)表示如何利用已测量的反射系数 $\Gamma_2(f)$ 确定复数 $Z_{DUT}(f)$，而 $\Gamma_2(f)$ 则来自第二个六端口反射计 SP_2[12]，即

$$Z_{DUT}(f) = Z_0 \frac{1 + \Gamma_{DUT}(f)}{1 - \Gamma_{DUT}(f)} \tag{4.21}$$

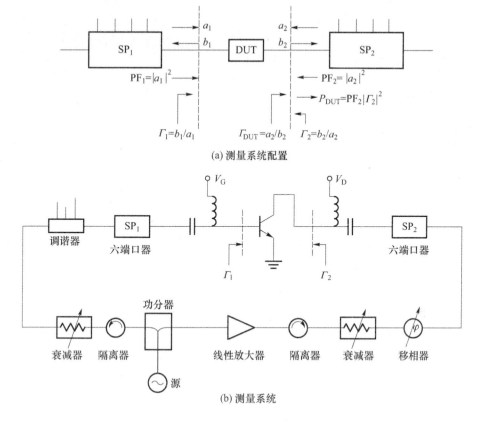

(a) 测量系统配置

(b) 测量系统

图4.7 六端口有源负载牵引系统

$$\varGamma_{\text{DUT}}(f) = \frac{1}{\varGamma_2(f)} \tag{4.22}$$

有源负载牵引系统呈现给被测件的阻抗可以通过下列表达式进行计算,即

$$P_{\text{DUT}}(f) = \text{PF}_2(f)\,|\,\varGamma_2(f)\,|^2 \tag{4.23}$$

4.5.3 有源环路负载牵引系统

另外可以采用有源环路的方法来实现六端口有源负载牵引系统,如图4.8所示。

在该系统中,定向耦合器(环路耦合器)安放在被测件的输出端口,吸收了部分输出信号并送到可变衰减器、移相器、可调滤波器和放大器。环路利用环形器将得到的信号经过放大后重新注入被测件输出端口。如果放大器工作在线性区域并且增益恒定,被测件的反射系数并不会随着器件的输入功率改变而改变[16]。

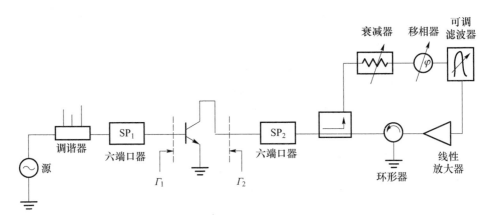

图 4.8　六端口有源环路负载牵引系统

4.6　在片负载牵引测试

为了实时对在片微波晶体管进行负载牵引测试,我们需要一项纯粹的去嵌入技术[6-9,17],它可以通过嵌入反射系数测量,直接提取网络分析仪的阻抗和功率校准数据。去嵌入技术需要两组开路 - 短路 - 负载(Open - Short - Load,OSL)校准标准件:一个采用同轴的形式连接;另一个采用非同轴的形式连接,如可以采用共面波导的形式。

为了于在片测试所需要的微波探针同轴参考端面对功率流进行精确测量,需要一个标准的功率计,在同轴参考端面进行功率测量的校准操作。

一个标准的在片去嵌入过程显示在图 4.9 中。图中 (A,B) 两个误差框网络被界定在网络分析仪参考端面和同轴参考端面,而 (A',B') 两个误差框网络界定在同轴参考端面和微波探针所示的共面波导参考端面。误差框可以分别用矩阵 (A, B) 和 (A',B') 表示。

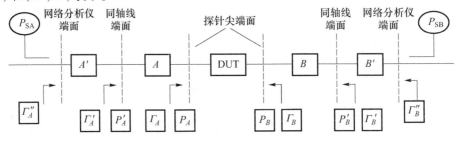

图 4.9　在片阻抗和绝对功率校准过程

在图 4.9 中,在同轴参考端面和共面波导参考端面的反射系数分别与网络分析仪参考端面和同轴参考端面的反射系数有关,关系可以用下面的公式描述[12],即

88

$$\Gamma'_A = \frac{\alpha_1 \Gamma_A + \alpha_2}{\alpha_3 \Gamma_A + 1} \qquad (4.24)$$

$$\Gamma''_A = \frac{\alpha'_1 \Gamma'_A + \alpha'_2}{\alpha'_3 \Gamma'_A + 1} \qquad (4.25)$$

$$\Gamma'_B = \frac{\beta_1 \Gamma_B + \beta_2}{\beta_3 \Gamma_B + 1} \qquad (4.26)$$

$$\Gamma''_B = \frac{\beta'_1 \Gamma'_B + \beta'_2}{\beta'_2 \Gamma'_B + 1} \qquad (4.27)$$

式中：α_i、α'_i、β_i 和 β'_i 为误差框参数，可以通过 4 次在两个同轴参考端面和 2 个共面波导参考端面开路 – 短路 – 负载校准进行计算。

在两个同轴参考端面的功率流可以通过下列公式进行计算[6]，即

$$P'_A = \frac{k'_A P_{SA}}{|1 + \alpha'_3 \Gamma'_A|^2} \qquad (4.28)$$

$$P'_B = \frac{k'_B P_{SB}}{|1 + \beta'_3 \Gamma'_B|^2} \qquad (4.29)$$

式中：P_{SA} 和 P_{SB} 分别为从同轴参考端面通过定向耦合器采集到的功率计读数。

定向耦合器可以安放在网络分析仪内部或者插入同轴参考端面和共面参考端面之间。功率校准因子 k'_A 和 k'_B 可以在两个同轴端面连接功率计进行计算[12]，即

$$k'_A = \frac{P_{APM}|1 + \alpha'_3 \Gamma'_{APM}|^2}{P_{SAPM}|1 - \Gamma'_{APM}|^2} \qquad (4.30)$$

$$k'_B = \frac{P_{BPM}|1 + \beta'_3 \Gamma'_{BPM}|^2}{P_{SBPM}|1 - \Gamma'_{BPM}|^2} \qquad (4.31)$$

式中：P_{APM} 和 P_{BPM} 为当标准功率计连接到同轴参考端面时的读数；P_{SAPM} 和 P_{SBPM} 为两个采样功率计的读数；Γ_{APM} 和 Γ_{BPM} 为当标准功率计连接到同轴参考端面时所测量的反射系数。

在共面参考端面功率流可以通过下列公式计算[12]，即

$$P_A = \frac{k_A P_{SA}}{|1 + \alpha'' \Gamma_A|^2} \qquad (4.32)$$

$$P_B = \frac{k_B P_{SB}}{|1 + \beta'' \Gamma_B|^2} \qquad (4.33)$$

参数 k_A、k_B、α'' 和 β'' 可以通过下列的公式进行计算，不再需要额外的共面参考端面的功率校准[12]，即

$$k_A = \frac{|\alpha_1 - \alpha_2 \alpha_3| k'_A}{|1 + \alpha'_3 \Gamma_A|^2} \qquad (4.34)$$

89

$$\alpha'' = \frac{\alpha_3 + \alpha_3'\alpha_1}{\alpha_3'\alpha_2 + 1} \tag{4.35}$$

$$k_B = \frac{\mid \beta_1 - \beta_2\beta_3 \mid k_B'}{\mid 1 + \beta_3'\Gamma_B \mid^2} \tag{4.36}$$

$$\beta'' = \frac{\beta_3 + \beta_3'\beta_1}{\beta_3'\beta_2 + 1} \tag{4.37}$$

可以很明显地发现,在片去嵌入需要两套开路-短路-负载校准标准件,一套在同轴端面,另一套在共面端面。进行功率流校准的同轴功率探测器也是必不可少的。该系统的主要优点是第二个功率校准过程不需要将功率计连接到共面探针的针尖。由于没有高精度的共面功率传感器可以直接连接到探针的针尖来计算 k_A 和 k_B,功率计连接共面探测的功率校准几乎不可能实现。

4.7 源牵引系统的应用

在某些情况下,如混频器、振荡器表征或者噪声测量,比起测量被测件的反射系数,测量者更需要不断改变信号源的阻抗并测量源端的反射系数。这些应用场合不能使用自动矢量网络分析仪或者传统的六端口反射计配置。

本节将讨论反向配置六端口反射计的特殊应用。在反向配置六端口反射计中,微波源和被测件放置在六端口结的输出端口,测量参考端面也设定在六端口结的输出端口。调谐器连接在六端口结的输入端口。通过这种配置,六端口反射计可以同时驱动被测件的输入端口并进行源牵引测试。

4.7.1 低噪声放大器表征

设计低噪声放大器一个重要的环节就是测量晶体管的噪声特性并求解噪声系数。图 4.10 显示了一个典型的基于反向六端口反射计配置的源牵引噪声表征装置[17]。

六端口结需要在所有的频率上校准,因此它能够精确测量从被测件处所看到的源阻抗。在噪声测量中,当噪声源打开后,微波源需要被关闭。噪声系数可以通过噪声源、噪声测量仪和标准的测量过程获得[18, 19],并通过式(4.38)进行求解。值得注意的是,在噪声测量中被测件的稳定性是极其重要的。

$$\text{NF}_{\text{DUT}} = 10\lg\left\{\frac{G_{\text{DUT}}N_{\text{in}} + N_{\text{added}}}{G_{\text{DUT}}N_{\text{in}}}\right\} \tag{4.38}$$

式中:N_{added} 为测量噪声水平和器件输入端的噪声水平之间的差异;G_{DUT} 为被测件的增益;N_{in} 为被测件输入端的可用噪声功率。

基于六端口反射计的源牵引噪声测试和表征系统的优点为:反向配置的六端

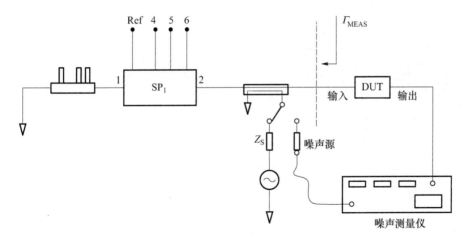

图 4.10 基于六端口反射计的源牵引噪声测量装置

口结不需要采用网络分析仪预先校准调谐器就能给出任何调谐器配置的源阻抗。而且,这套装置不需要高可重复性调谐器。

4.7.2 混频器表征

有源器件的非线性对混频器的交调产物有直接贡献。混频器的表现强烈依赖于负载、本地振荡器和射频源阻抗终端。采用谐波平衡(Harmonic Balance, HB)的计算机辅助设计(Computer - aided Design, CAD)可以用来优化输入和输出匹配阻抗,但是它的精度依赖于器件的非线性模型。

在工程实践中,可以采用如图 4.11 所示的装置[13],在被测件输入端采用反向配置的六端口反射计进行源牵引测量,在被测件的输出端采用正向配置的六端口反射计进行负载牵引测量[20],利用实验的方法同时对输入输出阻抗进行优化。

混频器的性能可以通过增加它的转换增益、改善其端口的回波损耗和增强其线性度进行优化。基于六端口源牵引的混频器表征的优点为:反向配置的六端口反射计不需要采用网络分析仪进行预先校准,就可以对任何调谐器的位置给出源阻抗。而且,调谐器的可重复性也不是那么重要。

4.7.3 功率放大器表征

图 4.12 显示了一个通用的基于六端口反射计的功率放大器表征设备。其采用反向配置的六端口反射计,通过输入和输出调谐,实现对晶体管的源阻抗和负载阻抗的测试。该测量设备对设计者大有帮助,设计者能够利用实验的方法确定晶体管的终端阻抗对晶体管的功率和增益的影响,因此设计者能够对晶体管的输出功率、放大增益、功率附加效率或其交调点进行优化[21]。

在功率放大器表征和优化的过程中有

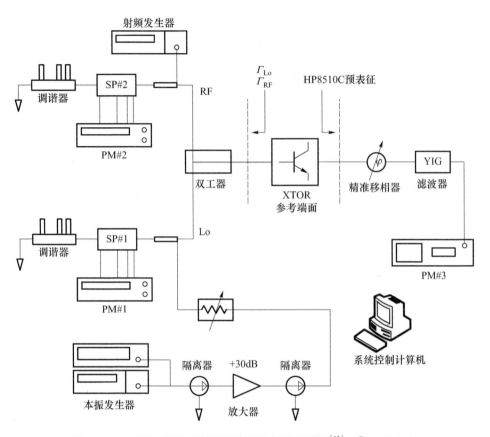

图 4.11 MESFET 栅极混频器源牵引表征实验装置[13]，ⒸIEEE 1994

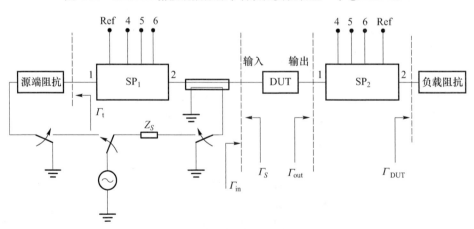

图 4.12 基于六端口的功率放大器表征设备

$$P_{\text{out}}(f) = |b_2|^2(1 - |\Gamma_{\text{L}}(f)|^2) \tag{4.39}$$

$$P_{\text{in}}(f) = |a_1|^2(1 - |\Gamma_{\text{in}}(f)|^2) \tag{4.40}$$

$$\text{Power\_gain} = \frac{P_{\text{out}}}{P_{\text{in}}} \tag{4.41}$$

$$\text{PAE} = \frac{P_{\text{out}} - P_{\text{in}}}{P_{\text{dc}}} \tag{4.42}$$

式中在计算 PAE 时假设了直流输入功率已知。

4.8 振荡器测量

对有源微波器件进行表征一般采用自动矢量网络分析仪测量其 S 参数。有源被测件呈现给矢量网络分析仪测试点的阻抗就是测量系统的特征阻抗(50Ω)。需要指明:测量端口的阻抗在测量过程中一般无法改变。这对负阻有源器件(比如二极管和晶体管)的测量极为不方便;因为被测件阻抗超过 50Ω 后,负阻有源器件才可能发生振荡。在这种情况下,具有可变测试端口阻抗的六端口反射计让测量变得非常方便。在整个 Smith 圆图上都具有可变测试端口阻抗的六端口结可以用于有源微波器件的大信号表征,如振荡器的源牵引/负载牵引测量[22]。

如果使用式(4.4)所假设的理想六端口反射计,只需要改变信号源的内部阻抗就可以获得可变测试端口阻抗[22]。如图 4.13 所示,测试端口阻抗的可变性可以通过将三短截线调谐器插入信号源和六端口结的输入端口完成。信号源和可变测试端口阻抗可以等效为具有可变测试端口阻抗的信号源。基于以上考虑,并采用对信号源的功率水平变化和内部源阻抗变化敏感的校准方法[15],可以获得有效的给定调谐器短截线位置的六端口反射计的校准参数。

源牵引/负载牵引振荡器测试同时可以监测振荡器的功率和频率随着振荡器的负载阻抗变化的趋势。如图 4.13 所示,通过同时改变和测量六端口结测试端口的阻抗,可以获知振荡器在整个 Smith 圆图上的阻抗。

与反射系数相关的负载阻抗 Z_{DUT} 可以通过已测量的反射系数 Γ_{DUT} 表示,即

$$Z_{\text{DUT}} = Z_0 \frac{\Gamma_{\text{DUT}} + 1}{\Gamma_{\text{DUT}} - 1} \tag{4.43}$$

振荡器的可用功率 P_{a} 可以用六端口校准参数和功率校准参数进行计算[23],即

$$P_{\text{a}}(f) = \frac{k(f) P_3(f) \mid \Gamma_{\text{DUT}}(f) \mid^2}{\mid 1 + c(f) \Gamma_{\text{DUT}}(f) \mid^2} \tag{4.44}$$

式中:$c(f)$ 为从六端口误差框在频率 f 处的校准中获得的去嵌入校准参数;$k(f)$ 为从功率校准中获得的标量参数;$P_3(f)$ 为在六端口结的端口 3 处的功率读数;$\Gamma_{\text{DUT}}(f)$ 为所测量到的六端口反射计的反射系数。

如图 4.13 所示,通过改变调谐器枝节线的位置和测量六端口结的测试端口阻抗,振荡器的阻抗可以在几乎整个 Smith 圆图上同时改变和测量。通过式(4.44)

可以轻松地获得在测振荡器在任何调谐器枝节线位置和任何振荡频率处的可用功率 P_a。如图 4.13 所示，振荡器的频率可以通过定向耦合器和频率测试仪来测量。六端口反射计需要在归一化振荡频率中心点的一些分散的频率上进行校准。更多基于六端口结的振荡器表征的测量结果可以通过文献[22]了解。

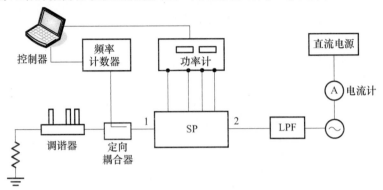

图 4.13　源牵引/负载牵引振荡器测试实验装置图[22]，©IEEE 1992

4.9　AM/AM 和 AM/PM 测量

为了精确测量混合微波集成电路和单片微波集成电路中的线性固态功率放大器和功率限幅器，晶体管的表征极为重要，而相位失真的表示最为重要[24, 25]。AM/PM 失真行为可以通过输入功率下相移量描述（$\phi - P_{in}$ 特性曲线），AM/PM 的转换系数 k 单位就是每 dB 所对应的度数。

传统上，$\phi - P_{in}$ 特性可以通过双载波激励获得[24, 25]，但是这个方法很冗长和复杂。因此基于六端口有源负载牵引测量系统的方法更加适合微波/毫米波放大器测量，这个方法耗时更少，并且只需要单载波激励就可以获得 $\phi - P_{in}$ 特性[5]。如果需要，k 可以通过 ϕ 对 P_{in} 求导获得，即 $\mathrm{d}\phi/\mathrm{d}P_{in}$。实际上，所测量的 $\phi - P_{in}$ 曲线与相位转移函数的关系在微波晶体管和各类放大器中表征 AM/PM 失真更为常见。而且，$\phi - P_{in}$ 特性对微波限幅器更为有用，因为限幅器更关心在饱和区域外给定功率范围内相位的改变情况[26]。

本节介绍含有 2 个六端口的网络分析仪[5]和有源负载技术[3]的测量系统。与外差网络分析仪相比，我们所介绍的测量系统有以下优点[12]：

（1）阻抗和功率测量可以在器件的实际功率水平下进行，即在功率器件表征中不要额外的衰减器。

（2）AM/PM 表征在被测件的输入和输出端口进行，并有可变阻抗负载装置。

（3）该系统的成本远比拥有两个自动矢量网络分析仪的 AM/PM 失真负载牵引系统便宜。

94

4.9.1 操作原则

图 4.14 显示了基于六端口反射计的失真测量系统。从图中可以看出,为了有源负载牵引测量,系统采用了两个含有幅度和相位控制器的六端口结。同时测量系统可以被看成拥有三个参考端面的三端口网络。为了测量被测件的输入 – 输出相移,三个双端口无源标准件 Z_1、Z_2 和 Z_3 也引入了系统以获得校准系数。

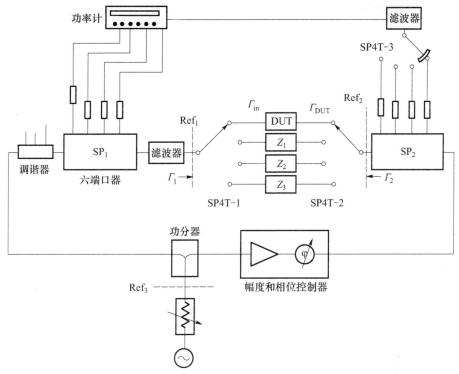

图 4.14　失真测量系统中负载牵引部分框图[5],ⒸIEEE 1995

由于在对被测件、Z_1、Z_2、Z_3 进行测量时,幅度和相位控制器的设置固定不变,因此三端口网络的 S 参数也是固定的,可以得到下列矩阵方程[14],即

$$
\begin{bmatrix}
S_{12}(1) & \Delta(1)-\Gamma_1(1)S_{22}(1) & S_{12}(1)\Gamma_1(1) \\
S_{12}(2) & \Delta(2)-\Gamma_1(2)S_{22}(2) & S_{12}(2)\Gamma_1(2) \\
S_{12}(3) & \Delta(3)-\Gamma_1(3)S_{22}(3) & S_{12}(3)\Gamma_1(3)
\end{bmatrix}
\begin{bmatrix}
x_1 \\ x_2 \\ x_3
\end{bmatrix}
=
\begin{bmatrix}
\Gamma_1(1)-S_{11}(1) \\
\Gamma_1(2)-S_{11}(2) \\
\Gamma_1(3)-S_{11}(3)
\end{bmatrix}
$$

$$(4.45)$$

式中:

(1) x_i 与在某给定的幅度和相位设置下的三端口网络 S 参数有关。

(2) $\Delta(p)=S_{11}(p)S_{22}(p)-S_{12}(p)S_{21}(p)$ 和 $S_{ij}(p)$ 中的 p 的取值为 1、2 和 3;

95

$S_{ij}(p)$ 是 3 个标准件 Z_1、Z_2 和 Z_3 的 S 参数。

（3）$\Gamma_1(p)$ 中的 p 的取值为 1、2 和 3，表示当测试路径连接到 Z_1、Z_2 和 Z_3 时 SP$_1$ 所测试到的反射系数。

三个双端口标准件 Z_1、Z_2 和 Z_3 其实是三段不同长度的同轴传输线，为了使式（4.45）的解空间更大，三者的相位 $S_{12}(1)$、$S_{12}(2)$ 和 $S_{12}(3)$ 之间相差 120°。

系数 g 表示入射波在参考端面 2 和 1 之间的比值，如图 4.15 所示，为了计算系数 g，我们可以得到如下公式[27]，即

$$g = \frac{a_2'}{a_1'} = \frac{x_1 + x_3 \Gamma_1(T)}{1 + x_2 \Gamma_2(T)} \tag{4.46}$$

式中：x_i 为复数常数[12]；$\Gamma_1(T)$ 和 $\Gamma_2(T)$ 分别为当测试路径连接到被测件时，SP$_1$ 和 SP$_2$ 测量到的反射系数。

为了将参数 g 传递到相应的参考端面 T_1 和 T_2，系数 g 将在被测件输入和输出端口进行去嵌入求解。

图 4.15 中的网络 M 和 N 是由单刀四掷开关（Single－pole Four－throw Switch）SP4T－1 或 SP4T－2、偏置器和测试夹具的半边（输入端或者输出端）组成。对于这些网络，可以得到下列的表达式[12]，即

$$b_1' = S_{11}^m a_1' + S_{12}^m b_1 \tag{4.47}$$

$$a_1 = S_{21}^m a_1' + S_{22}^m b_1 \tag{4.48}$$

$$a_2 = S_{11}^n b_1 + S_{12}^n a_2' \tag{4.49}$$

$$b_2' = S_{21}^n b_1 + S_{22}^n a_2' \tag{4.50}$$

式中：S_{ij}^m 和 S_{ij}^n 分别为网络 M 和 N 的 S 参数；$\Gamma_1(T) = b_1'/a_1'$；$\Gamma_2(T) = b_2'/a_2'$。

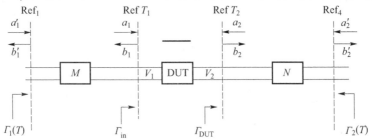

图 4.15　去嵌入过程和计算方法的误差框模型

根据上述这些方程，a_2/a_1 的比值与参数 g 有关，并且由式（4.51）决定，即

$$\frac{a_2}{a_1} = g \cdot \frac{S_{12}^m}{S_{12}^n} \cdot \frac{\Gamma_2(T)S_{11}^n - \Delta^n}{\Gamma_1(T)S_{22}^m - \Delta^m} \tag{4.51}$$

式中：$\Delta^m = S_{11}^m S_{22}^m - S_{12}^m S_{21}^m$；$\Delta^n = S_{11}^n S_{22}^n - S_{12}^n S_{21}^n$。

既然开关 SP4T－1 和 SP4T－2 工作在线性条件下，当 P_{in} 在扫描的过程中时，

网络 M 和 N 的 S 参数保持恒定。这些 S 参数可以采用一些去嵌入手段获得,如直通 – 反射 – 传输线(Thru – reflect – line,TRL)技术[15]。

根据归一化波形 a 和 b 的定义,对于给定的 P_{in},在任何负载下被测件的输出和输入电压的比值可以定义为

$$\frac{V_2}{V_1} = \frac{a_2 + b_2}{a_1 + b_1} = \frac{a_2}{a_1} \cdot \frac{1 + 1/\Gamma_{DUT}}{1 + \Gamma_{in}} \tag{4.52}$$

式中:a_2/a_1 的值由式(4.51)给定;Γ_{in} 为被测件的输入反射系数;Γ_{DUT} 为被测件负载反射系数。

总之,通过开关和轮流改变幅度和相位控制的设置并对 Z_1、Z_2、Z_3 和被测件进行测量,就可以得到 $\Gamma_1(1)$、$\Gamma_1(2)$、$\Gamma_1(3)$ 和 $\Gamma_1(T)$、$\Gamma_2(T)$ 等表达式的值。同时当 $\Gamma_1(T)$ 和 $\Gamma_2(T)$ 被 SP_1 和 SP_2 测量后,很容易得到 Γ_{in}、P_{in}、Γ_{DUT} 和 P_{DUT} 的值[5]。因此,被测件的移相器可以通过式(4.45) ~ 式(4.52)来确定。图 4.14 中的滤波器可以用来滤除谐波,保证功率计探测到的功率只包含基波成分。

相位失真 ϕ 定义为输入 – 输出之间的相移,它与给定负载阻抗和给定低输入功率 P_{in}^{ref} 中的参考相移有关。因此,当 P_{in} 增加时,相应的相关相移与式(4.52)中的 V_2/V_1 角度有关。AM/PM 失真测试到 $\phi - P_{in}$ 后,可以通过计算导数得到 AM/PM 的转移系数 k。

类似地,AM/AM 失真可以用小信号输入时对增益求导来描述。考虑到 P_{DUT} 和 P_{in} 已经被测出来了,工作功率增益 G 与 P_{in} 的关系可以推导出来,AM/AM 的转移系数可以通过求导来获得,即 dG_p/dP_{in}[5, 24]。

4.9.2 测量流程

传统的负载牵引测量需要对每个给定的 P_{in} 测量可变的 Γ_{DUT},这就导致了大量的测量和调试过程。然而,图 4.14 中基于六端口反射计的系统能够通过固定幅度和相位控制器的位置并扫描输入功率来进行有源负载牵引测量。在这种条件下,当 P_{in} 扫描时,Γ_{DUT} 固定不变。幅度和相位控制器随后调整到一个新位置,扫描和测量的过程再次重复。最终,可以从测量数据获得给定功率 P_{in} 的负载牵引等性能曲线[5]。

我们还可以从测量结果中获得给定 Γ_{DUT} 情况下的 $P_{DUT} - P_{in}$ 曲线和 $\phi - P_{in}$ 曲线,并可以推导出 PAE 和增益 G_{DUT}。

这种方法有 4 个误差来源。①在实际的测量中,测量是由不断增加的输入功率而非幅度调制驱动。因此,幅度调制的动态范围无法测出,当增加幅度带宽后,幅度调制的动态范围越来越重要。②自热效应(Self – heating Effect)会引发电子器件工作状态的漂移。为了最小化这种效应,在测量中可以循环空气流量,晶体管夹具的温度需要保持在几乎恒定的状态。③当功率水平超过开关的线性工作范围

外,测量的精度得不到保证。为了避免这种问题,当对高功率器件进行表征时,最好用机械开关替代固态开关。④原始数据提取后,一般采用插值法进行处理,这个过程也可能引入误差;这个影响可以通过增加实验数据来减弱。

参考文献

1. F.M. Ghannouchi, R. Larose, R.G. Bosisio, Y. Demers, A six-port network analyzer load-pull system for active load tuning. IEEE Trans. Instrum. Meas. **39**(4), 628–631 (1990)
2. R. Hajji, F.M. Ghannouchi, R.G. Bosisio, Large-signal microwave transistor modeling using multiharmonic load-pull measurements. Microw. Opt. Technol. Lett. **5**(11), 580–585 (1992)
3. F.M. Ghannouchi, R.G. Bosisio, An automated millimeter-wave active load-pull measurement system based on six-port techniques. IEEE Trans. Instrum. Meas. **41**(6), 957–962 (1992)
4. F.M. Ghannouchi, F. Beauregard, A.B. Kouki, Large-signal stability and spectrum characterization of a medium power HBT using active load-pull techniques. IEEE Microw. Guided Wave Lett. **4**(6), 191–193 (1994)
5. F.M. Ghannouchi, G. Zhao, F. Beauregard, Simultaneous load-pull of intermodulation and output power under two tone excitation for accurate SSPA design. IEEE Trans. Microw. Theory Tech. **42**(6), 943–950 (1994)
6. F.M. Ghannouchi, F. Beauregard, R. Hajji, A. Brodeur, A de-embedding technique for reflection-based s-parameters measurements of HMICs and MMICs. Microw. Opt. Technol. Lett. **10**(4), 218–222 (1995)
7. R. Hajji, F. Beanregard, F.M. Ghannouchi, Multitone power and intermodulation load-pull characterization of microwave transistors suitable for linear Sspa's design. IEEE Trans. Microw. Theory Tech. **45**(7), 1093–1099 (1997)
8. D. Le, F.M. Ghannouchi, Multitone characterization and design of FET resistive mixers based on combined active source-pull/load-pull techniques. IEEE Trans. Instrum. Meas. **46**(9), 1201–1208 (1998)
9. G. Berghoff, E. Bergeault, B. Huyart, L. Jallet, Automated characterization of HF power transistors by source-pull and multiharmonic load-pull measurements based on six-port techniques. IEEE Trans. Microw. Theory Tech. **46**(12), 2068–2073 (1998)
10. S. Jia, New application of a single six-port reflectometer. Electron. Lett. **20**, 920–922 (1984)
11. J.D. Hunter, P.I. Slomo, S-parameter measurements with a single six-port. Electron. Lett. **21**, 157–158 (1985)
12. F.M. Ghannouchi, A. Mohammadi, *The Six-Port Technique* (Artech House, Norwood, 2009)
13. D. Le, F.M. Ghannouchi, Source-pull measurements using reverse six-port reflectometers with application to MESFET mixer design. IEEE Trans. Microw. Theory Tech. **42**, 1589–1595 (1994)
14. T.E. Hodgetts, G.J. Griffin, A unified treatment of the six-port reflectometer calibration using a minimum of standards, Royal Signals and Radar Establishment Rep. No. B3003, 1983
15. G.F. Engen, Calibrating the six-port reflectometer by means of sliding terminations. IEEE Trans. Microw. Theory Tech. **26**, 951–957 (1978)
16. V. Teppati, A. Ferrero, U. Pisani, Recent advances in real-time load-pull systems. IEEE Trans. Instrum. Meas. **57**, 2640–2646 (2008)
17. D. Le, F.M. Ghannouchi, Noise measurements of microwave transistors using an uncalibrated mechanical stub tuner and a built-in reverse six-port reflectometer. IEEE Trans. Instrum. Meas. **44**(4), 847–852 (1995)
18. R.Q. Lane, Determination of device noise parameters. Proc. IEEE **57**, 1461–1462 (1969)
19. S.V. Bosch, L. Martens, Experimental verification of pattern selection for noise characterization. IEEE Trans. Microw. Theory Tech. **48**(1), 156–158 (2000)
20. F.M. Ghannouchi, R. Larose, R.G. Bosisio, A new multiharmonic loading method for large-signal microwave transistor characterization. IEEE Trans. Microw. Theory Tech. **39**, 986–992

(1991)

21. G. Gonzalez, *Microwave Transistor Amplifiers Analysis and Design*, 2nd edn. (Prentice-Hall, Englewood Cliffs, 1996)

22. F.M. Ghannouchi, R.G. Bosisio, Source-pull/load-pull oscillator measurements at microwave/mm wave frequencies. IEEE Trans. Instrum. Meas. **41**, 32–35 (1992)

23. T. Yakabe, M. Kinoshita, H. Yabe, Complete calibration of a six-port reflectometer with one sliding load and one short. IEEE Trans. Microw. Theory Tech. **42**, 2035–2039 (1994)

24. K. Koyama, T. Kawasaki, J.E. Hanely, Measurement of AM-PM conversion coefficients. Telecommun. **12**(6), 25–28 (1978)

25. J.F. Moss, AM-AM and AM-PM measurements using the PM null technique. IEEE Trans. Microw. Theory Tech. **MTT-35**(8), 780–782 (1987)

26. T. Parra, X-band low phase distortion MMIC power limiter. IEEE Trans. Microw. Theory Tech. **41**(5), 876–879 (1993)

27. R.A. Soares, P. Gouzien, P. Legaud, G. Follot, A unified mathematical approach to two-port calibration techniques and some applications. IEEE Trans. Microw. Theory Tech. **MTT-37**, 1660–1674 (1989)

第5章　大功率负载牵引系统

本章主要讨论高反射负载牵引系统及其所遇到的问题。高反射负载牵引系统主要用于大功率晶体管的表征和测量。为了克服大功率负载牵引系统所遇到的问题,在被测件和负载牵引系统之间建立了阻抗转换网络(Impedance Transforming Network),并对它的理论和分析方法进行了详细讨论。最后,大功率被测件表征中数据提取的多重校准和去嵌入技术也在本章进行了讨论。

5.1　简介

大多数大功率射频晶体管具有极低的输出阻抗,经常在 1Ω 的量级甚至小于 $1\Omega^{[1-3]}$。因此,为了提取这类器件的最优性能,对它们进行测量和表征时需要负载牵引系统能够创建高反射负载环境。高反射负载环境意味着晶体管负载反射系数的幅值 $|\Gamma_{\mathrm{L}}|$ 接近于 1。这对传统的无源和有源负载牵引设备来说压力很大$^{[4,5]}$,因此,传统的无源和有源负载牵引系统不再适用于大功率器件的测量和表征。

5.2　已有负载牵引系统的缺点

由于负载调谐器、测量网络和测试夹具本身存在固有损耗,标准无源负载牵引系统的主要缺点是它们所能达到的最大反射系数幅值 $|\Gamma_{\mathrm{L}}|$ 太小,一般最大值为 $0.75\sim0.85^{[6]}$。一些典型的技术,如 $\lambda/4$ 转换器、预匹配调谐技术和有源负载牵引技术$^{[7-14]}$,都能增加负载牵引测试平台的调谐范围,以便达到大功率器件表征所需要的标准。探针式耦合器(Probing Coupler)可以在被测件端面对入射波和反射波进行采样和抓取,它是目前最常用的在片器件表征设备$^{[15]}$。探针式耦合器可以在被测件端面直接测量,并能提高负载反射系数的调谐范围。

然而增强调谐范围只是大功率负载牵引测量的一个方面,被测件的输出阻抗和测量系统之间较大的失配也能够增加测量系统的驻波比。高驻波比能够在测量系统中产生非常大的电压和电流峰值,有破坏被测件和测量系统的风险。而且,由于被测件的输出阻抗和测量系统之间失配严重,有源负载牵引系统对负载牵引功率 P_{LP} 要求非常高。有源负载牵引系统中功率 P_{LP} 的增加导致了成本的增加,因此限制了它的应用。

而且,被测件和负载牵引系统之间的高阻抗失配也增加了测量的不确定性[16],不确定性是由自动矢量网络分析仪在对"高反射低损耗"二端口网络进行表征时带来的,其中调谐器就是一种这类二端口网络。根据经验,为了获得可靠的负载牵引测量数据,参考阻抗(一般为 50Ω)和被测件输出阻抗之间的比值应该等于或者小于 10,即 VSWR $\leqslant 10:1$ 或 $|\Gamma_{L}| \leqslant 0.8$[16]。在高反射负载牵引测量系统中,所需 $|\Gamma_{L}|$ 一般趋近于 1,因此增加了测量的不确定性。

5.2.1 高驻波比所带来的问题

无论是对无源还是有源负载牵引系统,负载牵引系统受高驻波比信号的影响都可以采用如图 5.1 所示的模型进行分析。在这个通用模型中,负载牵引系统被当成了无源负载牵引系统,整个系统相应的信号流模型如图 5.2 所示。被测件用等效电压 V_{d} 和串联阻抗 Z_{d} 来表示,并通过长度为 l 的 50Ω 传输线连接到无源调谐器上。

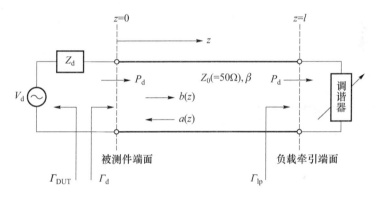

图 5.1　无源负载牵引系统的通用模型

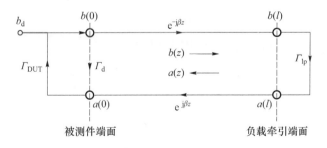

图 5.2　无源负载牵引系统的信号流图

在一个标准负载牵引表征系统中,无源网络由在被测件端面获取入射波和反射波的耦合器组成,因此它在被测件和调谐器之间始终存在传输通路。符号 Γ_{d} 和 Γ_{lp} 分别为被测件和负载牵引系统端面对应的负载反射系数。Γ_{DUT} 为被测件输出反

101

射系数,b_d表示被测件所产生波形的最大幅值,β 为沿着传输路径的传播常数,$b(z)$ 和 $a(z)$ 分别是入射波和反射波。

通过采用标准的传输线理论,被测件在其端面输出的平均功率为

$$P_{av} = \frac{|b_z|^2}{2}(1 - |\Gamma_{DUT}\Gamma_d|) \tag{5.1}$$

当被测件与调谐器传输路径共轭匹配时,即 $\Gamma_{DUT} = \Gamma_d^*$,被测件在其端面输出的最大可用功率 P_d 为

$$P_d = P_{av}^{max} = \frac{|b_d|^2}{2}(1 - |\Gamma_d|)^2 \tag{5.2}$$

传输路径的特性阻抗 Z_0 为 50Ω,在传输路径上的传输电压与入射波和反射波都有关系[17]:

$$V(z) = \sqrt{Z_0}[b(z) + a(z)] \tag{5.3}$$

其中入射波和反射波的表达式分别为

$$b(z) = b(0)e^{-j\beta z} \tag{5.4}$$

$$a(z) = a(0)e^{j\beta z} \tag{5.5}$$

式中:$b(0)$ 和 $a(0)$ 分别为入射波和反射波在被测件端面的幅值。

图 5.2 中的信号流图可以用来推导被测件端口 b_d 和 $b(0)$ 之间的关系,如式(5.8)所示,即

$$a(0) = b(0)\Gamma_d \tag{5.6}$$

$$b(0) = b_d + a(0)\Gamma_{DUT} \tag{5.7}$$

$$b(0) = \frac{b_d}{1 - |\Gamma_d|^2} \tag{5.8}$$

通过对式(5.2)~式(5.8)进行求解和化简,可以得到电压的表达式为

$$V(z) = \sqrt{\frac{2Z_0 P_d}{1 - |\Gamma_d|^2}}(1 + |\Gamma_d|e^{2j\beta z})e^{-j\beta z} \tag{5.9}$$

利用式(5.9),图 5.3 画出了传输波 $V(z)$ 沿着特性阻抗 Z_0 为 50Ω 的传输线传输情况,其中的器件分别为 200 W、100 W 和 50 W,它们所对应的输出阻抗分别为 0.5Ω、1Ω 和 2Ω。峰值电压与被测件的额定功率有关,巨大的峰值电压将会在传输路径和地之间发生击穿现象,这就是所谓的"电晕效应"[18]。电晕效应有可能破坏测量系统中的调谐器、耦合器、偏置器和被测件本身。因此,标准配置的负载牵引系统本身并不适合对低输出阻抗的大功率被测件进行测量和表征。

传输路径所产生的峰值电压可以通过电压的最大值 V_{max} 来量化,利用式(5.9)

进行推导,得

$$V_{\max} = \sqrt{2P_{\mathrm{d}}Z_0(\mathrm{VSWR})} \qquad (5.10)$$

式中

$$\mathrm{VSWR} = \frac{1 + |\Gamma_{\mathrm{d}}|}{1 - |\Gamma_{\mathrm{d}}|} \qquad (5.11)$$

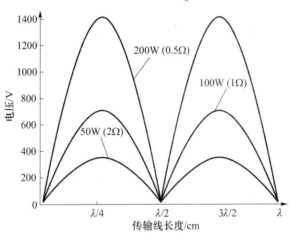

图 5.3 200W、100W 和 50W 器件的传输情况

对于一些假定的低阻抗晶体管器件,表 5.1 利用式(5.10)估计了峰值电压 $V_{\max}$ 和传输路径之间的关系。为了简化分析只考虑实数阻抗。很明显用于大功率器件表征的高驻波比负载牵引系统会在传输路径上产生非常高的电压,这个电压会破坏被测件和测量系统。

表 5.1 在测量系统传输路径上低输出阻抗所产生的驻波比和最大电压

器件输出功率/W	假定输出阻抗/Ω	VSWR	$V_{\max}$/V
50	2	24.974	353.37
100	1	49.891	706.34
200	0.5	99.503	1410.69
250	0.4	124.786	1766.25
400	0.25	199	2821.35
500	0.2	249	3528.46

从上面的分析可知,为了避免高峰值电压,调谐器应安置在被测件端口;然而,这在实际的应用中灵活度不够。比如,从图 5.4 中可以发现,对于工作在 2.1GHz 的 100W 器件而言,传输电压 $V(z)$ 在传输路径上的最大值高达 707V。为了避免高

峰值电压,被测件和调谐器之间的传输路径的长度应该在图 5.4 的位置 1,此时峰值电压接近 100V,这对于输出阻抗为 1Ω 的 100W 器件来说,是可承受的最大电压。

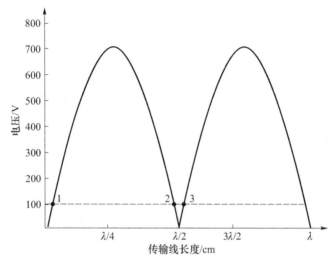

图 5.4 当表征 $1\Omega/100\text{W}$ 的器件时,无源负载牵引系统
的传输电压与传输线长度的关系,有源负载牵引系统有类似表现

传输路径的长度取在图 5.4 的位置 1 时,对于 2.1 GHz 传输波来说还是较小的;如果选定位置 1 作为传输路径的长度,不太方便在被测件和调谐器之间放置波形采样设备,如定向耦合器。因此,在图 5.4 中,被测件和调谐器之间的长度可以在位置 2 或者位置 3,因此至少引入了一个峰值电压。随着波长的减小和频率的提高,传输路径中引入的峰值电压的个数也在不断增加。因此,采用 50Ω 传输线的标准有源或者无源负载牵引方法不适合在高频时对大功率器件进行测量和表征。

5.2.2 负载牵引大功率器件所遇问题

在有源负载牵引中,反射信号可以是外部的信号源[19,20],也可以通过修改被测件所产生信号获得[21-23]。在这两种情况下,在被测件端面所需反射系数的综合能力取决于负载牵引系统产生负载牵引功率 P_{LP} 的能力。在理论上,有源负载牵引系统能够综合整个 Smith 圆图内的反射系数,也可以综合 Smith 圆图外的反射系数,但是这却需要负载牵引系统能够反射非常高幅值的 P_{LP},这极大地限制了系统的应用范围。

如图 5.5 所示,在被测件端面对所需反射系数综合时,对 P_{LP} 的需求可以通过一个通用的有源负载牵引模型来分析。被测件可以用串联电阻为 Z_{d} 的等效电压源 V_{d} 替代。V_{LP} 和 Z_{LP} 分别表示负载牵引调谐器的电压和阻抗。在图 5.5 的模型中，Z_{LP} 等于系统的特征阻抗 Z_0，即 50Ω；环形器隔离了被测件和有源负载牵引中的调谐器。为了减少测量系统产生高峰值电压的可能性，环形器尽可能地靠近被测件。在实际的工程应用中，被测件到环形器之间还需要一段额外的传输路径，因此增加了在测量系统中产生高峰值电压的可能性。

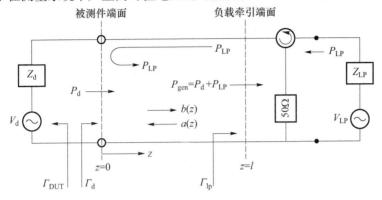

图 5.5　开环有源负载牵引系统的通用框图

根据图 5.5 中的模型，可以推导出在负载牵引端面的反射系数 Γ_{LP} 的表达式，它被定义为反射波 $a(z)$ 和入射波 $b(z)$ 之间的比值，即

$$\Gamma_{LP} = \frac{a(z)\mid_{z=l}}{b(z)\mid_{z=l}} = \sqrt{\frac{P_{LP}}{P_{gen}}} \tag{5.12}$$

式中

$$P_{gen} = P_{LP} + P_d \tag{5.13}$$

被测件端面的反射系数 Γ_d 与负载牵引端面的反射系数有关，二者之间的关系为

$$\Gamma_{LP} = \Gamma_d e^{-2j\beta z} \tag{5.14}$$

化简式(5.12)~式(5.14)，可以得到被测件端面所需要的反射系数 Γ_d 和负载牵引功率 P_{LP} 之间的关系，即

$$P_{LP} = P_d \frac{\mid\Gamma_d\mid^2}{1 - \mid\Gamma_d\mid^2} \tag{5.15}$$

根据式(5.15)，图 5.6 显示了负载牵引功率 P_{LP} 随着被测件端面的反射系数 $\mid\Gamma_d\mid$ 变化的情况。从图中可以得知，对于输出阻抗为 1Ω 的 100W 器件而言，它的负载反射系数为 0.96，所需要的负载牵引功率 P_{LP} 约为 1175W。然而，考虑到系统成本的关系，对于 100W 的被测件表征中采用 1175W 的负载牵引系统几乎是不可能的。因此，考虑到实际成本，有源负载牵引系统的标准配置[19-23]不可能对 100W 量级的大功率被测件进行测量和表征。

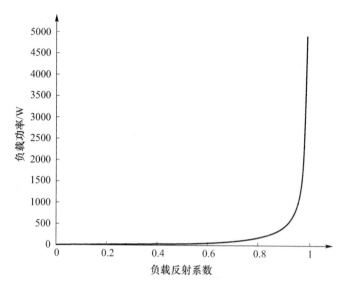

图 5.6 对于 100W 的被测件,负载牵引功率随反射系数之间的关系

5.3 大功率负载牵引

一个适合大功率器件表征的负载牵引系统能够对高反射系数进行综合,并且能够有效降低驻波比。对于有源负载牵引系统来说,为了综合出所需反射系数,还需要最小化负载牵引功率 P_{LP}。目前还没有通用的方法能够同时解决这三个问题。然而,一些新开发的技术的确能够成功地对大功率器件进行表征和测量。预匹配技术[10, 11]、环路增强调谐器[24]、$\lambda/4$ 转换技术[7]和宽带阻抗变换技术[19]是测量和表征大功率器件最为常用的方法。

5.3.1 预匹配技术

图 5.7 显示了一个预匹配负载牵引调谐系统。预匹配负载牵引系统由两个独立的射频探针并排挨着中心导体组成,这两个探针分别称为预匹配探针和调谐探针,它们能够独立地产生较小的反射系数,而合在一起时能够增加可达到的最大反射系数。图 5.8 显示了一个商用预匹配调谐器。

在预匹配技术中,预匹配探针产生反射系数 $\Gamma_{\text{pre-match}}$,调谐探针产生反射系数 Γ_{probe},二者共同产生的反射系数为 Γ_{total},三者之间的关系为

$$\Gamma_{\text{total}} = \Gamma_{\text{pre-match}} + \frac{S_{12}S_{21}\Gamma_{\text{probe}}}{1 - S_{22}\Gamma_{\text{probe}}} \tag{5.16}$$

式中:S_{12}、S_{21} 和 S_{22} 分别为预匹配调谐器的 S 参数。

实际的预匹配负载牵引系统使用低通的中心导体,因此,假定 $S_{21}S_{12}$ 为 1 是合

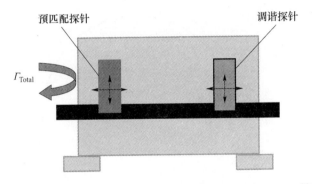

图 5.7　预匹配负载牵引调谐系统示意图（由 Focus Microwaves 供图）

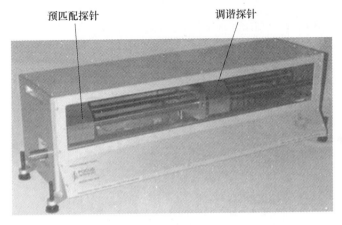

图 5.8　商用预匹配负载牵引调谐系统（由 Focus Microwaves 供图）

理的。考虑到中心导体是完全连续的,可以假定 S_{22} 趋近于 0。在这种情况下,预匹配负载牵引系统所产生的反射系数 Γ_{total} 为

$$\Gamma_{total} = \Gamma_{pre-match} + \Gamma_{probe} \tag{5.17}$$

采用式(5.17)的预匹配负载牵引系统进行反射系数综合的概念如图 5.9 所示。从图中可以看出,初始时刻预匹配探针从已匹配的 50Ω 移动到 Smith 圆图上的其他所需区域。预匹配探针所在的位置就定义了预匹配探针反射系数 $\Gamma_{pre-match}$。调谐探针在水平和垂直位置上移动产生了调谐探针的反射系数 Γ_{probe},其与 $\Gamma_{pre-match}$ 的矢量和就是总的反射系数 Γ_{total}。对于某些调谐探针的水平和垂直位置,总的反射系数可以达到最大值,该值为 Γ_{max}。

从图 5.9 可以很明显地看出,对于某些调谐探针的水平和垂直位置,预匹配负载牵引系统总的反射系数能够得到极大的提高。举例来说,预匹配无源负载牵引系统[10, 11]能够对 0.90 ~ 0.92 大小的反射系数进行综合,这比标准无源调谐器所能综合的最大反射系数要高,图 5.10 对比了两种调谐器所能综合的范围。

由于能够综合最大可及范围内的任何反射系数,预匹配技术比后文中 5.3.3

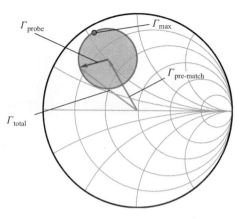

图 5.9　利用预匹配负载牵引系统产生总的反射系数 Γ_{total}
（由 Focus Microwaves 供图）

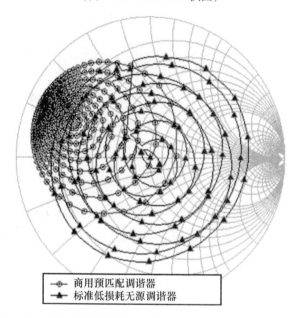

| ⊙— 商用预匹配调谐器 |
| ▲— 标准低损耗无源调谐器 |

图 5.10　标准无源调谐器和商用预匹配调谐器在 2.45GHz 处
所能达到的反射系数对比[37]，©IEEE 2010

节所讨论的 $\lambda/4$ 变换器和 5.3.4 节所讨论的宽带阻抗变换器技术更有优势。因此，预匹配技术更适合大批量生产。对不同的大功率被测件在任何频率进行表征和测量时，预匹配技术不需要改动系统就可以对任何反射系数进行综合。而且，预匹配负载牵引系统具有很宽的带宽，约为原带宽的 10 倍，因此适合大功率谐波负载牵引测量。

　　当所需反射系数远离校准网格时，预匹配技术就显示出缺点：它强烈依赖于反射系数综合时所用的插值算法的精度。在进行测量之前，对预匹配技术采用密集

108

网格校准能够改善所综合反射系数的精度。在某些情况下,对不同被测件在不同工作频率下进行预先校准也能够改善所综合反射系数的精度。然而,这两种方法都能让总的测量能力有所减少。而且,由于连接器和夹具的插入损耗,这两种方法也能减少最大可及反射系数。例如,0.1dB 的插入损耗就能让可综合的最大反射系数从 0.92 降到 0.89;而对应的可综合最小阻抗就从 2.08Ω 升至 2.91Ω[27]。

5.3.2 环路增强负载牵引

如图 5.11 所示,环路增强负载牵引系统由阻抗调谐器和无源环路级联而成[24]。阻抗调谐器 Tuner₂ 是一个标准的低通无源调谐器,而无源环路是由高方向性的环形器和耦合器组成。在这种技术中,通过长度为 L_2 的线缆和阻抗调谐器上的探针位置产生 Γ_{loop},无源环路先将匹配点从 50Ω 处移开。为了在被测件端面综合出高反射系数,阻抗调谐器再通过无源环路提升反射系数。图 5.12 显示了环路增强技术中综合反射系数的信号流图。

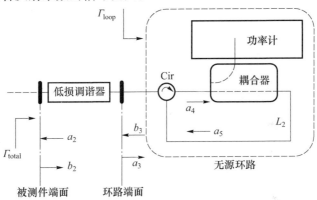

图 5.11 环路增强负载牵引系统的框图[24],©IEEE 2010

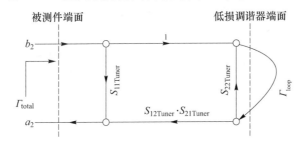

图 5.12 环路增强负载牵引系统信号流图[24],©IEEE 2010

信号流图清晰显示了在被测件端面可综合的反射系数 Γ_{total} 依赖于阻抗调谐器和无源环路。信号流图上的 Γ_{total} 的表达式为

$$\Gamma_{\text{total}} = \frac{a_2}{b_2} = S_{11\text{tuner}} + \frac{S_{12\text{tuner}}S_{21\text{tuner}}\Gamma_{\text{loop}}}{1 - S_{22\text{tuner}}\Gamma_{\text{loop}}} \tag{5.18}$$

其中

$$\varGamma_{\text{loop}} = \frac{b_3}{a_3} = |\varGamma_{\text{loop}}| e^{-2j\beta L_2}$$　　　　　　(5.19)

式中:$\varGamma_{\text{loop}}$ 为无源环路所产生的反射系数,它是一个复数且依赖于环路组件的特性,如耦合器和环形器的传播相速度 β 和环路的长度 L_2。

　　环路的长度及其相应的反射系数可以通过改变线缆的长度进行改变。线缆的长度只有在 3 种情况下才能覆盖整个 Smith 圆图[24]。预匹配技术对于每种特殊的被测件都需要对调谐器进行单独的预先校准,环路增强技术只需要对三种不同的线缆进行校准,极大地减少了校准和测量的时间。而且,如图 5.13 所示,该技术的最大可及反射系数为 0.97,这比预匹配负载牵引系统的最大可及反射系数要大。

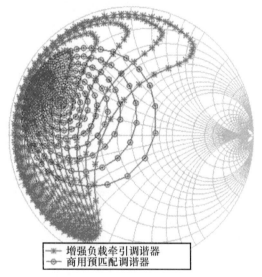

图 5.13　预匹配技术和环路增强技术在 2.425GHz 的
可综合反射系数比较[24],ⓒIEEE 2010

　　在环路增强技术中,夹具的插入损耗同样也会减小最大可综合的反射系数,这和预匹配负载牵引系统所遇到的问题一样[27]。但是,当三工器和夹具的插入损耗较小时,环路增强技术可以构建基于三工器的谐波负载牵引系统[28]。在这种系统中,全通谐波负载牵引系统能够对基波和谐波的相互独立的高反射系数进行综合。

5.3.3　λ/4 变换器技术

　　预匹配技术和环路增强技术应用范围有限,有两个主要原因:
　　(1)连接器和夹具的插入损耗会让这两种系统的调谐范围减小。

（2）被测件和调谐器之间的高损耗会让测量误差高得不可预测。

在很多大功率被测件的基波表征中，近似最优（Approximate Optimal）阻抗区域是已知的。因此，在此类应用中，高反射系数调谐架构并不是必须的，相反，可以在被测件和调谐器之间加入一个阻抗变换网络，阻抗变换网络能够将阻抗失配降低到矢量网络分析仪能接受的地步，因此该方法测量精度足够高[29]。

与预匹配和环路增强负载牵引技术相反，基于阻抗变换网络的负载牵引系统调谐范围不会极度减小，连接器和夹具的插入损耗所引起的测量精度也不会极度减小。减小 Smith 圆图覆盖区域以后，测量误差就降为 0 或者有所减小。

原则上，1/4 波长变换器，也可以写成 $\lambda/4$ 变换器，可以当成一种特殊的预匹配技术，其通过在被测件和调谐器之间加入 $\lambda/4$ 变换器，从而实现了反射系数调谐范围的增强。$\lambda/4$ 变换器将阻抗从 50Ω 移到一个较小的值，如图 5.14 所示。

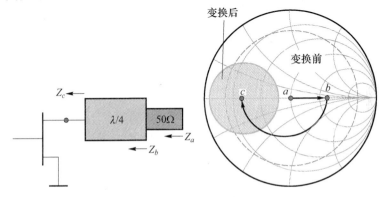

图 5.14 $\lambda/4$ 变换技术示意图

从图 5.14 可以看出，在阻抗变换之前，即在 Smith 圆图中的 a 点，最大可及反射系数非常小；当加入 $\lambda/4$ 阻抗变换器后，匹配点移动到了 c 点，虽然减小了 Smith 圆图的覆盖范围，却增强了调谐范围。值得注意的是 50Ω 线为 $\lambda/4$ 变换器和负载牵引调谐器提供了匹配。

将测量系统的阻抗转换到较小的值能降低负载牵引系统和被测件之前的阻抗失配程度，并同时降低了驻波比和破坏被测件、调谐器和测量系统本身的风险。$\lambda/4$ 变换器技术具有两个优点：降低了驻波比和增强了调谐范围[7, 8]。而且，在有源负载牵引系统中，降低被测件和调谐器之间的阻抗失配后，也能够降低系统对功率 P_{LP} 的要求，我们将在 5.5 节讨论这一问题。

必须指明：降低驻波比和增强调谐范围是以降低 Smith 圆图覆盖范围为代价换来的。当需要对被测件在多个频率下进行表征，或者需要对不同的被测件进行连续表征时，利用 $\lambda/4$ 阻抗变换器是有必要的，所需的 Smith 圆图区域也会得到覆盖。但是这会额外增加硬件设备和校准过程，并最终会增加系统的体积、成本和测量时间。另外，$\lambda/4$ 天然的窄带特性也限制了基波负载牵引系统对大功率被测件的测量和表征。

5.3.4 宽带阻抗变换器技术

由于 $\lambda/4$ 阻抗变换网络只有 5% 到 10% 的带宽,极大地限制了其在谐波负载牵引系统方面的应用,所以可以采用宽带阻抗变换器来克服这一问题。例如,在被测件并调谐器之间插入 Klopfenstein 渐变线[19],实现带宽从 100 MHz 到 12 GHz 的覆盖[30]。如图 5.15 所示,宽带阻抗变换器不会降低 Smith 圆图的覆盖范围,由于它能降低被测件和调谐器之间的失配,宽带阻抗变换器同时还可以增加阻抗变换比例并提高负载牵引系统的精度[29]。宽带阻抗变换器加入负载牵引系统后不仅能够增强最大可及反射系数,而且可以降低有源和无源负载牵引系统的驻波比和有源负载牵引系统中的负载牵引功率 P_{LP}[17, 18]。

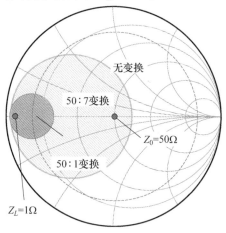

图 5.15 阻抗变换器降低了 Smith 圆图的覆盖范围但是增加了阻抗变比[18]

由于该方法会降低 Smith 圆图覆盖范围,因此需要非常谨慎选择阻抗变换器。如果特定被测件的最优反射系数并没有落在选定的阻抗变换器所能达到的 Smith 圆图范围内,那么整个阻抗变换器的选择工作就不得不重做。对于高阻抗变换的器件来说,这一点尤为重要。因为阻抗更小,测量系统就需要更高的灵敏度。为了达到最优阻抗的可能位置,通行的做法是先采用不加阻抗变换器的负载牵引设备对未知器件进行测量。这样做可以确定被测件阻抗所对应的 Smith 圆图区域,因此有助于选择合适的阻抗变比。

5.4 阻抗变换网络对负载牵引功率和驻波比的影响

从图 5.14 和图 5.15 可知,被测件和调谐器之间的阻抗变换网络能够增加反射系数的调谐范围,并降低负载牵引系统所产生的驻波比和对负载牵引功率 P_{LP}

的要求[7, 8, 18, 19]。本节将用图 5.16 中的通用模型,讨论和量化 Klopfenstein 渐变线对开环有源负载牵引系统的影响。虽然分析过程是基于开环有源负载牵引系统,但是结果对所有的负载牵引系统都有效。

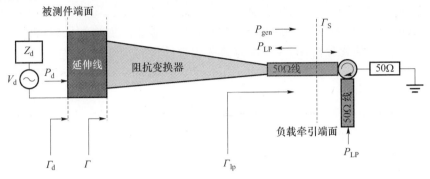

图 5.16 开环有源负载牵引系统引入阻抗变换器的示意图[19],ⓒIEEE 2005

在负载牵引模型中,被测件表示为含串联阻抗 Z_d 的等效电压源 V_d,并连接到阻抗变换器体积较大的一端,即阻抗较小的一端。环形器连接到阻抗变换器体积较小的一端,其阻抗为 50Ω。在被测件和阻抗变换器之间的延伸线调节可综合反射系数的相位。在一些应用中,为了最小化负载牵引功率 P_{LP} 而需要进行恰当地匹配,同时对反射系数的相位进行调节是必不可少的环节[18, 19, 22]。Γ_d 为在被测件断面的反射系数,Γ 为阻抗变换器的转换比例,Γ_{lp} 为在负载牵引端面的反射系数,Γ_{Syst} 为环形器和阻抗变换器体积较小一端之间的失配所带来的反射系数。

对该负载牵引模型进行分析可以采用图 5.17 所示的简单信号流图。假定阻抗变换器是无损的,并且高阻抗终端完美地匹配到环形器,Γ_{Syst} 则可以等于 0。

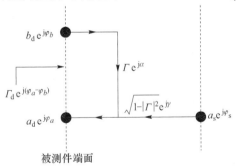

图 5.17 被测件和信号源之间含阻抗变换器的
有源负载牵引系统信号流图[38],ⓒIEEE 2005

在信号流图中,$a_s e^{j\varphi_s}$ 为有源负载牵引信号源在负载牵引平面,即阻抗变换器的高阻抗终端,注入到系统的信号。$b_d e^{j\varphi_b}$ 和 $a_d e^{j\varphi_a}$ 分别为被测件端面的入射波和反射波。$\sqrt{1-|\Gamma|^2}$ 和 γ 分别为阻抗变换器传输系数的幅度和相位,α 为延伸线

113

中 Γ 到 Γ_d 的相位。被测件端面的可综合反射系数仍然定义为反射波和入射波的比值,它可以根据信号流图写为

$$\Gamma_d = \frac{a_d e^{j\varphi_a}}{b_d e^{j\varphi_b}} = |\Gamma_d| e^{j(\varphi_a - \varphi_b)} \tag{5.20}$$

根据式(5.20),被测件端面的负载反射系数 Γ_d 依赖于入射波和反射波的相对相位。因此,为了简化分析,φ_b 可以作为参考相位并设置为 0,那么式(5.20)[1]可以写为

$$\Gamma_d = \frac{a_d e^{j\varphi_a}}{b_d e^{j\varphi_b}} = |\Gamma_d| e^{j\varphi_a} \tag{5.21}$$

负载牵引系统的行波之间的关系可以根据信号流图进行推导,结果如式(5.22)所示。为了确定被测件端面的反射波 b_d,式(5.22)可以进一步化简为式(5.23)。

$$a_d e^{j\varphi_a} = |\Gamma| e^{j\alpha} b_d e^{j0} + \sqrt{1 - |\Gamma|^2} e^{j\gamma} a_s e^{j\varphi_S} \tag{5.22}$$

$$b_d = \frac{\sqrt{1 - |\Gamma|^2} a_s e^{j(\gamma + \varphi_S)}}{e^{j\alpha}(|\Gamma_d| e^{j(\varphi_a - \alpha)} - |\Gamma|)} \tag{5.23}$$

被测件端面的功率 P_d 与反射波 b_d 和入射波 a_d 有关,即

$$P_d = |b_d|^2 - |a_d|^2 = |b_d|^2 (1 - |\Gamma_d|^2) \tag{5.24}$$

将式(5.23)代入式(5.24)并化简即可得到有源负载牵引信号源注入负载牵引端面的功率 P_{LP} 为

$$|a_s|^2 = |P_{LP}| = \frac{P_d(|\Gamma_d|^2 + |\Gamma|^2 - 2|\Gamma_d||\Gamma|\cos(\varphi_a - \alpha))}{(1 - |\Gamma_d|^2)(1 - |\Gamma|^2)} \tag{5.25}$$

式(5.25)将功率 P_{LP} 与阻抗变换器的阻抗变比率 $|\Gamma| e^{j\alpha}$ 和所需反射系数 $|\Gamma_d| e^{j\varphi_a}$ 联系在一起。表5.2总结了对100W的器件进行负载牵引时估算的 P_{LP} 和传输比率 Γ 之间的关系。从表中可以发现:随着传输比率 Γ 的增大,为了综合出负载反射系数 Γ_d 所要求的 P_{LP} 在减少。在这个例子中,我们假定相位 φ_a 和 α 相等,因此式(5.25)的余弦项为1。

表5.2　对于 $1\Omega/100W$ 器件,传输比率和所需功率之间的关系

变换比例	所需 P_L/W	变换比例	所需 P_L/W
50:5	78	50:20	442
50:7	126	50:30	686
50:9	174	50:40	931
50:10	198	50:50	1175

[1]　译者注:原文为式(5.18),根据上下文改。

在实践中,很难每次都将φ_a和α对齐。从式(5.25)可以发现,P_{LP}随着φ_α与α的差值减小而减小;并且当φ_a等于α时P_{LP}达到最小值。为了可视化$\varphi_a - \alpha$对P_{LP}的影响,以一个阻抗变比为50:7的100W的器件为例,在图5.18中画出了P_{LP}随$\varphi_a - \alpha$的变化关系图。当$\varphi_a - \alpha$达到180°时,为了将1Ω进行匹配,对P_{LP}的要求达到最大。

从5.18可以得知,有源负载牵引系统如果要求P_{LP}在200W以内,那么$\varphi_a - \alpha$需要小于±12°。在实际的测量中,相位差$\varphi_a - \alpha$可以通过在被测件和阻抗变换器的低阻抗端添加低阻抗线或者延伸线实现最小化,如图5.16所示。当添加延伸线以后,为了移除该线带来的系统误差,需要对系统进行额外的校准[18, 31]。此外也需注意到相位α是阻抗变换器传输比例的函数,因此,为了最小化负载牵引系统对P_{LP}的要求,在选择阻抗变换器时需要特别的小心。

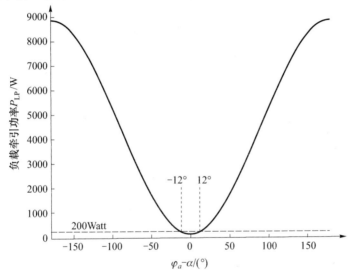

图5.18　对1Ω/100W的器件而言,当加入50:7的阻抗变换器后,
负载牵引功率随Γ_d和Γ之间相位差的变化关系图

在负载牵引测量系统中,沿着传输路径不断增加的阻抗变比也压缩了电压峰值。根据式(5.9),对于1Ω/100W的器件,在图5.19中表示了电压和不同的阻抗变换器的阻抗变比之间的关系。

图5.19和表5.2的数据揭示了阻抗变比越高,测量系统对P_{LP}的要求越低,驻波比也就越低。在实际测量中,考虑到最高的阻抗变比会超出所需的Smith圆图区域,因此最高的阻抗变比并不是我们的最优选择。对于一个未知器件,最佳的阻抗变比是根据器件的输出阻抗来确定的[19]。因此,为了确定最佳反射系数在Smith圆图上的可能位置,需要根据被测件的大信号S_{22}参数来估计被测件大致的输出阻抗。当输出阻抗确定后,才可以选择合适的阻抗变比以将P_{LP}和驻波比的

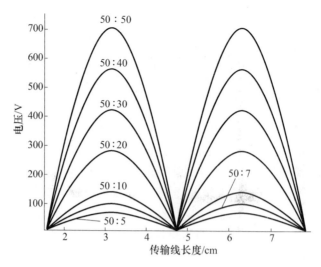

图 5.19 对工作在 2.1GHz 的 1Ω/100W 的器件而言,

在有源和无源负载牵引测量系统中,阻抗变比对电压的影响

参数降到最低。

5.5 混合负载牵引系统

图 5.16 中,假设环形器和阻抗变换器较小的那一端实现了完美的匹配,二者的特性阻抗都为 50Ω,所以 Γ_{Syst} 为 0。然而在实际的操作中,二者的阻抗不可能刚好 50Ω,因此 Γ_{Syst} 并不为 0。根据这个情况,修改后的信号流图显示在图 5.20 中。

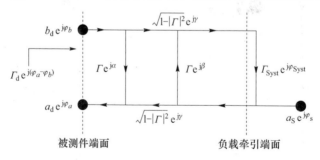

图 5.20 环行器和阻抗变换器未匹配的负载牵引信号流图[19],©IEEE2005

在图 5.20 中的信号流图中,$|\Gamma_{Syst}|e^{j\varphi_{Syst}}$ 表示由于环形器和阻抗变换器之间的失配带来的反射系数,$|\Gamma|e^{j\beta}$ 表示阻抗变换器在高阻抗端的反射系数。如果假设阻抗变换器是无耗和互易的,根据无耗互易网络定理[30]可以得到如式(5.26)所示的相位 β 和相位 α 及 γ 之间的关系,即

$$\beta = 2\gamma - \alpha \pm n\pi \qquad (5.26)$$

式中 n 为奇数。

根据图 5.20 中的信号流和式(5.24),通过化简式(5.27)~式(5.29)可以得到式(5.30)中的 P_{LP}。在求解 P_{LP} 的过程中,φ_b 设置为 0。

$$a_d e^{j\varphi_a} = \Gamma_{in} b_d e^{j\varphi_b} + \Gamma_T a_s e^{j\varphi_s} \tag{5.27}$$

式中

$$\Gamma_{in} = |\Gamma| e^{j\alpha} + \frac{(1 - |\Gamma|^2) |\Gamma_{Syst}| e^{j(\varphi_{Syst} + 2\gamma)}}{(1 - |\Gamma|) |\Gamma_{Syst}| e^{j(\varphi_{Syst} + \beta)}} \tag{5.28}$$

$$\Gamma_T = \frac{\sqrt{1 - |\Gamma|^2} e^{j2\gamma}}{(1 - |\Gamma_{Syst}|) |\Gamma| e^{j(\varphi_{Syst} + \beta)}} \tag{5.29}$$

$$P_{LP} = |a_S|^2 = \frac{P_d \left(\begin{array}{c} |\Gamma_d|^2 + |\Gamma|^2 + |\Gamma_{Syst}|^2 + |\Gamma_d|^2 |\Gamma|^2 |\Gamma_{Syst}|^2 \\ -2 |\Gamma_{Syst}| \times |\Gamma| \times (1 + |\Gamma_d|^2) \times \cos(\beta + \varphi_{Syst}) \\ -2 |\Gamma_d| \times |\Gamma| \times (1 + |\Gamma_{Syst}|^2) \times \cos(\varphi_a - \alpha) \\ +2 |\Gamma_d| \times |\Gamma_{Syst}| \times |\Gamma| \times \cos(\beta + \varphi_{Syst} + \varphi_a - \alpha) \\ -2 |\Gamma_d| \times |\Gamma_{Syst}| \times \cos(\varphi_a - 2\gamma - \varphi_{Syst}) \end{array} \right)}{(1 - |\Gamma_d|^2)(1 - |\Gamma|^2)}$$

$$\tag{5.30}$$

Γ_{Syst} 对 P_{LP} 的影响如图 5.21 所示。在图 5.21 中,针对 $1\Omega/100W$ 的器件,设定其阻抗变换器的阻抗变比为 $50:7$,并且根据式(5.30)和式(5.26)设定了 $|\Gamma_{Syst}|$ 为 0 和 0.05 两种情况。为了最小化 P_{LP},相位 φ_a、α 和 γ 都设置为 π。根据式(5.30),相位 φ_{Syst} 从 $-\pi$ 至 π 进行变化。从图 5.21 可以清楚地发现,在对 100W 器件进行反射系数综合时,$|\Gamma_{Syst}|$ 的微小变化都会导致系统 P_{LP} 的改变。

图 5.21 也显示了 P_{LP} 对 φ_{Syst} 的强烈依赖。在 $|\Gamma_{Syst}| = 0.05$ 的例子中,P_{LP} 的最小化要求 φ_{Syst} 小于 $-100°$ 或者大于 $100°$。环形器和阻抗变换器之间的失配可以被混合负载牵引系统利用[18, 22]。例如,为了降低 P_{LP},混合负载牵引系统在阻抗变换器和环形器之间故意制造了失配。图 5.22 显示了一个含有无源调谐器的混合负载牵引系统的框图。混合负载牵引系统在任何特定的应用中进行优化操作时,需要一个合适的阻抗变换器,一个安放在被测件和阻抗变换器之间的延伸线,以及一个调谐精度恰当的无源调谐器。有源负载牵引信号源的功率范围是选择阻抗变换器的阻抗变比的重要参数。

在进行测量时,器件首先需要确定其在 Smith 圆图上的区域,然后再根据所在区域,为被测件选择一个合适的阻抗变换器及安置在被测件和阻抗变换器之间的延伸线。选择好阻抗变换器和延伸线后,系统具有两个自由度,即无源调谐器和有源负载牵引源。在这种情况下,先对无源调谐器调谐,以便在环形器和阻抗变换器

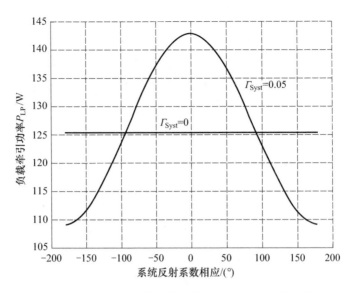

图 5.21　对 100W 的器件并且阻抗变比为 50:7 的器件，
P_{LP} 随系统反射系数相位的变化关系

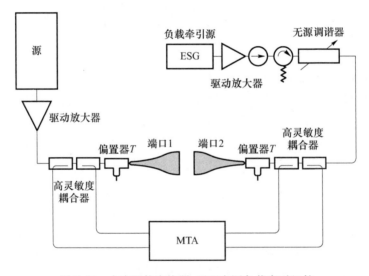

图 5.22　含有阻抗变换器、开环有源负载牵引组件
和无源调谐器的混合负载牵引系统

之间制造一个失配;然后系统采用负载牵引源进行测量。由无源调谐器制造的失配能够降低负载牵引源对功率的需求,并且帮助混合负载牵引系统进入优化操作。例如,对阻抗变比为 50:7 的 1Ω/100W 的器件采用混合负载牵引系统进行测量,图 5.23 显示了 P_{LP} 对 Γ_{Syst} 幅值和相位的依赖度。Γ_{Syst} 的幅值和相位可以通过无源调谐器进行调节。

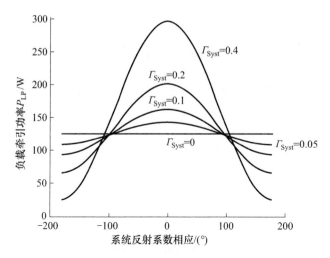

图 5.23　对阻抗变比为 50∶7 的 1Ω/100W 的器件而言,改变反射系数时,
P_{LP} 和系统反射系数的相位 φ_{Syst} 之间的关系

从图 5.23 可以观察到,精细调节 Γ_{Syst} 的幅值和相位能够极大地降低 P_{LP}。因此,在幅度和相位变化方面精度较高的无源调谐器对降低负载牵引源的 P_{LP} 极为重要。由于混合负载牵引系统能够最小化系统对功率 P_{LP} 的要求和降低驻波比,从而降低系统的电压峰值,含有恰当阻抗变换器和高精度无源调谐器的混合负载牵引系统非常适合大功率被测件负载牵引测试。

5.6　校准和数据提取

为了让大功率负载牵引系统正确发挥作用,对被测件和调谐器之间加入的阻抗变换器进行双重校准很有必要。例如,为了计算系统组件和阻抗变换器网络的不理想因素,图 5.22 所示的负载牵引系统在被测件的端口 1 和端口 2 之处需要两个误差连接器。图 5.24 中显示了误差连接器 $-X$ 用以计算由系统组件、连接器本身和在测量系统与阻抗变换器之间的同轴连接器端面重新设置参考端面所带来的系统误差,误差连接器 $-Y$ 移除来自阻抗变换器、发射器、测试夹具和在被测件封装处重新设置参考端面所带来的误差。

误差连接和参考端面的重新设置可以采用两种方式完成:一是采用基于测量的矢量网络分析仪误差校正流程和采用数值方法的全波分析;二是基于近似的闭合解表达式的分析方法[32-34]。分析方法是对内建不确定性的近似[34],数值方法是对材料参数不确定性的近似[33]。

矢量网络分析仪的误差校准技术完全依赖于测量,由完全定义好的每半边夹具的误差提取数学表达式来决定[32]。短路 – 开路 – 负载 – 直通(Short – Open –

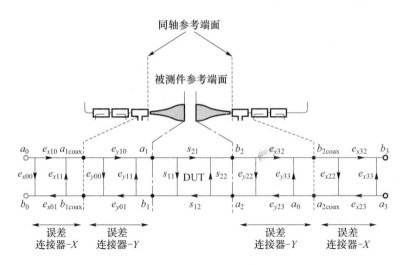

图 5.24　为了移除组件、连接器、外置发射器和阻抗变换器的不理想因素，
定义的参考端面和在被测件端口 1 和端口 2 之处加入误差连接器的方法

Load – Thru, SOLT) 和直通 – 反射 – 传输线 (Thru – Reflect – Line, TRL) 校准技术是矢量网络分析仪最为常用的校准方法。SOLT 标准在微带线和类似电路的测量中实际上很难实现[17]。TRL 技术只依赖于短路传输线的特征阻抗，它操作简单并且能够在很宽的频带内实现最高精度的校准[35]，因此推荐用 TRL 技术替代传统的SOLT 技术。

　　对大功率负载牵引系统进行校准包含两重校准过程。为了确定图 5.24 中同轴连接器处重新设置参考端面的误差，第一重校准采用同轴 TRL 技术来确定误差连接器 – X 的参数。为了确定误差连接器 – Y 的参数，第二重校准同样包含了TRL 校准，用 TRL 校准来确定附加在阻抗变换网络上的固定夹具，它将参考端面传输到了被测件端口。

　　在被测件提取测量数据也可以分为两个步骤。第一步为将误差连接器 – X 和误差连接器 – Y 的参数转换到一个共同的参考阻抗[35]。在实际工程中，误差连接器 – X 的阻抗一般为 50Ω，刚好等于校准标准件的特征阻抗；而误差连接器 – Y 的阻抗等同于阻抗变换器的特征阻抗，一般小于 50Ω，因此有必要将误差连接器 – Y 的阻抗转换到 50Ω。当阻抗转换完成后，两个误差连接器连在一起，在被测件两个端口形成了联合误差连接器，如图 5.25 所示。根据图 5.25 得到的式 (5.31) ~ 式 (5.38) 提供了联合误差连接器的误差参数。

$$e_{00} = e_{x00} + \frac{e_{x01} e_{x10} e_{y00}^{50}}{1 - e_{x11} e_{y00}^{50}} \tag{5.31}$$

$$e_{11} = e_{y11}^{50} + \frac{e_{y01}^{50} e_{y10}^{50} e_{x11}}{1 - e_{x11} e_{y00}^{50}} \tag{5.32}$$

120

$$e_{10} = \frac{e_{y01}^{50} e_{x10}}{1 - e_{x11} e_{y00}^{50}} \tag{5.33}$$

$$e_{10} = \frac{e_{y01}^{50} e_{x01}}{1 - e_{x11} e_{y00}^{50}} \tag{5.34}$$

$$e_{22} = e_{y22}^{50} + \frac{e_{y23}^{50} e_{y32}^{50} e_{x22}}{1 - e_{y33}^{50} e_{x22}} \tag{5.35}$$

$$e_{33} = e_{x33} + \frac{e_{x23} e_{x32} e_{y33}^{50}}{1 - e_{y33}^{50} e_{x22}} \tag{5.36}$$

$$e_{32} = \frac{e_{y32}^{50} e_{x32}}{1 - e_{y33}^{50} e_{x22}} \tag{5.37}$$

$$e_{23} = \frac{e_{y23}^{50} e_{x23}}{1 - e_{y33}^{50} e_{x22}} \tag{5.38}$$

式中:具有上标 50 的术语表示误差连接器 $-Y$ 转换到 50Ω 的参数。

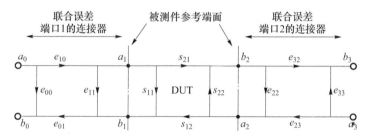

图 5.25　在被测件端口 1 和端口 2 测量联合误差的信号流图

在第二步中,所有的 S 参数、误差连接器的参数和被测件端面的校准测量数据都被转换为 ABCD 矩阵[36],这样做的好处是 ABCD 矩阵在图 5.26 中的级联结构中更容易操作。举例来说,在矢量网络分析仪端口的实际测量数据 A_m、B_m、C_m 和 D_m 可以通过对三个 ABCD 矩阵级联获得,即

$$\begin{bmatrix} A_m & B_m \\ C_m & D_m \end{bmatrix} = \begin{bmatrix} A_1 & B_1 \\ C_1 & D_1 \end{bmatrix} \begin{bmatrix} A & B \\ C & D \end{bmatrix} \begin{bmatrix} A_2 & B_2 \\ C_2 & D_2 \end{bmatrix} \tag{5.39}$$

化简式(5.39)就可以得到被测件所需校准 ABCD 矩阵,即

$$\begin{bmatrix} A & B \\ C & D \end{bmatrix} = \begin{bmatrix} A_1 & B_1 \\ C_1 & D_1 \end{bmatrix}^{-1} \begin{bmatrix} A_m & B_m \\ C_m & D_m \end{bmatrix} \begin{bmatrix} A_2 & B_2 \\ C_2 & D_2 \end{bmatrix}^{-1} \tag{5.40}$$

为了在被测件端面对被测件的误差校准测量参数进行求解,从式(5.40)中获得的 ABCD 矩阵可以转换为 S 参数矩阵[36]。在矢量网络分析仪端面对误差校准 S 参数进行提取的全过程也称去嵌入技术[32]。

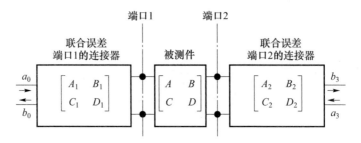

图 5.26 ABCD 矩阵表示的系统误差连接器测量图

参考文献

1. D. Miller, M. Drinkwine, High voltage microwave devices, in *International Conference on Compound Semiconductor Manufacturing Digest* (2003), pp. 1–4

2. M.H. Wong, S. Rajan, R.M. Chu, T. Palacios, C.S. Suh, L.S. McCarthy, S. Keller, J.S. Speck, U.K. Mishra, N-face high electron mobility transistors with GaN-spacer. Wiley InterScience **204**(6), 2049–2053 (2007)

3. Maury Microwave Corporation, Pulsed-bias pulsed-rf harmonic load-pull for gallium nitride (GaN) and wide band gap (WBG), Application Note: 5A-043, Nov. 2009

4. B. Bonte, C. Gacquiere, E. Bourcier, G. Lemeur, Y. Crosnier, An automated system for measuring power devices in Ka-band. IEEE Trans. Microw. Theory Tech. **46**(1), 70–75 (1998)

5. P. Bouysse, J. Nebus, J. Coupat, J. Villotte, A novel accurate load pull setup allowing the characterization of highly mismatched power transistors. IEEE Trans. Microw. Theory Tech. **42**(2), 327–332 (1994)

6. F. De Groote, J.-P. Teyssier, J. Verspecht, J. Faraj, Introduction to measurements for power transistor characterization. IEEE Microw. Mag. **9**(3), 70–85 (2008)

7. J. Sevic, A sub 1 Ω load-pull quarter wave prematching network based on a two-tier TRL calibration, in *52nd Automatic RF Techniques Group (ARFTG) Conference Digest*, Rohnert Park, USA (1998), pp. 73–81

8. S. Basu, M. Fennelly, J.E. Pence, E. Strid, Impedance matching probes for wireless applications, Application Note, AR126, Cascade Microtech, 1998

9. J. Hoversten, M. Roberg, Z. Popovic, Harmonic load pull for high power microwave devices using fundamental only load pull tuners, in *75th Automatic Radio Frequency Techniques Group (ARFTG) Conference Digest*, Anaheim, USA (2010), pp. 73–81

10. Maury Microwave Corporation, Device characterization with harmonic load and source pull, Application Note: 5C-044, Dec. 2000

11. Focus Microwaves, Load pull measurements on transistors with harmonic impedance control, Technical Note, August 1999

12. P. Colantonio, A. Ferrero, F. Giannini, E. Limiti, V. Teppati, Harmonic load/source pull strategies for high efficiency PAs design, in *IEEE MTT-S International Microwave Symposium Digest* (2003), pp. 1807–1810

13. I. Yattoun, A. Peden, A new configuration to improve the active loop technique for transistor large signal characterization in the Ka-band. Microw. Opt. Technol. Lett. **49**(3), 589–593 (2007)

14. M.S. Hashmi, A.L. Clarke, S.P. Woodington, J. Lees, J. Benedikt, P.J. Tasker, An accurate calibrate-able multi-harmonic active load-pull system based on the envelope load-pull concept. IEEE Trans. Microw. Theory Tech. **58**(3), 656–664 (2010)

15. F. De Groote, J.-P. Teyssier, J. Verspecht, J. Faraj, High power on-wafer capabilities of a time domain load-pull setup, in *IEEE MTT-S International Microwave Symposium*, Atlanta, USA

(June 2008), pp. 100–102

16. Focus Microwaves, Accuracy and verification of load pull measurements, Application Note 18, Sept. 1994

17. R. Ludwig, P. Bretchko, *RF Circuit Design—Theory and Applications*, 1st edn. (Prentice Hall, New York, 2000). ISBN 0-13-095323-7

18. Z. Aboush, Design, characterization and realization of thin film packaging for both broadband and high power applications, PhD Thesis, Cardiff University, 2007

19. Z. Aboush, J. Lees, J. Benedikt, P.J. Tasker, Active harmonic load pull system for characterizing highly mismatched high power transistors, in *IEEE MTT-S International Microwave Symposium Digest*, vol. 3 (June 2005), pp. 1311–1314

20. F.V. Raay, G. Kompa, Waveform measurements—the load-pull concept, in *55th Automatic Radio Frequency Techniques Group (ARFTG) Conference Digest*, Boston, USA, vol. 37 (June 2000), pp. 1–8

21. F. De Groote, O. Jardel, J. Verspecht, D. Barataud, J.-P. Teyssier, R. Quere, Time domain harmonic load-pull of an AlGaN/GaN HEMT, in *66th Automatic Radio Frequency Techniques Group (ARFTG) Conference Proceedings*, Washington, USA (December 2005)

22. V. Teppati, A. Ferrero, U. Pisani, Recent advances in real-time load-pull systems. IEEE Trans. Instrum. Meas. **57**(11), (2008)

23. M.S. Hashmi, A.L. Clarke, S.P. Woodington, J. Lees, J. Benedikt, P.J. Tasker, Electronic multi-harmonic load-pull system for experimentally driven power amplifier design optimization, in *IEEE MTT-S International Microwave Symposium Digest*, Boston, USA (June 2009), pp. 1549–1552

24. F.M. Ghannouchi, M.S. Hashmi, S. Bensmida, M. Helaoui, Loop enhanced passive source- and load-pull technique for high reflection factor synthesis. IEEE Trans. Microw. Theory Tech. **58**(11), 2952–2959 (2010)

25. Focus Microwaves, Load-pull for power transistor characterization, Application Note, 2003

26. C. Roff, J. Graham, J. Sirois, B. Noori, A new technique for decreasing the characterization time of passive load-pull tuners to maximize measurement throughput, in *72nd Automatic Radio Frequency Techniques Group (ARFTG) Conference Digest*, Portland, USA (Dec. 2008), pp. 92–96

27. Focus Microwaves, Using transformers in harmonic load pull, Technical Note TN-3-2008, Dec. 2008

28. Focus Microwaves, Comparing harmonic load-pull techniques with regards to power-added efficiency (PAE), Application Note 58, May 2007

29. M. Golio, J. Golio, *RF and Microwave Circuits, Measurements, and Modelling* (CRC Press, Boca Raton, 2008). ISBN 978-0-8493-7218-6

30. D.M. Pozar, *Microwave Engineering*, 3rd edn. (Wiley, New York, 2005). ISBN 0-471-17096-8

31. G.F. Engen, C.A. Hoer, Thru-reflect-line: an improved technique for calibrating the dual six-port automatic network analyzer. IEEE Trans. Microw. Theory Tech. **27**, 987–993 (1979)

32. D. Rytting, Appendix to an analysis of vector measurement accuracy enhancement techniques, in *Hewlett-Packard RF Microwave Symposium Digest* (March 1982), pp. 1–42

33. EM User's Manual, v. 10, Sonnet Software Inc., Liverpool, NY, 2008

34. B. Wadell, *Transmission Line Handbook* (Artech House, Boston, 1991)

35. D. Williams, C.M. Wang, U. Arz, An optimal multiline TRL calibration algorithm, in *IEEE MTT-S International Microwave Symposium Digest*, vol. 3 (June 2003), pp. 1819–1822

36. D.A. Fricky, Conversions between S, Z, Y, h, ABCD, and T parameters which are valid for complex source and load impedances. IEEE Trans. Microw. Theory Tech. **42**(2), 205–211 (1994)

37. M.S. Hashmi, F.M. Ghannouchi, P.J. Tasker, K. Rawat, Highly reflective load pull. IEEE Microw. Mag. **12**(4), 96–107 (2011)

38. Z. Aboush, C. Jones, G. Knight, A. Sheikh, H. Lee, J. Lees, J. Benedikt, P.J. Tasker, High power active harmonic load-pull system for characterization of high power 100 Watt transistors, in *IEEE 35th European Microwave Conference*, vol. 1(4) (Oct. 2005), 4 pp.

第6章 包络负载牵引系统

本章讨论有源包络负载牵引系统的基本概念、实现方法、设计技巧及其特性。还详细地描述包络负载牵引系统的校准过程，该过程具有速度快、测量数据通量高的特点。此外，也讨论了谐波包络负载牵引系统及其特性。

6.1 简介

传统的无源和有源负载牵引技术在商业上得到了广泛的应用[1-4]。然而在实际的测量中，大多数系统并不是刚好满足所有的负载牵引测量需求，在谐波调谐功率放大器的设计和优化过程中，或者高传输率射频和微波负载牵引测量应用中都出现了这种情况。举例来说，无源负载牵引系统不能对谐波反射系数进行独立测量的缺点限制了其在高效率功率放大器（如 F 类功率放大器）中的使用[5,6]。而且，负载牵引高测量数据通量需要所有的调谐器在不同的位置和对不同的设置进行预先校准，这个过程太过冗长而且麻烦。无源调谐器在部署到负载牵引系统之前的预先校准过程尽管缓慢，但还有完成的可能；然而，对有源负载调谐器的预先校准是不可能完成的。

包络负载牵引（Envelope Load - pull，ELP）系统可以实现快速、高效的校准，也可以独立地综合谐波反射系数[7-9]。包络负载牵引系统的这两个特性使它特别适合宽带功率放大器所用的半导体器件表征[10-12]。此外，它也适合对负载调制（Load - modulation）和电源调制（Supply - modulation）所用的晶体管进行评估[13]，它还可以在高效率和大规模测试的应用中对晶体管器件进行实验性的快速探索[7,14]。第三，包络负载牵引系统能够独立测量驱动端和偏置端的反射系数，比其他有源负载牵引系统具有更广泛的应用范围。包络负载牵引系统独特的应用范围包括非线性器件建模[15,16]、在变驱动和变偏置条件下对固态器件的性能进行测量[17-21]和波形工程[22]。

6.2 包络负载牵引概念

包络负载牵引系统的操作方法与有源闭环负载牵引系统类似。为了在被测器件端面对所需反射系数进行综合，有部分行波反射会反射回输入端，二者之间的主要差别在于对反射回来的行波的修正方式。为了修正图 6.1 所示的反射波 a_2,包络负载牵引系统引入了外部控制变量 X 和 Y。而且,包络负载牵引系统对入射波在基带或者中频段进行了修正,这样可以避免系统在射频载波频段发生任何振荡。

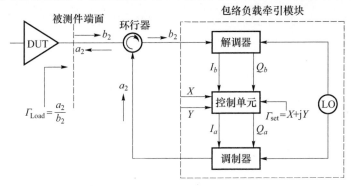

图 6.1　包络负载牵引系统框图

6.2.1　数学公式

图 6.1 显示了一个包络负载牵引系统框图,它由一个正交解调器、一个控制单位、一个正交调制器和一个本振源组成。正交解调器将入射波下变频为基带信号,控制单位通过外加控制变量 X 和 Y 对正交解调器所产生的基带信号进行处理,正交调制器将处理后的基带信号上变频,本振器为正交调制器和解调器提供时钟信号。原则上,环形器为一个理想的三端口器件,能够在两个对应的端口间进行无损耗的信号传输。如图 6.1 所示,环形器能够实现将入射波 b_2 完全定向发送到正交解调器,并保证通过上变频成为反射波的 a_2 进入被测器件进行反射系数综合,即

$$\Gamma_{\text{Load}} = \frac{a_2}{b_2} \tag{6.1}$$

在被测器件端面综合后的反射系数通过函数 $F(X, Y)$ 进行控制,控制函数也叫做 Γ_{set},它由控制单位给出,即

$$F(X, Y) = \Gamma_{\text{set}} = X + jY \tag{6.2}$$

根据包络负载牵引系统的概念[23, 24],在理想的情况下,在被测器件端面所综合的反射系数 Γ_{Load} 应该等于控制函数 $F(X, Y)$,因此

$$X + jY = \frac{a_2}{b_2} \tag{6.3}$$

式(6.4)和式(6.5)分别给出了入射波 b_2 和反射波 a_2 和它们对应的正交基带分量 I_b、Q_b、I_a 和 Q_a 的关系,即

$$b_2(t) = I_b(t) + jQ_b(t) \tag{6.4}$$

$$a_2(t) = I_a(t) + jQ_a(t) \tag{6.5}$$

式(6.3)、式(6.4)和式(6.5)可以通过化简得到式(6.6)和式(6.7)中所示的包络负载牵引方程：

$$I_a = I_b X - Q_b Y \tag{6.6}$$

$$Q_a = Q_b X + I_b Y \tag{6.7}$$

包络负载牵引方程与 b_2 和 a_2 的正交基带成分有关。

6.3 工程实现方法

图6.2 显示了一个已商用的包络负载牵引系统。从图中可以发现,实现该系统需要一个正交解调器、一个正交调制器、一个控制单位、一个环路放大器和一些无源组件,比如线缆、定向耦合器或者环形器、连接器和衰减器。

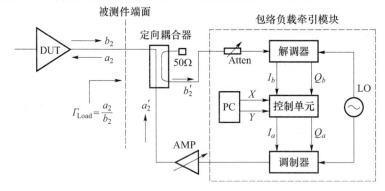

图6.2 已商用的包络负载牵引系统框图[8], ⓒIEEE 2010

原则上,有源和无源解调器都可以用于该系统。相比无源解调器,有源直接变频(Direct Conversion)解调器能实现更宽的带宽和更高的动态范围,但是它的工作状态受本身的直流偏置影响,这会使整个系统的性能表现恶化[7,8]。在理想情况下,移除直流偏置对实现系统校准是必不可少的。为了移除直流偏置,包络负载牵引系统需要工作在外差模式(Heterodyne Mode)[9]。

控制单元是一套能够实现乘法、加法和减法的电子电路。为了综合包络负载牵引系统中的有源反射系数 Γ_{Load},它利用计算机产生控制信号 X 和 Y,二者能够控制基带信号 I_b 和 Q_b。定向耦合器和环形器用来在指定的方向上定向传播入射波和反射波。在包络负载牵引系统中常常采用定向耦合器,因为相比环形器,定向耦合器能对入射波和反射波提供更好的隔离度。

更好的隔离度是实现精准校准的关键因素,我们将在 6.4 节讨论这一问题。然而,如果应用场合对所综合的反射系数精度要求不太严格,那么环形器就可以在测量中取代定向耦合器。

正交调制器可以采用有源正交调制器或者无源正交调制器,可以根据需要进行选择;但是有源正交调制器能够提供更宽的带宽。环路放大器可以提升反射波的振幅,以便在被测器件端面增强所综合的反射系数的调谐范围。衰减器可以控制系统反馈回路的入射波功率电平。包络负载牵引系统的稳定性极度依赖于环路放大器和衰减器的设置[8];因此,为了保证系统在整个测量带宽和整个动态范围内稳定,需要恰当地选择二者的设置。

6.3.1 控制单元设计方法

控制单元可以产生式(6.6)和式(6.7)所示的包络负载牵引系统方程,它是由 4 个乘法器、1 个加法器和 1 个减法器组成。如果采用模拟电子技术构造控制单元,那么 4 个乘法器、1 个加法器和 1 个减法器所组成的控制单元如图 6.3 所示。

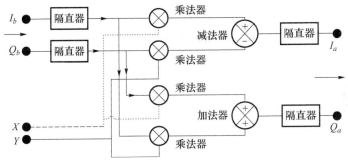

图 6.3　产生包络负载牵引系统方程的控制单元简图

如果包络负载牵引系统采用了有源正交解调器,控制单元需要在输入端加隔直器(DC Blocking),以便阻止直流偏置进入输入端。控制单元在输出端也加了隔直器,以便阻止乘法器和加法器/减法器所生成的直流偏置进入输出端,隔直器只允许从基带中频获得的有用信号通过并送至下一器件进行进一步处理。

在外差模式中,正交解调器将式(6.8)所示的入射波与本振 Lo 混合后进行下变频,结果如式(6.9)所示,并产生了如式(6.10)和式(6.11)所示的基带信号,其中高频部分被低通滤波器 LP 滤除。

$$b_2(t) = R\cos(\omega_s t - \alpha) \tag{6.8}$$

$$\text{Lo} = S\cos(\omega_s t + \delta\omega_s t) \tag{6.9}$$

$$I_b(t) = \text{LP}\left\{ \left(\frac{RS}{2}\right) 2\cos(\omega_s t - \alpha)\cos(\omega_s t + \delta\omega_s t) \right\}$$

$$= A\cos(\delta\omega_s t + \alpha) \tag{6.10}$$

$$Q_b(t) = \text{LP}\left\{ \left(\frac{RS}{2}\right) 2\cos(\omega_s t - \alpha)sin(\omega_s t + \delta\omega_s t) \right\}$$

$$= A\sin(\delta\omega_s t + \alpha) \tag{6.11}$$

式中:$A = RS/2$ 和 α 分别为基带信号的幅值和相位;ω_s 为激励频率;$\delta\omega_s$ 为激励频率和本振之间的频率差。

在工程实践中,基带信号 I_b 和 Q_b 可能存在幅值和相位不平衡。式(6.12)和式(6.13)所示的正交基带分量可以分别加入 L 和 K 来表示二者存在的幅度不平衡,即

$$I_b(t) = L\cos(\delta\omega_s t + \alpha) \tag{6.12}$$

$$Q_b(t) = K\sin(\delta\omega_s t + \alpha) \tag{6.13}$$

基带信号被控制单位采用控制变量 X 和 Y 处理后,经过正交调制器和本振的上变频处理后就可以产生反射波 a_2,即

$$a_2(t) = \left\{ \left(\frac{L+K}{2}\right)\cos(\omega_s t - \alpha) \right\} |\,\Gamma_{\text{set}}\,|\, e^{j\theta}$$
$$+ \left\{ \left(\frac{L-K}{2}\right)\cos(\omega_s t - \alpha + 2\delta\omega_s t) \right\} |\,\Gamma_{\text{set}}\,|\, e^{j\theta} \tag{6.14}$$

式中:$\Gamma_{\text{set}} = \sqrt{X^2 + Y^2}$ 为控制函数 $F(X,Y)$ 的幅值;$\theta = \arctan(Y/X)$ 为控制函数 $F(X,Y)$ 的相位。

式(6.14)中的反射波包含两个成分:一个是有用的,另一个是其镜像。镜像产生的原因在于基带信号 I_b 和 Q_b 的幅度不平衡。I_b 和 Q_b 的相位不平衡也会在系统中产生镜像信号[9]。然而由相位不平衡造成的镜像信号远离载波频率,因此不会对系统造成影响。然而,由幅度不平衡造成的镜像信号与载波信号非常接近,对系统性能有较大影响[9]。因此,为了压制镜像,获得较好的系统性能,I_b 和 Q_b 之间的不平衡必须进行补偿[7-9]。如图6.4所示,对 I_b 和 Q_b 信号之间不平衡的补偿可以通过在解调器中引入平衡电桥来实现。

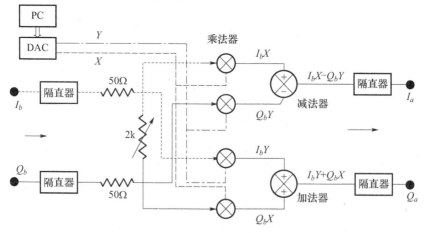

图6.4　为了抑制包络负载牵引系统中反馈回路镜像信号,模拟域所实现的改进控制单元[9],ⒸIOP Measurement Science and Technology 2010

128

对基带信号的幅度和相位的平衡操作抑制了镜像信号,也为被测器件端面的反射系数综合提供了所需的反射波,即

$$a_2(t) = (A\cos(\omega_s t - \alpha)) \mid \varGamma_{\text{set}} \mid e^{j\theta} \tag{6.15}$$

控制单位也可以采用数字平台进行设计,比如采用图6.5所示的现场可编程门阵列(Field Programmable Gate Array,FPGA)技术[25]。模数转换器(Analogue - to - digitalconverter,ADC)将基带 I_b 和 Q_b 信号转换为数字比特流,比特流再经过 FPGA 所产生的 X 和 Y 变量进行处理。处理后的比特流经过数模转换器(Digital - to - analogue Converter,DAC)后进入模拟域。来自 I_b 和 Q_b 信号的直流偏置可以通过数字滤波器滤除,而 I_b 和 Q_b 信号的平衡是由 I_b 和 Q_b 两个支路的差分缩放完成的。为了实现式(6.6)和式(6.7)所示的包络负载牵引系统方程,FPGA 全局时钟同步所有的基带信号。

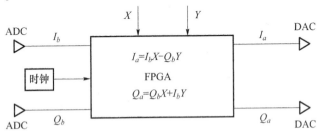

图 6.5　基于 FPGA 的控制单元

6.4　包络负载牵引系统校准

包络负载牵引系统校准的目的在于对系统组件、解调器、控制单元、调制器、定向耦合器、线缆和连接器带来的非理想因素进行修正,以便该系统操作正常。经过校准后,被测器件端面的反射系数可以通过控制变量 X 和 Y 进行精准综合。

6.4.1　误差流模型公式

包络负载牵引系统校准的第一步是列出系统的误差流模型方程,不过需要首先确认系统误差的来源。如图6.6所示,系统误差来源于三个方面:解调器和调制器本身的非理想因素,定向耦合器引起的非理想反馈效应和线缆的延迟和损耗。T_D 表示解调器转换增益和解调器内物理系统的损耗和延迟;T_M 表示调制器转换增益和在解调器侧的线缆和连接器的损耗和延迟;$\varGamma_0$ 表示系统的无源阻抗所对应的反射系数;$\varGamma_F$ 表示反馈和系统隔离的非理想因素所对应的反射系数。

包络负载牵引系统中系统误差的影响可以通过图6.7所示的误差流模型进行分析。在这个误差流模型中,假定所使用的解调器为有源解调器,因此系统还包含了在基带信号分量中的直流偏置 D 和 M;如果系统设计中采用无源调谐器,那么 D

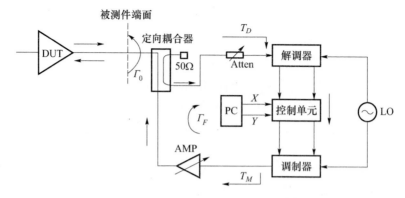

图 6.6　包络负载牵引系统中的系统误差来源[8]，ⒸIEEE2010

和 M 就不会在分析中出现。$\Gamma_{\mathrm{set}} = X + jY$ 表示由控制变量 X 和 Y 建立的负载反射系数。

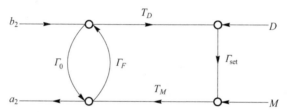

图 6.7　在包络负载牵引系统设计中由组件所带来的误差流模型[8]，ⒸIEEE 2010

6.4.2　误差流模型的化简

如果采用流图化简技术[26]，误差流模型可以通过五步化简为如图6.8所示的形式。

可以通过简化步骤的最后一步得到与行波 a_2 和 b_2 相关的公式，即

$$a_2 = \left[b_2 + \frac{1}{T_D} \left(D + \frac{M}{\Gamma_{\mathrm{set}}} \right) \right] \left[\frac{\Gamma_{\mathrm{set}} T_D T_M}{1 - \Gamma_F (\Gamma_{\mathrm{set}} T_D T_M)} + \Gamma_0 \right] \tag{6.16}$$

由于式(6.16)出现了直流偏置项 D 和 M，因此不允许直接确定行波 a_2 和 b_2 的比例；因此我们无法通过直接校准包络负载牵引系统获得被测器件端面的反射系数。为了取消直流偏置项，可以加入隔直器。从式(6.16)中移除 D 和 M 后，可以通过式(6.17)直接获得 a_2 和 b_2 的关系。因此，包络负载牵引系统就直接得到了所综合的反射系数 Γ_{Load}，即

$$\frac{a_2}{b_2} = \Gamma_{\mathrm{Load}} = \left[\frac{\Gamma_{\mathrm{set}} T_D T_M}{1 - \Gamma_F (\Gamma_{\mathrm{set}} T_D T_M)} + \Gamma_0 \right] \tag{6.17}$$

式(6.17)为一个描述包络负载牵引系统行为的一阶控制方程，它可以简化为一个线性方程，即

130

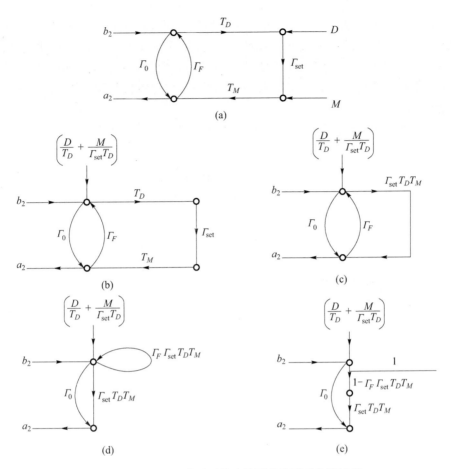

图 6.8　包络负载牵引系统中的误差流模型化简过程

$$\Gamma_{\text{Load}} = \left[\frac{\Gamma_{\text{set}} G}{1 - \Gamma_F(\Gamma_{\text{set}} G)} + \Gamma_0 \right] \tag{6.18}$$

$$\Gamma_{\text{Load}} - \Gamma_{\text{Load}} \Gamma_{\text{set}}(\Gamma_F G) = \Gamma_0 + \Gamma_{\text{set}} \left[G(1 - \Gamma_0 \Gamma_F) \right] \tag{6.19}$$

$$\Gamma_{\text{Load}} = A + B\Gamma_{\text{Load}} \Gamma_{\text{set}} + C\Gamma_{\text{set}} \tag{6.20}$$

式中 $G = T_D T_M$，它被定义为包络负载牵引系统中的环路增益。另外 $A = \Gamma_0$，$B = \Gamma_F G$，$C = G(1 - \Gamma_0 \Gamma_F)$。

可以从化简后的式(6.20)得知：该公式对于任何矢量网络分析仪的单端口误差模校准方程都是连续的[27]，它将被测器件端面测量到的反射系数与包络负载牵引系统的反射系数和系统组件非理想因素引起的误差项联系起来。

6.4.3　校准技术

为了校准包络负载牵引系统，需要确定式(6.20)存在的三个未知数 A、B 和

131

C。在理论上,校准测量三个不同的反射系数就可以确定 A、B 和 C 的值,这三个反射系数叫做包络负载牵引标准反射系数,由控制变量 X 和 Y 控制。在实际中,为了在最小二乘法确定 A、B 和 C 的过程[28]中降低随机误差,推荐采用大量的校准标准反射系数进行测试。包络负载牵引标准反射系数可以通过改变变量 X 和 Y 来增加。

可以通过提取误差流模型中的误差项来确定 A、B 和 C,误差项的相关公式,即

$$\Gamma_0 = A \tag{6.21}$$

$$G = T_D T_M = C + BA \tag{6.22}$$

$$\Gamma_F = \frac{B}{G} \tag{6.23}$$

最后,为了在被测器件端面对任意反射系数 Γ_{Load} 进行综合,将上面的方程代入式(6.17)即可精确预测 X 和 Y 的值。校准包络负载牵引系统需要矢量校准的网络分析仪,比如波形测量系统[29-35],图 6.9 显示的就是一个典型的双通道、预校准、时域波形测量系统实例,而校准过程的步骤列在图 6.10 中。

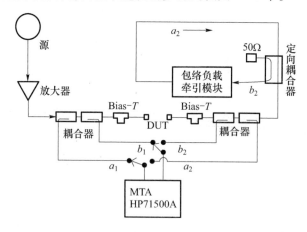

图 6.9　为了校准,集成了波形测量系统的包络负载牵引系统[9],
ⒸIOPMeasurement Science and Technology 2010

第一步,通过改变变量 X 和 Y 获得 30 个不同的校准标准反射系数,并对它们进行定义和测量。校准标准反射系数和所测量的反射系数显示在图 6.11 中,二者并不匹配,因此需要对包络负载牵引系统进行实验验证。如图 6.6 所示,如果增益 G 是可实现的,计算式(6.18)～式(6.23)可得到误差项,并对系统进行检查。增益 G 依赖于衰减器和环路滤波器的设置,我们需要恰当地改变增益 G,直到检测结果返回了正面的确认消息。

增益检查得到正面的结果后,利用式(6.18)中解调器检查系统的稳定性。为了通过稳定性检查,误差项必须满足

132

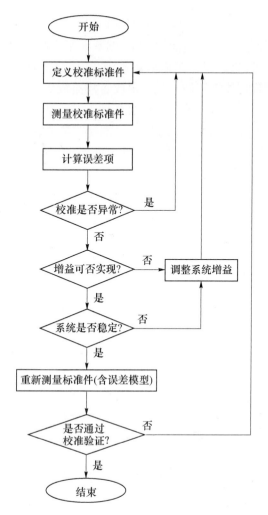

图 6.10　校准包络负载牵引系统的步骤图[8]，ⒸIEEE 2010

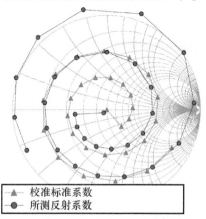

图 6.11　包络负载牵引系统在 30 个点上未校准的性能表现[8]，ⒸIEEE 2010

$$|\Gamma_F(\Gamma_{set}G)| < 1 \qquad (6.24)$$

为了防止稳定性检查返回负面的结果,图6.6所示的系统组件需要重新进行调试并重新进行测量,直到返回正面的确认消息,满足式(6.24)所示的稳定性条件。重新调试的过程可能需要调节衰减器或者环路放大器的设置、反馈到调制器和解调器的本振功率或选择校准标准反射系数。在最坏的情况下,还需要在耦合端口和输出端口加入具有较好隔离度的定向耦合器来增强稳定性。

当完成稳定性检查后,校准标准件需要重新测量,为了验证校准过程,对标准反射系数进行修正,修正后的结果为

$$\Gamma_{set} = \frac{1}{G}\left[\frac{(\Gamma_{Load})_{means} - \Gamma_0}{\Gamma_F(\{(\Gamma_{Load})_{means} - \Gamma_0\} + 1)}\right] \qquad (6.25)$$

结果显示在图6.12中,可以发现,现在校准标准反射系数和测量到的反射系数实现了完美的匹配,因此验证了校准过程。

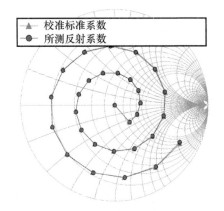

图6.12 在30个点上经过误差校准后的反射系数[8], ©IEEE 2010

6.4.4 校准技术的评估

校准的精度可以通过式(6.26)中的误差百分比来量化,其中 N 是校准标准反射系数测试的个数。值得一提的是,为了确定包络负载牵引系统的误差项,最小需要三次校准标准测试,因此式(6.26)中的 N 的取值从3开始。

$$e = \left[\frac{1}{N}\sum_{3}^{N}\frac{|(\Gamma_{Load})_{meas} - \Gamma_{set}|}{\Gamma_{set}}\right] \times 100 \qquad (6.26)$$

表6.1列出了不同校准标准测试的误差百分比,通过对比发现当增加校准标准测试的数量时,会极大地改进精准度。为了在精准度和测量速度之间做出平衡,在校准过程中使用12~20个校准标准测试来达成合适的精准度是合理的[7]。

134

表 6.1　标准测试的数量和经过校准和验证后的
反射系数之间的差异[8]，ⒸIEEE2010

校准标准反射系数个数 N	$e/\%$	校准标准反射系数个数 N	$e/\%$
3	0.0456	12	0.0258
8	0.0337	20	0.0239
10	0.0271	30	0.0224

表 6.2 提供了不同频率下的包络负载牵引校准的信息，根据观察，校准精度与频率无关。

表 6.2　12 个标准测试和对应的反射系数之间的差异[8]，ⒸIEEE2010

载波频率/MHz	$e/\%$	载波频率/MHz	$e/\%$
850	0.0252	1800	0.0258
900	0.0255	2100	0.0259

图 6.13 显示了在 Smith 圆图边缘的地方，校准后的测量反射系数和所需反射系数之间的差异。这是为了验证校准精度所做的严格实验，因此在这种情况下，两组反射系数完全重合，因此校准精度非常好。

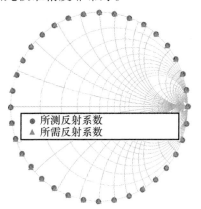

图 6.13　利用 36 个点的数据对校准精度进行评估[16]，ⒸIEEE 2010

综上所述，包络负载牵引的校准与工作频率无关，与校准标准测试的数量无关，与所需反射系数所在的位置无关，它是一个高精度和通用的程序。与开环有源负载牵引相比，包络负载牵引能够提供更为可靠的有源负载牵引测量[13, 14]。

包络负载牵引校准速度是改善负载牵引测量吞吐量和加快功率放大器设计和优化的关键[7]。例如，集成双通道的波形测量系统[33]的包络负载牵引系统能够在 15min 完成 30 个点的校准标准测试，在 18min 完成 36 个点的校准标准测试[7, 8]。平均来说，一个包络负载牵引系统需要超过 30min 的时间进行校准、评估和进行负载牵引测量。作为对比，无源负载牵引系统一般需要在数百个点对调谐器进行预校准,对所有的所需频率进行预校准,因此需要更多的时间[36]。

包络负载牵引系统校准的关键特性可以总结为如下:

(1)包络负载牵引系统的误差流模型所示的方程与任何标准的矢量网络分析仪的单端口误差流模型方程相似。

(2)校准过程可以通过最少三次校准标准测试完成。

(3)校准精度可以通过提升校准标准测试次数来实现,标准测试由控制变量 X 和 Y 的变换来实现,并非物理上的测试。

(4)校准精度与频率无关。

(5)校准速度快,因此负载牵引测量吞吐量很大。

6.5 稳定性分析

包络负载牵引系统基于闭环反馈的概念,因此可能在测量中出现不稳定的现象[37]。式(6.18)可以用来分析包络负载牵引系统的稳定性。如果式(6.18)中的解调器满足下列关系,那么系统就可以远离振荡,即

$$|\Gamma_F(\Gamma_{set}G)| < 1 \Rightarrow |\Gamma_{set}| < \frac{1}{|\Gamma_F G|} \tag{6.27}$$

从式(6.27)可以推导出:只要通过变量 X 和 Y 综合的反射系数 Γ_{set} 的幅值小于误差项 Γ_F 和 G 的乘积的倒数,那么系统就永远不会进入振荡状态。为了达到这个条件,定向耦合器必须具有非常高的隔离度,另外环路的增益/衰减必须通过图 6.6 所示的衰减器和放大器进行适当的调整,以达到较高的 Γ_F 和 G 的乘积。

此外,为了确认和减轻环路中的振荡,我们可以监视系统基带部分的频率响应。例如,图 6.14 显示了一个典型的包络负载牵引系统中的基带频率响应[39]。从图中可以发现,边带滚降(Roll Off)超过了 −160kHz 和 +160kHz,并且没有峰值特性超过这个范围。由于在系统中使用了隔直器,在响应中也存在阻带。为了保证振荡不再发生,该系统必须经过校准,并且在最大增益区域进行操作:即在 −160kHz ~ +160kHz 的范围内操作。

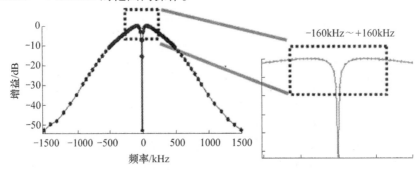

图 6.14 典型包络负载牵引系统控制单元的频率响应

另外,包络负载牵引系统中的基带部分默认为带通滤波器;为了实现稳定性,系统抛弃了额外的高选择性滤波器。而高选择性滤波器是传统闭环有源负载牵引系统中的常见设备[38]。

6.6 包络负载牵引系统的特征

为了提取晶体管器件的最佳性能,或验证不同的功率水平下非线性晶体管的模型,负载牵引测量和表征过程经常需要在不同的反射系数 Γ_{Load} 下进行输入功率 P_{in} 扫描。任何负载牵引系统的反射系数综合能力与驱动功率无关,因此驱动功率选择的原则是合适就好,因为这样可以加快测量速度。包络负载牵引系统也满足这个规律,如图 6.15 所示,它和一般的负载牵引系统对功率扫描的要求一样。当采用图 6.10 所示的包络负载牵引系统配置时,系统在驱动功率范围为 $-38\text{dBm} \sim -18\text{dBm}$ 时,系统就可以对非时变反射系数进行综合;因此,展现出了 20dB 的动态范围[23]。包络负载牵引系统的动态范围依赖于集成到系统的组件的动态范围,并可以通过本身具有更高和更好的动态范围的组件来提升整个系统的动态范围。

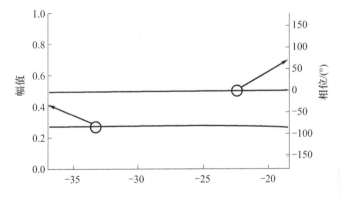

图 6.15　当驱动功率在 $-38\text{dBm} \sim -18\text{dBm}$ 之间扫描,对于固定控制变量 X 和 Y 在
1.8GHz 时采用 THRU 标准的反射系数的幅值和相位[23],ⒸIEEE 2005

包络负载牵引系统可以通过简单的重配,实现对大功率器件的测量和表征。如图 6.16 所示,除了对于不同的器件需要对在包络负载牵引模块端面的衰减器和环路滤波器进行合适的重调,对于任何器件在被测器件端面进行反射系数综合时所需的基带处理是一样的。然而,需要着重指出:对于衰减器和环路滤波器在设置上的任何变动,都会破坏已有的校准,因此需要对包络负载牵引系统进行重新校准。

在一些特殊的应用中,需要负载牵引系统能够对与偏置无关的反射系数进行综合,比如 F 类功率放大器设计就是这类特殊应用[6]。与传统的无源负载牵引系统相同,包络负载牵引系统有能力对与偏置无关的反射系数进行综合[39]。

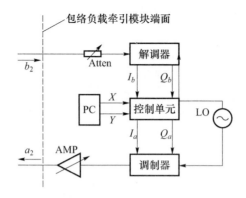

图 6.16　为了满足大功率器件的要求，包络负载牵引系统模块端面需要恰当配置

6.7　谐波包络负载牵引系统

包络负载牵引系统很容易扩展到多谐波包络负载牵引系统。包络负载牵引是一种有源技术，因此可以采用图 6.17 所示的三工器谐波架构，这种架构所综合的反射系数在基波和谐波频率之间具有更好的隔离度。三谐波包络负载牵引系统与基波系统大体类似，但是三谐波包络负载牵引系统在系统之前加入了三工器以实现对入射波 b_2 的频率分量进行分割，在 3 个包络负载牵引模块后加入了另外 1 个三工器以实现对反射波 a_2 的频率分量进行缝合。

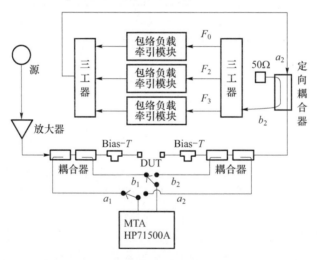

图 6.17　含有双通道时域波形测量系统的三谐波包络负载牵引系统[8]，ⒸIEEE 2010

采用谐波包络负载牵引系统进行测量需要根据 6.4 节所述的校准技术对每个包络负载牵引模块进行校准。表 6.3 提供了一份 3 个包络负载牵引模块的校准数据，从中可以发现：校准的精度与谐波功率和频率无关。因此，这个结果再一次

验证了包络负载牵引校准过程与频率无关,也与行波 a_2 和 b_2 无关。

表 6.3[①]　在 850MHz,校准标准反射系数和经过校准和验证后的
测量反射系数之间的差异[8],ⒸIEEE 2010

校准标准反射系数个数 N	基波 F_0	二阶谐波 F_2	三阶谐波 F_3
12	0.0252	0.0258	0.0276
20	0.0237	0.0243	0.0259

原则上,谐波负载牵引需要对谐波反射系数独立进行综合。这对精确估计晶体管器件是必须的。在实践中,除了传统的闭环有源负载牵引系统,没有任何一个传统的负载牵引系统具有这种能力。另一方面,包络负载牵引系统能够独立综合谐波反射系数[7,8],如图 6.18 所示。图 6.18 描述了对于 1W 氮化镓(Gallium Ar-senide,GaAs)场效应管在 20dB 驱动下对 850MHz 基波频率进行扫描的谐波负载反射系数,在扫描的过程中需要保持谐波阻抗不变。图 6.19 显示了谐波负载牵引系统对晶体管器件进行优化的过程,谐波包络负载牵引系统的特征是独特的,并且精度高、速度快且在谐波负载牵引测量方面的可靠性高。

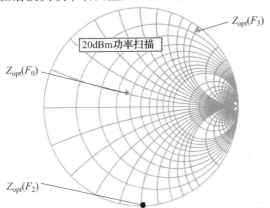

图 6.18　谐波包络负载牵引系统的独立谐波反射系数和驱动的测量数据[7],ⒸIEEE 2009

图 6.19 显示了包络负载牵引系统针对 1 W GaAs 晶体管的谐波负载牵引测量数据。图中包含了对 4×4 阻抗网格进行基波阻抗扫描的结果,二阶谐波阻抗的相位沿着 Smith 圆图的边缘旋转了 45°,而三阶谐波保持 50Ω 不变。另外,从图中可以发现谐波阻抗没有发生相互耦合而且没有相互影响。

在这次实验中,采用谐波包络负载牵引系统,整个扫描过程只需要 128 次测量;而如果采用开环有源谐波负载牵引系统,测量次数高达 1920 次,是谐波包络负

---

① 译者注:原文中该表还有第四行,不过数据与表 6.1 第四行的数据完全相同,根据参考文献[8]予以删除。

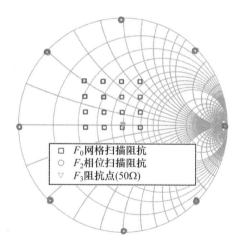

图 6.19　谐波包络负载牵引系统的独立谐波反射系数测量数据[8]，ⒸIEEE 2010

载牵引的 15 倍多。这是因为开环有源谐波负载牵引系统需要对谐波阻抗进行迭代测试并寻找收敛点[22]。在大多数应用中，谐波包络负载牵引系统这个特点能够减少测量耗时，增加测量吞吐量。

6.8　包络负载牵引系统的特殊应用

在功率放大器设计中需要对晶体管的特性进行优化，因此谐波包络负载牵引系统独立综合谐波反射系数的能力能够探索功率放大器设计参数对每个谐波终端的精确影响。举例来说，对于 1W GaAs 晶体管而言，当它的最优基波反射系数 $\Gamma(F_0)$ 和三阶谐波反射系数 $\Gamma(F_3)$ 都匹配到 50Ω 后，图 6.20 显示了二阶谐波终端对系统性能的影响。在这次实验中，二阶谐波反射系数的幅度 $|\Gamma(F_2)|$ 定位 1，而以 10° 为步进对 $\Gamma(F_2)$ 的相位进行扫描；数据通过双通道波形测量系统进行收集。从图中可以发现，功率放大器的设计参数对二阶谐波反射系数的相位非常敏感。

在工程实践中，上述实验也可以通过传统的有源和无源负载牵引系统完成；然而，考虑到在对谐波反射系数独立进行综合过程中存在不稳定性，测量数据的精度和可靠性仍然是个问题。而且，进行此类实验，谐波开环有源负载牵引系统比谐波包络负载牵引系统需要多花费大约十倍的时间[39]。

包络负载牵引系统能够快速地独立测量谐波反射系数的能力可以进行一些特殊的测量。为了对功率放大器的性能进行优化，需要对晶体管的大量阻抗值进行研究。比如，对于工作在 850MHz 的 1W GaAs 晶体管，图 6.21 和图 6.22 分别显示了三阶谐波反射系数对输出功率和漏极效率的影响。

在这次实验中，基波和二阶谐波反射系数分别固定在最优值和 50Ω。为了检

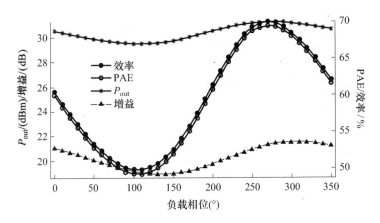

图 6.20 保持 $\Gamma(F_0)$ 和 $\Gamma(F_3)$ 不变,改变二阶谐波反射系数 $\Gamma(F_2)$ 相位对功率
放大器参数的影响[9], © IOPMeasurement Science andTechnology 2010

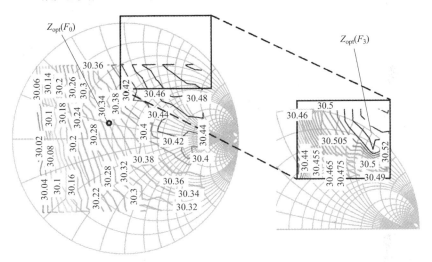

图 6.21 保持 $Z_{opt}(F_0) = 36.3 + j9.9\Omega$,在 12×12 和 6×4 的网格上对三阶谐波反射系数
进行扫描所得到的等输出功率圆[7],©IEEE 2009

测三阶谐波反射系数对输出功率和漏极效率的影响,同时为了寻找三阶谐波反射
系数在 Smith 圆图的可能位置,测量了 12×12 个三阶谐波反射系数网格。为了找
到最优输出功率和漏极效率下 $\Gamma_{opt}(F_3)$ 所对应的精确位置,测量还需要 6×4 个反
射系数网格。

最优输出功率和最优漏极效率所对应的阻抗分别为 $1.3 + j100\Omega$ 和 $0.6 +$
$j60.4\Omega$,这需要 168 次测量,测量所花费的总时间为 75min,所采用的设备为含有
双通道波形测量系统的包络负载牵引系统[39]。如果采用传统的无源和有源负载
牵引系统,实验就不可能达到如此效果。而且,如果采用谐波开环有源负载牵引系
统,即使不考虑它在综合谐波反射系数时不稳定的缺点,它也存在花费时间过多的

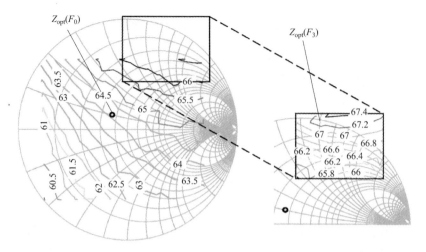

图 6.22 保持 $Z_{opt}(F_0)=36.3+\text{j}\,9.9\Omega$,在 12×12 和 6×4 的网格
上对三阶谐波反射系数进行扫描所得到的等漏极效率圆[7], ©IEEE 2009

缺点,它需要十倍的时间来完成。

通过精确控制基波和谐波反射系数,多谐波包络负载牵引系统能够发现器件的高效率和高输出功率所需条件[10, 12]。这些测量在一些功率放大器设计中非常有必要,比如 J 类功率放大器和 J*类功率放大器[40]。

在图 6.23 所示的实验中,需要在 2W 氮化镓(Gallium Nitride,GaN)的封装端面测量 15 个基波和二阶谐波反射系数。如图 6.24 所示,为了获得器件恒定的输出功率和漏极效率,测量中需要基波和二阶谐波相互关联,将基波和二阶谐波阻抗的实部固定,而将基波和二阶谐波的电抗部分的比例定为 $1:2$。

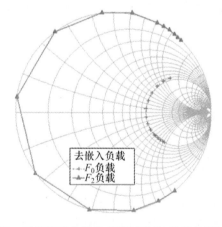

图 6.23 采用高阶包络负载牵引系统,稳健的谐波负载
反射系数控制结果[8], ©IEEE 2010

图 6.24 显示了当基波和谐波反射系数在选定的范围内变动时,恒定的输出功

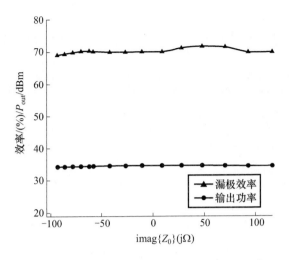

图 6.24　采用包络负载牵引系统,恒定的输出功率和
效率与变化的电抗之间的关系[8]，©IEEE2010

率和效率与变化的电抗之间的关系,其中漏极效率在 70% 左右,只有 1% 的变动;
输出功率在 34.5dBm 附近,只有 0.1dB 的变动。这类实验能够实现高效率线性功
率放大器,它只能采用包络负载牵引系统完成;其他负载牵引系统要么不能做,要
么做起来太慢。

参考文献

1. Focus Microwaves, Product catalogue, http://www.focus-microwaves.com/template.php? unique=4. Accessed Oct. 2010
2. Maury Microwave Corporation, Product catalogue, http://www.maurymw.com/mmc_catalog/ mmccatalog06.htm. Accessed Oct. 2010
3. Mesuro, Product catalogue, http://www.mesuro.com/products.htm. Accessed Oct. 2010
4. Real Time Passive Source/Load Pull Systems, PAF product, http://www.se-group.com/doc/ paf.pdf. Accessed Oct. 2010
5. R. Negra, F.M. Ghannouchi, W. Bachtold, Study and design optimization of multiharmonic transmission-line load networks for class-E and class-F K-band mmic power amplifiers. IEEE Trans. Microw. Theory Tech. **55**(6), 1390–1397 (2007)
6. C. Roff, J. Benedikt, P.J. Tasker, Design approach for realization of very high efficiency power amplifiers, in *IEEE MTT-S International Microwave Symposium Digest* (June 2007), pp. 143–146
7. M.S. Hashmi, A.L. Clarke, S.P. Woodington, J. Lees, J. Benedikt, P.J. Tasker, Electronic multi-harmonic load-pull system for experimentally driven power amplifier design optimization, in *IEEE MTT-S International Microwave Symposium*, Boston, USA, vols. 1–3 (June 2009), pp. 1549–1552
8. M.S. Hashmi, A.L. Clarke, S.P. Woodington, J. Lees, J. Benedikt, P.J. Tasker, An accurate calibrate-able multi-harmonic active load-pull system based on the envelope load-pull concept. IEEE Trans. Microw. Theory Tech. **58**(3), 656–664 (2010)
9. M.S. Hashmi, A.L. Clarke, J. Lees, M. Helaoui, P.J. Tasker, F.M. Ghannouchi, Agile harmonic envelope load-pull system enabling reliable and rapid device characterization. IOP Meas. Sci.

Technol. **21**(055109), 1–9 (2010)

10. S.C. Cripps, P.J. Tasker, A.L. Clarke, J. Lees, J. Benedikt, On the continuity of high efficiency modes in linear RF power amplifiers. IEEE Microw. Wirel. Compon. Lett. **19**(10), 665–667 (2009)

11. P. Wright, J. Lees, J. Benedikt, P.J. Tasker, S.C. Cripps, A methodology for realizing high efficiency class-J in a linear and broadband PA. IEEE Trans. Microw. Theory Tech. **57**(12), 3196–3204 (2009)

12. F.M. Ghannouchi, M.S. Hashmi, Experimental investigation of the uncontrolled higher harmonic impedances effect on the performance of high-power microwave devices. Microw. Opt. Technol. Lett. **52**(11), 2480–2482 (2010)

13. H.M. Nemati, A.L. Clarke, S.C. Cripps, J. Benedikt, P.J. Tasker, C. Fager, J. Grahn, H. Zirath, Evaluation of a GaN HEMT transistor for load- and supply-modulation applications using intrinsic waveform measurements, in *IEEE MTT-S International Microwave Symposium Digest* (May 2010), pp. 509–512

14. A.L. Clarke, M. Akmal, J. Lees, J. Benedikt, P.J. Tasker, Investigation and analysis into device optimization for attaining efficiencies in-excess of 90 % when accounting for higher harmonics, in *IEEE MTT-S International Microwave Symposium Digest* (May 2010), pp. 1114–1117

15. R. Hajji, F.M. Ghannouchi, R.G. Bosisio, Large-signal microwave transistor modeling using multiharmonic load-pull measurements. Microw. Opt. Technol. Lett. **5**(11), 580–585 (1992)

16. H. Qi, J. Benedikt, P.J. Tasker, Nonlinear data utilization: from direct data lookup to behavioral modeling. IEEE Trans. Microw. Theory Tech. **57**(6), (2009)

17. P. Berini, F.M. Ghannouchi, R.G. Bosisio, Active load characterization of a microwave transistor for oscillator design, in *IEEE Instrumentation & Measurements Technology Conference*, Ottawa, Canada (May 1997), pp. 668–673

18. F.M. Ghannouchi, F. Beauregard, A.B. Kouki, Power added efficiency and gain improvement in MESFETs amplifiers using an active harmonic loading technique. Microw. Opt. Technol. Lett. **7**(13), 625–627 (1994)

19. G. Zhao, S. El-Rabaie, F.M. Ghannouchi, The effects of biasing and harmonic loading on MESFET tripler performance. Microw. Opt. Technol. Lett. **9**(4), 189–194 (1995)

20. E. Bergeault, O. Gibrat, S. Bensmida, B. Huyart, Multiharmonic source-pull/load-pull active setup based on six-port reflectometers: influence of the second harmonic source impedance on RF performances of power transistors. IEEE Trans. Microw. Theory Tech. **52**(4), 1118–1124 (2004)

21. Y.Y. Woo, Y. Yang, B. Kim, Analysis and experiments for high efficiency class-F and inverse class-F power amplifiers. IEEE Trans. Microw. Theory Tech. **54**(5), 1969–1974 (2006)

22. J. Benedikt, R. Gaddi, P.J. Tasker, M. Goss, M. Zadeh, High power time domain measurement system with active harmonic load-pull for high efficiency base station amplifier design, in *IEEE/MTT-S International Microwave Symposium*, Boston, USA (June 2000), pp. 1459–1462

23. T. Williams, J. Benedikt, P. Tasker, Experimental evaluation of an active envelope load-pull architecture for high speed device characterization, in *IEEE/MTT-S International Microwave Symposium*, vol. 3, Long Beach, USA (June 2005), pp. 1509–1512

24. T. Williams, J. Benedikt, P.J. Tasker, Application of a novel active envelope load-pull architecture in large signal device characterization, in *IEEE 35th European Microwave Conference Digest*, Paris, France (Oct. 2005), 4 pp.

25. S.J. Hashim, M.S. Hashmi, T. Williams, S. Woodington, J. Benedikt, P.J. Tasker, Active envelope load-pull for wideband multi-tone stimulus incorporating delay compensation, in *38th IEEE European Microwave Conference*, Amsterdam, The Netherlands (Oct. 2008), pp. 317–320

26. D.M. Pozar, *Microwave Engineering*, 3rd edn. (Wiley, New York, 2005). ISBN 0-471-17096-8

27. R. Ludwig, P. Bretchko, *RF Circuit Design: Theory and Applications*, 2nd edn. (Pearson, Upper Saddle River, 2008). ISBN 13-978-013-13555-07

28. E. Kreyszig, *Advanced Engineering Mathematics*, 8th edn. (Wiley, New York, 2000). ISBN 13-9780471488859

29. M. Sipila, K. Lehtinen, V. Porra, High-frequency periodic time-domain waveform measure-

ment system. IEEE Trans. Microw. Theory Tech. **36**(10), 1397–1405 (1988)

30. U. Lott, Measurement of magnitude and phase of harmonics generated in nonlinear microwave two-ports. IEEE Trans. Microw. Theory Tech. **37**(10), 1506–1511 (1989)

31. F. van Raay, G. Kompa, A new on-wafer large-signal waveform measurement system with 40 GHz harmonic bandwidth, in *IEEE MTT-S International Microwave Symposium Digest*, vol. 3 (June 1992), pp. 1435–1438

32. D. Barataud, C. Arnaud, B. Thibaud, M. Campovecchio, J.-M. Nebus, J.P. Villotte, Measurements of time-domain voltage/current waveforms at RF and microwave frequencies based on the use of a vector network analyzer for the characterization of nonlinear devices-application to high-efficiency power amplifiers and frequency-multipliers optimization. IEEE Trans. Instrum. Meas. **47**(5), 1259–1264 (1998)

33. D.J. Williams, P.J. Tasker, An automated active source and load-pull measurement system, in *6th IEEE High Frequency Student Colloquium Digest* (Sep. 2001), pp. 7–12

34. S. Bensmida, P. Poire, R. Negra, F.M. Ghannouchi, G. Brassard, New time-domain voltage and current waveform measurement setup for power amplifier characterization and optimization. IEEE Trans. Microw. Theory Tech. **56**(1), 224–231 (2008)

35. W.S. El-Deeb, M.S. Hashmi, S. Bensmida, N. Boulejfen, F.M. Ghannouchi, Thru-less calibration algorithm and measurement system for on-wafer large-signal characterization of microwave devices, in *IET Microwaves, Antenna and Propagation* (2010)

36. C. Roff, J. Graham, J. Sirois, B. Noori, A new technique for decreasing the characterization time of passive load-pull tuners to maximize measurement throughput, in *72nd Automatic Radio Frequency Techniques Group (ARFTG) Conference Digest*, Portland, USA (Dec. 2008), pp. 92–96

37. K. Ogata, *Modern Control Engineering*, 5th edn. (Prentice Hall, New York, 2009). ISBN 13-978-013-6156734

38. A. Ferrero, V. Teppati, G.L. Madonna, U. Pisani, Overview of modern load-pull and other non-linear measurement systems, in *Automatic RF Techniques Group Conference (ARFTG) Digest* (June 2001), pp. 1–5

39. M.S. Hashmi, Analysis, realization and evaluation of envelope load-pull system both for CW and multi-tone applications, PhD Thesis, Cardiff University, 2009

40. J.D. Rhodes, Output universality in maximum efficiency linear power amplifiers. Int. J. Circuit Theory Appl. **31**, 385–405 (2003)

第7章 波形测量和波形工程

本章讨论构建高频非线性时域波形测量系统技术及其关键问题,涉及两个方面:一是测试设备的构建方法,二是当晶体管器件工作在非线性区域时,独立确定谐波幅度和相位的校准机理。最终,本章也介绍了波形工程及其在功率放大器方面的应用。

7.1 简介

为了获得器件内在行为规律,需要对非线性半导体器件终端的时变电流和电压波形进行详细讨论。比如,通过调研晶体管终端的时域电流和电压波形($I-V$曲线)可以确定射频功率放大器的工作类型。图 7.1 显示了电流模式 D 类功率放大器的时域电流电压波形。

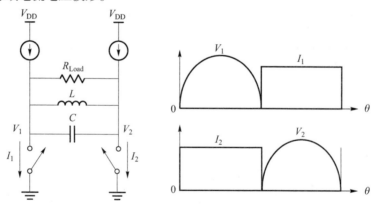

图 7.1　电流模式 D 类功率放大器及晶体管电流电压波形

当有源微波器件进入周期性非线性工作模式时,在 $I-V$ 波形中存在很高的谐波成分。如果能测量 $I-V$ 波形中所有的相关谐波,那么就能够得到很多与器件性能和建模相关的有用信息。比如如果能测量射频功率放大器终端电压和电流波形,就可以对设计参数进行优化,比如输出功率、直流电压到射频功率转换效率、增益[1-4]等。而且,这些终端波形也能够帮助射频功率放大器建立非线性模型[5]。

因此,对于射频功率放大器来说,终端 $I-V$ 波形在晶体管技术、电路设计和系统性能之间建立了统一的理论联系[6,7]。为了验证这个猜想,需要采用合适的测

146

量对器件的高频 $I-V$ 波形进行测量。在低频的时候,时域波形可以通过任何标准的示波器进行测量;然而在射频和微波频段,波形测量完全不同。

实际上,高频 $I-V$ 波形测量困难并不是来自于标准示波器没有足够的带宽来显示所有的谐波分量;而是来自于低频技术本身的限制。由于探针的尺寸可以和所需测量的波形的波长相比拟,标准的探针在微波频段会产生反射,并且反射会在传输线中形成很高的驻波比,有可能破坏被测器件和测量系统本身。

高速采样示波器能够满足带宽的需求;但是在微波频段,会存在由测量系统频率响应、失配、多次反射等问题带来的系统误差。因此,需要由合适的校准算法来修正这些出现在 $I-V$ 波形上的基波和谐波误差[8-10]。

7.2　理论分析

如图 7.2 所示,在被测器件终端出现的周期性电流和电压波形由基波和谐波成分 $a_k^{(n)}$ 和 $b_k^{(n)}$ 构成,其中 k 表示对应端口,n 表示谐波次数。

图 7.2　非线性双端口器件行波示意图

归一化行波的定义由式(7.1)和式(7.2)决定:

$$a_k^{(n)} = \frac{V_k^{(n)} + I_k^{(n)}}{2\sqrt{2Z_0}} \tag{7.1}$$

$$b_k^{(n)} = \frac{V_k^{(n)} - I_k^{(n)}}{2\sqrt{2Z_0}} \tag{7.2}$$

式中:Z_0 为参考阻抗,一般来说,对于所有的谐波都是 50Ω;$V_k^{(n)}$ 和 $I_k^{(n)}$ 是需要测量的 n 次傅里叶谐波分量,是构建被测器件终端的电压和电流成分,并由式(7.3)和式(7.4)决定,即

$$V_k^{(n)} = 2\sqrt{2Z_0}(a_k^{(n)} + b_k^{(n)}) \tag{7.3}$$

$$I_k^{(n)} = \sqrt{2Z_0}(a_k^{(n)} - b_k^{(n)}) \tag{7.4}$$

一旦得到傅里叶谐波分量,那么在被测器件终端的时域电压和电流波形可以分别通过式(7.5)和式(7.6)进行计算,即

$$v_k(t) = V_k^0 + \sum_{n=1}^{N_h} V_k^{(n)} \cos(2\pi nft - \varphi_k^{(n)}) \tag{7.5}$$

式中:V_k^0 为在端口 k 的直流电压成分;$V_k^{(n)}$ 为在端口 k 的 n 次谐波的幅值;N_h 为谐波

的数量;f 为基波频率;$\varphi_k^{(n)}$ 为 n 次谐波的相位。

$$i_k(t) = I_k^0 + \sum_{n=1}^{N_h} I_k^{(n)} \cos(2\pi nft - \theta_k^{(n)}) \tag{7.6}$$

式中:I_k^0 为在端口 k 的直流电流成分;$I_k^{(n)}$ 为在端口 k 的 n 次谐波的幅值;N_h 为谐波的数量;f 为基波频率;$\theta_k^{(n)}$ 为 n 次谐波的相位。

根据式(7.5)和式(7.6),在被测器件终端构建时域电流和电压波形需要知道每个谐波成分的幅值和相位的绝对值。因此,最为精确测量时域波形的测量系统是能精确提供所需谐波分量相位和幅值的系统。

7.3 历史回顾

在低频段,终端电压可以直接用高阻抗探针测得,电流可以通过节点处的低阻抗串联探针测得。在高频段,探针的阻抗会随着频带变化而变化;并且条件稳定的电路可能在测量中变成不稳定的电路。为了解决这个问题,可以采用非入侵式测量技术,该技术对行波的入射能量和反射能量进行测量[11-13],能够在一个很宽的带宽内保持测量阻抗恒定($Z_0 = 50\Omega$)。行波可以用矢量网络分析仪测量到的 S 参数[14]来表示[15],S 参数再转换成阻抗矩阵和导纳矩阵。阻抗矩阵和导纳矩阵与测量端口的电压和电流之和有关。

虽然可以从 S 参数中获得一些有用信息,但是测量数据只有在叠加原理可用的情况下才有效[16]。叠加原理并不能表示激励频率的能量和谐波频率的能量之间的关系。因此,为了探测被测器件对每个激励频率的响应,在测量时需要在被测器件端口输入一系列的正弦波,但是每次只能输入一个频率。然而,当对含有大功率有源器件的非线性网络进行处理时,叠加原理已不再适用,器件的非线性行为会产生谐波和交调分量,故此上述方法就失效了。

在传统上,非线性效应可以通过频谱仪(Spectrum Analyzers,SA)在频域上对器件在基波和谐波处的性能进行估计和评测。频谱仪是一个标量器件,可以在很宽的频谱范围内实时地测量数据,并且具有很高的动态范围。考虑到系统有时候会测量调制信号,因此频谱仪能够测量基波和谐波频率处的幅值,也可以测量交调分量的幅值。然而,该系统最大的缺陷在于无法测量相位信息,因此无法实现对器件的建模测量。然而,频谱仪所具有的实时宽带测量特性让其能够对来自被测器件不稳定和振荡所产生的杂散信号进行探知和测量。由于所有的测量都不需要校准和预知电路行为的先验知识,因此频谱仪是测量工作在非线性模式下的电路和器件的理想仪器。

器件或电路的非线性行为可以通过传统的示波器在时域直接测量出它的电压和电流波形。对时域信号采用傅里叶变换可以得到基波和谐波分量的幅值和相位信息。相位信息的绝对值给出了被测器件的额外信息。

在高频段，受限于示波器中的模数转换器的采样精度，示波器的数位分辨率降低了，并且动态范围也降低了。而且，为了在重构 $I-V$ 曲线前，在被测器件终端处获得基波和谐波的误差系数，系统需要对误差的幅度和相位进行修正。

第一个非线性 $I-V$ 曲线测试系统报道于 1988 年，它能够提供每个谐波分量幅度和相位的绝对值[17]。如图 7.3 所示，该测试系统采用双通道高频采样示波器来收集 4 个行波中的两个：输入端反射波 b_1 和输出端行进波 b_2。利用输入和输出耦合网络在基波和谐波处获得线性 S 参数，就可以确定 $I-V$ 曲线。

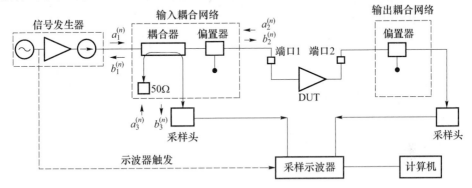

图 7.3　基于双通道采样示波器的波形测量系统[17]，ⒸIEEE 1988

在该系统中，为了移除系统损耗、失配和非理想方向性所带来的误差，校准是通过测量整个系统的 S 参数完成的。所测量的行波被转换到频域以进行矢量误差校准，并通过反向变换得到校准后的行波。该技术被视为构建大信号测量系统的关键，因为它能够采取与矢量网络分析仪类似的校准技术。

该系统的缺陷在于需要测量输入和输出耦合网络的 S 参数，有可能导致测量误差增大。由于触发抖动带来噪声，该系统动态范围有所降低。当频率高于 5 GHz，误差变得相当大；因此当需要对三阶谐波分量进行测量时，系统的工作频率需要小于 2GHz。

图 7.4 展示了 1989 年报道的另一种 $I-V$ 曲线测试系统，它使用改进后的矢量网络分析仪来获取时域 $I-V$ 曲线[18]。该系统最为重要的组件为经过校准的矢量网络分析仪，它能够在每一个频率处测量恒定波形的幅度和相位。

为了确定相对于基波信号的谐波相位，系统采用了高频肖特基二极管作为参考信号。肖特基二极管能够产生校准参考信号，以便在时域重建输出波形所需的幅度和相位。

相比示波器，该系统由于采用了矢量网络分析仪，它具有更高的动态范围。然而，该系统应用范围不广，因为它只能测量被测器件输出端的时域波形。

1998 年出现了一个基于上述理念的改进系统[19]。改进系统能够在被测器件输入和输出端口测量时域 $I-V$ 波形。该系统采用阶跃恢复二极管（Step Recovery

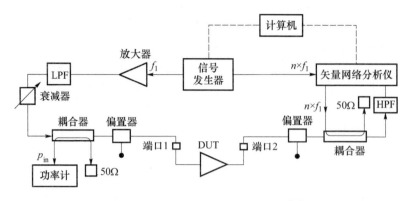

图 7.4　基于矢量网络分析仪的时域波形测试系统[18]，ⒸIEEE 1989

Diode,SRD)产生固定的参考信号。幅度校准可以通过测量端口已知的校准标准件完成,阶跃恢复二极管产生已知基波和谐波相位精确关系的信号,因此可以实现相位校准。然而,由于矢量网络分析仪需要在每个被测的频率处对频率进行扫描,该系统测量过程较慢。而且,精确测量基波和谐波频率相位十分困难。然而,该系统所采用的方法为高级矢量网络分析仪的发展和 PNA − X 系统的商用奠定了基础[20]。

微波转换分析仪(Microwave Transition Analyzer,MTA)可以被当成一个宽带时域采样示波器,它可以在一定频率范围内进行扫频测量;也可以被当成一个矢量网络分析仪,在非常高的动态范围内实现 S 参数测量。相比其他采样示波器,该系统有两个方面的优点:第一,传统的采样示波器中的采样 − 保持触发器被改为混合操作,即采用本机振荡器对输入信号进行锁相①。

因此,微波转换分析仪不受触发抖动的误差影响,它的误差只受本机振荡器信号质量的影响。采用微波转换分析器测试 $I - V$ 曲线的效果比采样示波器好得多。在过去的 20 年间,基于微波转换分析仪的 $I - V$ 波形测试系统逐渐成为主流[21−25]。图 7.5 显示了一个典型的基于微波转换分析仪的时域波形测量系统,它采用微波转换分析仪作为多谐波接收器(Multi − harmonic Receiver,MHR)。

从图 7.5 可以看出,多工网络将双通道微波转换分析仪转换为四通道接收机,可以一次测量 4 路行波。近年来出现了一些高级的基于微波转换分析仪的接收机。非线性矢量网络分析仪[26]就是其中的典型,它是由四通道微波转换分析仪组成,并降低了测量系统的复杂度。

确定被测器件端面的时域 $I - V$ 波形另一种方法是采用基于六端口器件的波形校正器[27]。该系统采用了频域反射测量法,因此,也能够进行线性测量[28]。

---

①　译者注:原文如此,只写了一个方面的优点。

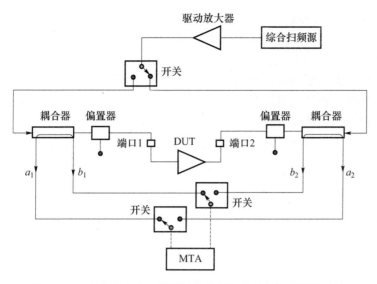

图 7.5　一个典型的基于微波转换分析仪的时域波形测量系统

7.4　实际的波形测量系统

图 7.6 显示了一种典型的波形测量系统。该系统是由以下几部分组成:1 个基于微波转换分析仪的 DC – 40 GHz 的复数多谐波接收器、1 个射频源、4 个射频单刀双掷开关、1 个控制开关的电路、1 个电源、1 个功率分配器和 2 个定向耦合器。整个系统由个人计算机通过通用接口总线(General Purpose Interface Bus, GPIB)控制。

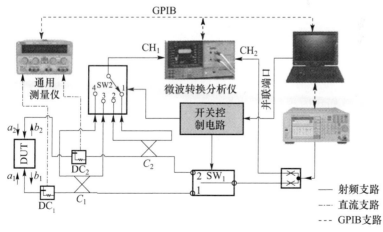

图 7.6　基于微波转换分析仪的波形测量系统框图

谐波接收器与传统的超外差接收器操作方式类似,主要的区别就是混合操作。

在谐波接收器中,本振信号先通过一个梳状波发生器,然后再进入混频器。本过程能够产生本振信号的谐波,意味着可以对多个射频频谱同时进行捕捉。微波转换分析仪的工作模式与上述系统类似。在该系统中,功率分配器将信号源的信号分为两路。第一路信号激励被测器件端口,由开关1(SW₁)的位置决定;第二路信号送至微波转换分析仪的通道2(CH₂)作为参考信号。虽然有些基于微波转换分析仪的测量设备通道使用方法有些不同,微波转换分析仪的通道1(CH₁)一般都作为测量端口[21-23]。该系统能测量通道1和通道2之间的比值,通道1可以接收需要测量的入射波和反射波,通道2为参考信号。

对于任何 I-V 波形测试系统,为了移除由失配、损耗和器件非理想因素带来的系统误差,需要完成完整的误差校准过程。

7.5 系统校准

为了精确测量大信号波形,图7.7显示了在多谐波接收机测量端面和被测器件端面的误差流模型中 n 次谐波的误差项,误差项需要完整测试。图7.7只是显示了一个简单的误差模型,更为复杂的模型可以通过文献[23]获知。

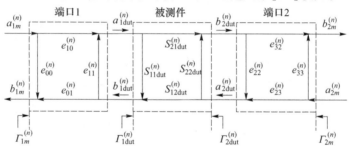

图7.7 在被测器件和多谐波接收机之间的误差项

根据相关定理,如果不计算系统非理想因素和失配带来的误差项,那么在被测器件端面的行波和多谐波接收机的行波相同。在这种理想的情况下,I-V 曲线可以通过式(7.3)和式(7.4)直接提取。然而,在实际的情况中,在被测器件和多谐波接收器之间的误差会改变式(7.3)和式(7.4)中的关系。比如,被测器件第一个端口和多谐波接收机端口的行进波分别如式(7.7)和式(7.8)所示。

$$a_{1dut}^{(n)} = \frac{(e_{01}^{(n)} e_{10}^{(n)} - e_{00}^{(n)} e_{11}^{(n)}) a_{1m}^{(n)} + e_{11}^{(n)} b_{1m}^{(n)}}{e_{01}^{(n)}} \tag{7.7}$$

$$b_{1dut}^{(n)} = \frac{- e_{00}^{(n)} a_{1m}^{(n)} + b_{1m}^{(n)}}{e_{01}^{(n)}} \tag{7.8}$$

根据上述方程组,提取终端 I-V 曲线需要分别确定独立的误差项,因此校准过程与表征的矢量网络分析仪的校准过程不同。因此,波形提取校准过程必须采

152

用三步校准技术,其中一步为传统的矢量网络分析仪的校准。下面三小节将讨论该三步校准过程。

7.5.1 第一步:功率通量校准

该步骤的目的是通过功率比例因子 α 将被测器件端口的功率和多谐波接收器的采样功率联系起来。功率比例因子 α 包含了线缆和其他系统外设的损耗,并将式(7.3)和式(7.4)变成式(7.9)和式(7.10),因此有助于确定电压和电流波形的精确幅值。

$$V_1^{(n)} = \sqrt{2Z_0}\,(a_{1\text{dut}}^{(n)} + b_{1\text{dut}}^{(n)}) = \alpha V_1^{(n)} \tag{7.9}$$

$$I_1^{(n)} = \sqrt{2Z_0}\,(a_{1\text{dut}}^{(n)} - b_{1\text{dut}}^{(n)}) = \alpha I_1^{(n)} \tag{7.10}$$

图 7.8 显示了多谐波接收机端面的功率通量 P_m 和被测器件端面的功率通量 P_{dut}。它们与误差系统、同轴端面的反射系数 Γ_{dut} 和功率比例因子 α 的关系为[30]

$$P_{k\text{dut}} = \frac{1}{2}\mid a_{k\text{dut}}^{(n)}\mid^2 = \frac{\alpha P_m}{\mid 1 + (-e_{11}^{(n)})\Gamma_{k\text{dut}}^{(n)}\mid^2} \tag{7.11}$$

功率通量校准因子 α 可以通过将功率计连接到被测器件端面获得[31]。功率计测量到的功率 P_{PWM} 为

$$P_{\text{PWM}} = \frac{1}{2}\mid a_{k\text{dut}}^{(n)}\mid^2(1 - \mid\Gamma_{k\text{dut}}^{(n)}\mid^2) = \frac{\alpha P_m(1 - \mid\Gamma_{k\text{dut}}^{(n)}\mid^2)}{\mid 1 + (-e_{11}^{(n)})\Gamma_{k\text{dut}}^{(n)}\mid^2} \tag{7.12}$$

化简式(7.11)和式(7.12)就可以得到功率校准因子 α,即

$$\alpha = \frac{P_{\text{PWM}}\mid 1 + (-e_{11}^{(n)})\Gamma_{k\text{dut}}^{(n)}\mid^2}{P_m(1 - \mid\Gamma_{k\text{dut}}^{(n)}\mid^2)} \tag{7.13}$$

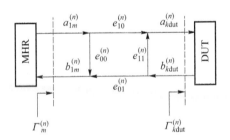

图 7.8 位于被测器件和多谐波接收机之间的误差项

7.5.2 第二步:S 参数校准

第二步是传统的矢量网络分析仪校准,目的在于确定第一个端口的误差项 $e_{00}^{(n)}$、$e_{11}^{(n)}$、$e_{01}^{(n)}$ 和 $e_{10}^{(n)}$ 及第二个端口的误差项 $e_{22}^{(n)}$、$e_{33}^{(n)}$、$e_{23}^{(n)}$ 和 $e_{32}^{(n)}$,如图 7.7 所示。

对于第一个端口,图 7.7 通过化简可以推导出在多谐波端口的反射系数 $\Gamma_{1m}^{(n)}$

和被测器件第一个端口的反射系数 $\Gamma_{1\mathrm{dut}}^{(n)}$ 之间的关系为

$$\Gamma_{1m}^{(n)} = e_{00}^{(n)} + \frac{e_{01}^{(n)} e_{10}^{(n)} \Gamma_{1\mathrm{dut}}^{(n)}}{1 - e_{11}^{(n)} \Gamma_{1\mathrm{dut}}^{(n)}} = \frac{-\Delta e_1^{(n)} \Gamma_{1\mathrm{dut}}^{(n)} + e_{01}^{(n)}}{-e_{11}^{(n)} \Gamma_{1\mathrm{dut}}^{(n)} + 1} \tag{7.14}$$

其中

$$\Delta e_1^{(n)} = (e_{00}^{(n)} e_{11}^{(n)} - e_{01}^{(n)} e_{10}^{(n)}) \tag{7.15}$$

为了确定式(7.14)中的 3 个未知数 $e_{00}^{(n)}$、$e_{11}^{(n)}$ 和 $e_{01}^{(n)} e_{10}^{(n)}$,最为简单的方法是在被测器件第一个端口进行开路－短路－负载校准[32]。测量结果可以得到三个线性方程,即

$$\begin{bmatrix} e_{00}^{(n)} \\ e_{00}^{(n)} \\ \Delta e_1^{(n)} \end{bmatrix} = \begin{bmatrix} 1 & (\Gamma_{1\mathrm{dut}})_\mathrm{O}(\Gamma_{m1})_\mathrm{O} & -(\Gamma_{1\mathrm{dut}})_\mathrm{O} \\ 1 & (\Gamma_{1\mathrm{dut}})_\mathrm{S}(\Gamma_{m1})_\mathrm{S} & -(\Gamma_{1\mathrm{dut}})_\mathrm{S} \\ 1 & (\Gamma_{1\mathrm{dut}})_\mathrm{L}(\Gamma_{m1})_\mathrm{L} & -(\Gamma_{1\mathrm{dut}})_\mathrm{L} \end{bmatrix}^{-1} \times \begin{bmatrix} (\Gamma_{m1})_\mathrm{O} \\ (\Gamma_{m1})_\mathrm{S} \\ (\Gamma_{m1})_\mathrm{L} \end{bmatrix} \tag{7.16}$$

式中下标 O、S 和 L 分别表示开路、短路和 50Ω 负载标准件测试。

式(7.16)求解以后,会给出被测器件端口 1 和多谐波接收机之间的误差项 $e_{00}^{(n)}$、$e_{11}^{(n)}$ 和 $e_{01}^{(n)} e_{10}^{(n)}$。然而测量端口 1 和多谐波接收机之间的误差项 $e_{22}^{(n)}$、$e_{33}^{(n)}$ 和 $e_{23}^{(n)}$ $e_{32}^{(n)}$ 还需要在端口 1 和端口 2 之间进行直通校准,如图 7.9 所示。图 7.9 中的简化误差流模型给出了 $e_{22}^{(n)}$、$e_{33}^{(n)}$ 和 $e_{23}^{(n)} e_{32}^{(n)}$ 随式(7.17)~式(7.20)中的 S 参数变化关系为

$$e_{33}^{(n)} = \frac{S_{11T}^{(n)} - e_{00}^{(n)}}{t_{11}^{(n)} + e_{11}^{(n)} (S_{11T}^{(n)} - e_{00}^{(n)})} \tag{7.17}$$

$$e_{22}^{(n)} = S_{22T}^{(n)} - \frac{t_{22}^{(n)} e_{11}^{(n)}}{1 - e_{11}^{(n)} e_{33}^{(n)}} \tag{7.18}$$

$$t_{11}^{(n)} = e_{01}^{(n)} e_{10}^{(n)} = e_{00}^{(n)} e_{11}^{(n)} - \Delta e_1^{(n)} \tag{7.19}$$

$$t_{22}^{(n)} = e_{32}^{(n)} e_{23}^{(n)} = S_{12T}^{(n)} S_{21T}^{(n)} \frac{(1 - e_{11}^{(n)} e_{33}^{(n)})^2}{t_{11}^{(n)}} \tag{7.20}$$

式中:$S_{11T}^{(n)}$、$S_{12T}^{(n)}$、$S_{21T}^{(n)}$ 和 $S_{22T}^{(n)}$ 分别为直通标准件在端口 1 和端口 2 之间测得的 S 参数;$t_{11}^{(n)}$ 和 $t_{22}^{(n)}$ 分别为端口 1 和端口 2 的反射系数。

式(7.16)~式(7.20)可以计算多谐波接收机和被测器件端口的误差项 $e_{00}^{(n)}$、$e_{11}^{(n)}$、$e_{01}^{(n)} e_{10}^{(n)}$、$e_{22}^{(n)}$、$e_{33}^{(n)}$ 和 $e_{23}^{(n)} e_{32}^{(n)}$,因此该过程又叫 S 参数校准步骤。然而,该步骤不能单独确定 $e_{01}^{(n)}$、$e_{10}^{(n)}$、$e_{23}^{(n)}$ 和 $e_{32}^{(n)}$。因此,并不能在被测器件端口精准地确定行波,因此不能通过式(7.7)和式(7.8)确定被测器件第一个端口的行波,也就不能提取 $I - V$ 波形。

154

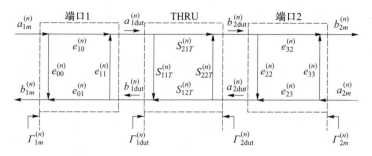

图 7.9 被测器件和多谐波接收机之间的误差项

7.5.3 第三步:增强校准

该校准步骤是单独确定误差项 $e_{01}^{(n)}$、$e_{10}^{(n)}$、$e_{23}^{(n)}$ 和 $e_{32}^{(n)}$ 所必须的步骤,因此它是第二步的加强版,所以叫做增强校准。

在这一步,将直通标准件连接在端口 1 和端口 2,如图 7.9 所示。当误差流模型求解以后可以得到两个 $e_{10}^{(n)} e_{32}^{(n)}$ 可能的解[33]:

$$S_{21T}^{(n)} (e_{10}^{(n)} e_{32}^{(n)})^2 - S_{12T}^{(n)} (e_{01}^{(n)} e_{10}^{(n)}) (e_{32}^{(n)} e_{23}^{(n)}) = 0 \qquad (7.21)$$

$$e_{10}^{(n)} e_{32}^{(n)} = \pm \sqrt{ \frac{ S_{12T}^{(n)} (e_{01}^{(n)} e_{10}^{(n)}) (e_{32}^{(n)} e_{23}^{(n)}) }{ S_{21T}^{(n)} } } \qquad (7.22)$$

在被测器件第一个端口和第二个端口之间的解 $e_{10}^{(n)} e_{32}^{(n)}$ 依赖于直通标准件的长度,其表达式为[33]

$$\mathrm{Re} \left[\frac{ (e^{-\gamma l})^{(n)} }{ S_{21T}^{(n)} } \right] > 0 \qquad (7.23)$$

式中:γ 为传播常数;l 为直通标准件的长度;$S_{21T}^{(n)}$ 为被测器件在第一个端口和第二个端口之间的直通标准件的 S 参数。

然后,直通标准件被换成同轴线缆,并且测量新的 S 参数 $S_{11\mathrm{coax}}^{(n)}$、$S_{12\mathrm{coax}}^{(n)}$、$S_{21\mathrm{coax}}^{(n)}$ 和 $S_{22\mathrm{coax}}^{(n)}$。为了测量行波 $b_{\mathrm{coax}}^{(n)}$,同轴线缆的终端与被测器件第二个端口断开,并与多谐波接收机的第一个通道连接,误差流模型如图 7.10 所示。

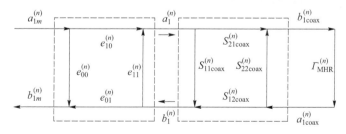

图 7.10 在多谐波接收机和被测器件第一个端口之间加入线缆示意图

化简图 7.10 中的误差流模型,可以得到式(7.24)所示的误差项 $e_{10}^{(n)}$ 为[25]

$$e_{10}^{(n)} = \left(\frac{b_{\mathrm{coac}}^{(n)}}{a_{1m}^{(n)}} \right) \left(\frac{\left(1 - e_{11}^{(n)} S_{11\mathrm{coax}}^{(n)} \right) \left(1 - \varGamma_{\mathrm{MHR}}^{(n)} S_{22\mathrm{coax}}^{(n)} \right)}{S_{21\mathrm{coax}}^{(n)}} \right)$$
$$- \left(\frac{b_{\mathrm{coac}}^{(n)}}{a_{1m}^{(n)}} \right) \left(\frac{e_{11}^{(n)} \varGamma_{\mathrm{MHR}}^{(n)} S_{21\mathrm{coax}}^{(n)} S_{12\mathrm{coax}}^{(n)}}{S_{21\mathrm{coax}}^{(n)}} \right) \tag{7.24}$$

确定了 $e_{10}^{(n)}$ 的绝对值后可以通过式(7.25)~式(7.27)计算误差参数 $e_{01}^{(n)}$、$e_{23}^{(n)}$ 和 $e_{32}^{(n)}$,可以从式(7.19)、式(7.20)和式(7.22)分别推导出来

$$e_{01}^{(n)} = \frac{e_{01}^{(n)} e_{10}^{(n)}}{e_{10}^{(n)}} = \frac{t_{11}^{(n)}}{e_{10}^{(n)}} \tag{7.25}$$

$$e_{32}^{(n)} = \frac{e_{10}^{(n)} e_{32}^{(n)}}{e_{10}^{(n)}} \tag{7.26}$$

$$e_{23}^{(n)} = \frac{e_{23}^{(n)} e_{32}^{(n)}}{e_{32}^{(n)}} = \frac{t_{22}^{(n)}}{e_{32}^{(n)}} \tag{7.27}$$

确定了误差参数的绝对值,就可以根据式(7.28)~式(7.31)在被测器件端面精确测量反射波为

$$a_{1\mathrm{dut}}^{(n)} = \left(\frac{e_{01}^{(n)} e_{10}^{(n)} - e_{00}^{(n)} e_{11}^{(n)}}{e_{01}^{(n)}} \right) a_{1m}^{(n)} + \left(\frac{e_{11}^{(n)}}{e_{01}^{(n)}} \right) b_{1m}^{(n)} \tag{7.28}$$

$$b_{1\mathrm{dut}}^{(n)} = \left(\frac{e_{00}^{(n)}}{e_{01}^{(n)}} \right) a_{1m}^{(n)} + \left(\frac{1}{e_{01}^{(n)}} \right) b_{1m}^{(n)} \tag{7.29}$$

$$a_{2\mathrm{dut}}^{(n)} = \left(\frac{e_{32}^{(n)} e_{23}^{(n)} - e_{33}^{(n)} e_{22}^{(n)}}{e_{23}^{(n)}} \right) a_{2m}^{(n)} + \left(\frac{e_{33}^{(n)}}{e_{23}^{(n)}} \right) b_{2m}^{(n)} \tag{7.30}$$

$$b_{2\mathrm{dut}}^{(n)} = \left(\frac{e_{33}^{(n)}}{e_{23}^{(n)}} \right) a_{2m}^{(n)} + \left(\frac{1}{e_{23}^{(n)}} \right) b_{2m}^{(n)} \tag{7.31}$$

根据式(7.9)和式(7.10),功率校准的第一步就给出了测量入射波和功率校准因子 α 之间的关系,因此也给出了在被测器件端口提取时域电流和电压的信息。

7.5.4 校准评估

以 Mini – Circuits 公司 ZHL – 42W 功率放大器测试为例,完整的校准系统连接到被测器件输出端口,功率放大器的偏置为 17V,激励信号为 0.5GHz,如果考虑到五次谐波,在线性工作区的电压波形测量结果如图 7.11 所示。

很明显采用此系统所得到的电压波形与采用标准示波器,比如 4Gb/s 数字示波器 Tektronix TDS 794D,所测的结果吻合度很高[34]。然而,当器件进入非线性工作区域后,波形有轻微的不同,如图 7.12 所示。该系统的电压波形包含了所有的频率分量,而示波器受限于测量带宽,只能显示激励信号的 4 次谐波分量,因此造

成了这个微小的误差。

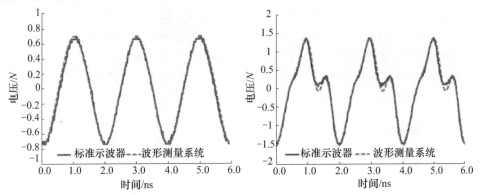

图 7.11　ZHL－42 W 功率放大器
在线性工作区域的电压波形

图 7.12　ZHL－42 W 功率放大器
在非线性工作区域的电压波形

7.6　基于六端口器件的波形测量系统

为了精确确认直流分量 $V^{(0)}$ 和 $I^{(0)}$ 的幅值,基波分量 $V^{(1)}$ 和 $I^{(1)}$ 的幅值和相位,谐波分量 $V^{(n)}$ 和 $I^{(n)}$,可以根据式(7.32)和式(7.33)计算时域电压和电流波形,即

$$v(t) = \text{Re}\left\{ \sum_{n=0}^{m} V^{(n)} \text{e}^{(\text{j}2\pi n f_0 t)} \right\} \tag{7.32}$$

$$i(t) = \text{Re}\left\{ \sum_{n=0}^{m} I^{(n)} \text{e}^{(\text{j}2\pi n f_0 t)} \right\} \tag{7.33}$$

式中:n 为谐波次数;f_0 为基波频率;m 为本次测量包含的谐波数量。

直流分量 $V^{(0)}$ 和 $I^{(0)}$ 照常连接到偏置器,然而,当 $n \geq 1$ 时,测量 $V^{(n)}$ 和 $I^{(n)}$ 的复数傅里叶系数变得很困难。基于多谐波接收机的大信号网络分析仪可以解决这个问题[35,36]。

另外,精心配置的六端口反射计可以如零差(Homodyne)矢量网络分析仪一样,能够确定时域波形的复数傅里叶系数[27]。为了确定 $v(t)$ 和 $i(t)$ 的波形(它们的复数电压波形也叫伪波形[37]),至少需要测量基波、二阶谐波和三阶谐波。在给定的参考端面,式(7.32)和式(7.33)中的 $V^{(n)}$ 和 $I^{(n)}$ 与入射波 $a^{(n)}$ 和反射波 $b^{(n)}$ 的关系为[37,38]

$$V^{(n)} = a^{(n)} + b^{(n)} \tag{7.34}$$

$$I^{(n)} = \frac{a^{(n)} - b^{(n)}}{Z_c} \tag{7.35}$$

式中:Z_c 为系统的特征阻抗,一般为 50Ω。

在给定端面采用六端口反射计测量准反射系数 $\Gamma^{(n)} = a^{(n)}/b^{(n)}$ 时,如果 $b^{(n)}$ 来自于参考端面,即 $b^{(n)}$ 的幅值和相位都是已知的,那么 $a^{(n)}$ 的幅值和相位就很容易确认。我们计划在给定端面通过六端口反射计测量准反射系数 $\Gamma^{(n)}$。在源牵引和负载牵引中,考虑到用来确定行波的参考阻抗等于系统的特性阻抗,六端口反射计测量到的反射系数就等于 $\Gamma^{(n)[37]}$。接下来,$V^{(n)}$ 和 $I^{(n)}$ 可以通过式(7.34)和式(7.35)确定。

7.6.1 多谐波参考源

多谐波参考源如图7.13所示,它能产生多谐波电压波形 $b^{(n)}$,$b^{(n)}$ 的幅值和相位都是已知的,可以当作时域波形测量的参考信号源。它由超快恢复二极管组成,并被连续射频基波信号激励,在本例中基波 f_0 为4GHz。高增益放大器用以增大信号功率水平,保证超快恢复二极管的输出中包含了基波和高次谐波。如图7.14所示,超快恢复二极管的输出中包含多次谐波,可以用输入功率水平在 $-10\text{dBm} \sim 12\text{dBm}$ 的大信号网络分析仪来测量。

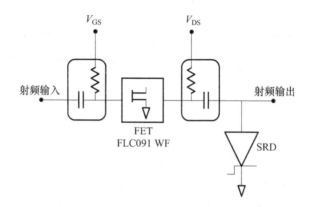

图7.13 基于超快恢复二极管的多谐波参考源[27],©IEEE 2008

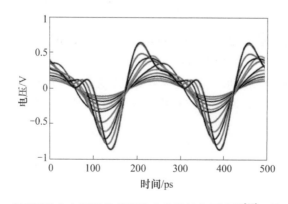

图7.14 在不同输入电平下的多谐波参考源的电压波形[27],©IEEE 2008

7.6.2　六端口反射计测量原理

六端口反射计是一种六端口的干涉电路(Interferometric Circuit)。在测量时，将信号源连接到端口1，该端口也叫源端口，未知负载连接到端口2，也是测试端口。在该系统中，射频功率在端口3～端口6进行探测，并且受到反射系数 Γ 的影响。

如图7.15所示，六端口反射计可以确定源和反射系数。根据图7.15(a)，六端口反射计工作在正向配置中，即端口1接射频源，并根据式(7.36)中在端口2测量源反射系数 Γ_S。

$$\Gamma_S = \frac{b}{a} \tag{7.36}$$

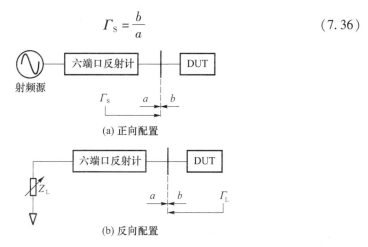

(a) 正向配置

(b) 反向配置

图7.15　基于六端口器件的反射系数测量[27]，ⓒIEEE 2008

在图7.15(b)所示的反向配置中，六端口反射计根据式(7.37)在被测器件端面测量负载反射系数 Γ_L。通过六端口反射计获得的反射系数 Γ_L 为

$$\Gamma_L = \frac{a}{b} \tag{7.37}$$

而且，六端口反射系数也能够测量输入功率 P_{OUT}，该功率被送入连接到测量端口的负载，受端口3控制[39, 40]。

7.6.3　多谐波六端口反射计架构

典型的宽带六端口结构基于支线耦合器和功分器，能够达到几个倍频程的带宽。然而，传统的六端口反射计检测模块不能区分频谱分量之间的差异，因为它只能在检测端口检测总的功率。与之对应的是，时域波形测量系统测量信号的复数傅里叶系数。为了达成这个目的，先要对频率进行选择并且允许多谐波测量，我们对六端口反射计的功率探测模块进行了修改，如图7.16所示。

功率探测模块由单刀四掷开关、可调YIG滤波器和功率计组成。在谐波测量

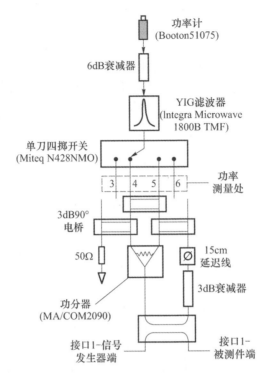

图 7.16 多谐波六端口反射计拓扑结构[27]，©IEEE 2008

中,调节 YIG 滤波器只让一个谐波在一个时间段内从单刀四掷开关的输出口传送到功率计。采用单刀四掷开关在端口 3～端口 6 之间切换并且探测功率,反射系数 $\Gamma = b/a$ 的幅值和相位可以通过下述方法进行测量。

YIG 滤波器聚在 f_0 处,端口 3 通过单刀四掷开关选中并进行功率测量。在将 YIG 滤波器调整到 $2f_0$ 之前,对端口 4～端口 6 的功率进行测量。在下一个测量周期中,滤波器被调节到 $2f_0$,并对端口 3～端口 6 的功率进行测量。最终,滤波器被调节到 $3f_0$,重复功率探测步骤。在每次测量前,需要对 YIG 滤波器的可重复性和开关的连接质量进行验证。多谐波六端口反射计校准在 f_0、$2f_0$ 和 $3f_0$。

在端口 3、4、5 和 6 的测量功率 $P_3^{(n)}$、$P_4^{(n)}$、$P_5^{(n)}$ 和 $P_6^{(n)}$ 与输出功率 $P_{OUT}^{(n)}$、反射系数 $\Gamma_L^{(n)}$ 之间的关系为

$$\frac{P_{in}}{P_3^{(n)}} = k_{in} \left| \frac{1 + A_{in}\Gamma_S^{(n)}}{1 + A_3^{(n)}\Gamma_S^{(n)}} \right|^2 \tag{7.38}$$

$$\Gamma_S^{(n)} = \frac{1}{\Gamma_L^{(n)}} \tag{7.39}$$

$$P_{OUT}^{(n)} = k_P^{(n)} \frac{P_3^{(n)}}{1 + A_3^{(n)}\Gamma_S^{(n)}} (1 - |\Gamma_S^{(n)}|^2) \tag{7.40}$$

160

式中:n 为谐波次数;常数 k_{in} 和系统相关的常数 $A_{in}(i=4,5,6)$ 由六端口校准过程测量;常数 $k_p^{(n)}$ 由参考功率计的绝对功率校准方法确定。

7.6.4 多谐波六端口反射计的校准

图 7.17 显示了在负载牵引/源牵引中的测量时域电压和电流波形的六端口反射计校准方法。内含谐波的电压波形的傅里叶系数 $A^{(n)}$ 是由参考源 G_{ref} 注入的,并且其幅值和相位都是已知的。与 $A^{(n)}$ 不同,频谱分量 $B^{(n)}$ 是由未知源 G_{unk} 产生的,因此其幅值和相位信息都是未知的。因此,G_{unk} 可以用任意多谐波产生器。

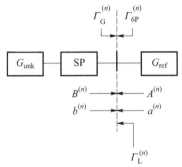

图 7.17 测试时域电压和电流波形的六端口反射计的校准原则[27] , ⒸIEEE 2008

在图 7.17 中,G_{unk} 由 3 个来自于负载阻抗调谐系统的有源支路组成[41] ,$a^{(n)}$ 和 $b^{(n)}$ 分别为进入到测量参考端面的六端口和 G_{ref} 的总的行波。$a^{(n)}$ 为总的参考信号 $A^{(n)}$ 对 G_{ref} 所产生的每个谐波分量,$b^{(n)}$ 和 $B^{(n)}$ 之间的关系也是如此。$\Gamma_G^{(n)}$ 表示当 $A^{(n)}$ 为零时,G_{ref} 源阻抗所对应的反射系数。$\Gamma_{6P}^{(n)}$ 表示当 G_{unk} 关闭,即 $b^{(n)}$ 为零时,六端口反射计源阻抗所对应的反射系数。$\Gamma_L^{(n)}$ 表示由 G_{unk} 在测量端面所综合和六端口反射计所测量的,在相应的基波和谐波负载阻抗处所对应的反射系数。

既然 G_{ref} 所传送的 $A^{(n)}$ 的幅值和相位都是已知的,六端口反射计通过校准可以提取时域波形所需的 $B^{(n)}$ 的幅值和相位。六端口反射计的误差流模型如图 7.18 所示,该模型可以用来推导 $B^{(n)}$ 的表达式。

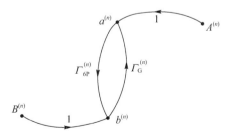

图 7.18 六端口反射计校准原则的流向图[27] , ⒸIEEE 2008

当信号源传输的 $B^{(n)}$ 关闭时,有

$$a^{(n)} = A^{(n)} + b^{(n)} \Gamma_{\mathrm{G}}^{(n)} \tag{7.41}$$

$$b^{(n)} = a^{(n)} \Gamma_{\mathrm{6P}}^{(n)} \tag{7.42}$$

合并式(7.41)和式(7.42),有

$$a^{(n)} = \frac{A^{(n)}}{1 - \Gamma_{\mathrm{6P}}^{(n)} \Gamma_{\mathrm{G}}^{(n)}} \tag{7.43}$$

采用相同的方法,当信号源传输的 $A^{(n)}$ 关闭时,有

$$a^{(n)} = \frac{\Gamma_{\mathrm{G}}^{(n)} B^{(n)}}{1 - \Gamma_{\mathrm{6P}}^{(n)} \Gamma_{\mathrm{G}}^{(n)}} \tag{7.44}$$

将式(7.43)和式(7.44)进行叠加,那么 $A^{(n)}$ 和 $B^{(n)}$ 的关系为

$$a^{(n)} = \frac{A^{(n)} + \Gamma_{\mathrm{G}}^{(n)} B^{(n)}}{1 - \Gamma_{\mathrm{6P}}^{(n)} \Gamma_{\mathrm{G}}^{(n)}} \tag{7.45}$$

同理,式(7.46)也给出了 $b^{(n)}$ 的表达式,即

$$b^{(n)} = \frac{B^{(n)} + \Gamma_{\mathrm{6P}}^{(n)} A^{(n)}}{1 - \Gamma_{\mathrm{6P}}^{(n)} \Gamma_{\mathrm{G}}^{(n)}} \tag{7.46}$$

有可综合的负载 G_{unk} 所提供的所测反射系数 $\Gamma_{\mathrm{L}}^{(n)}$ 可以通过联合式(7.46)和式(7.45)得到,即

$$\Gamma_{\mathrm{L}}^{(n)} = \frac{b^{(n)}}{a^{(n)}} = \frac{B^{(n)} + \Gamma_{\mathrm{6P}}^{(n)} A^{(n)}}{A^{(n)} + \Gamma_{\mathrm{G}}^{(n)} B^{(n)}} \tag{7.47}$$

整理式(7.47)就可以得到 $B^{(n)}$ 的表达式为

$$B^{(n)} = A^{(n)} \frac{\Gamma_{\mathrm{6P}}^{(n)} - \Gamma_{\mathrm{L}}^{(n)}}{\Gamma_{\mathrm{G}}^{(n)} \Gamma_{\mathrm{L}}^{(n)} - 1} \tag{7.48}$$

在式(7.48)中,既然 $A^{(n)}$ 是由 G_{ref} 产生的已知量,只有 $\Gamma_{\mathrm{6P}}^{(n)}$、$\Gamma_{\mathrm{G}}^{(n)}$ 和 $\Gamma_{\mathrm{L}}^{(n)}$ 需要测量。$\Gamma_{\mathrm{6P}}^{(n)}$ 和 $\Gamma_{\mathrm{G}}^{(n)}$ 可以通过六端口反射计或矢量网络分析仪测量,$\Gamma_{\mathrm{L}}^{(n)}$ 可以通过图7.15(b)所示的六端口反射计反向配置中的准反射系数进行测量。

7.6.5 校准验证

六端口反射计在校准过程中确定 $B^{(n)}$ 需要不同的功率水平,因此六端口反射计的多谐波校准可以通过测量不同功率水平的 $A^{(n)}$ 来完成。六端口反射计可以通过式(7.48)来测量 $\Gamma_{\mathrm{L}}^{(n)}$ 和行波 $A^{(n)}$。

由六端口反射计测量所得到的电压波形可以和先前在图7.14所示的大信号网络分析仪测到的结果进行对比。由校准后的六端口反射计和大信号网络分析仪在谐波发生器的输出端口所得到电压波形如图7.19所示。虽然六端口反射计只

162

计算了 3 个谐波,即 f_0、$2f_0$ 和 $3f_0$,但是它的误差只比计算了 5 次谐波的大信号网络分析仪的误差小 2.5%。该实验的结果显示了六端口反射计校准过程的精度和效率。

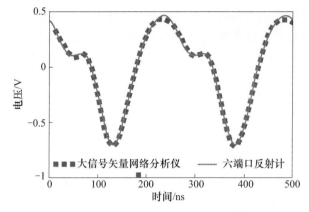

图 7.19　在多谐波产生器端面的六端口反射计和大信号网络分析仪
所测电压波形结果对比[27],ⓒIEEE 2008

7.7　波形工程

波形测量系统阻抗控制元件之间的相互耦合形成了一种典型的波形工程系统,如图 7.20 所示。该系统能够在被测器件终端对高频波形的可变阻抗进行测量。

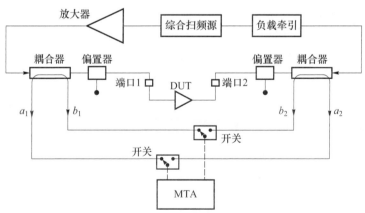

图 7.20　一种典型的波形工程系统

原则上,波形工程是指通过修改被测器件终端的电流和电压波形,最终实现对被测器件性能进行优化的操作[42]。通过理论和实验的调研,对晶体管终端电流和电压波形进行归一化,这样就可以进行电路设计和预测射频功率放大器的性能[3, 4]。因此,在整个功率放大器设计过程中,在测量和数学分析中考虑基波的波形工程非常重要,它对晶体管优化、电路设计和系统的集成化都有至关重要的影响。

波形工程可以应用到调研和评估功率晶体管电路和功率放大器电路[42]。该方法使得设计过程不再是黑盒子模式,让设计过程可以完全建立在理论波形分析基础上。另外,通过建立或改善非线性晶体管的模型,或者提供可控制的计算机辅助设计行为模型,或者提供行为模型参数数据集,波形工程也可以间接支持功率放大器电路的调研和评估[42]。

7.8 波形工程的应用

7.8.1 晶体管表征

射频波形工程系统可以扩展到晶体管器件非线性动态的相应应用中。比如,该系统可以用来调研氮化镓异质结场效应晶体管(Heterojunction Field Effect Transistor,HFET)的射频功率。GaN 晶体管较差的性能通常和膝点失效(Knee Walkout)或电流坍塌(Current Collapse)联系在一起。膝点电压是指最大漏极电流所对应的最小电压,膝点失效表示当在射频激励超过直流激励时膝点电压增加的情形。而电流坍塌表示射频激励下的最大漏极电流小于直流激励下的最大漏极电流。传统的微波测量,无论是线性还是非线性测量,都不能提供可视化的观察,它们只能测量最终结果,即跨导和输出电导降低、射频功率损耗和效率降低[42]。

然而,射频波形测量和波形工程[43]能够克服上述问题并可以观察到膝点失效和电流坍塌,如图 7.21 所示。在图中,直流的静态工作点所对应的漏极偏置电压分别为 10V、20V、30V 和 40V,射频基波负载电阻逐渐从低阻抗(短路)变到高阻抗(开路)。在测试结果中,射频膝点失效现象和逐渐增加的漏极电压非常明显。

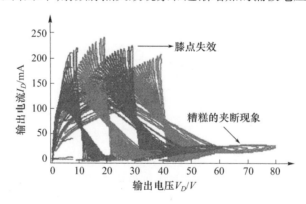

图 7.21 所观察到的 GHz 扇形图,出现了膝点失效和糟糕的夹断现象[43],ⒸIEEE 2006

164

图 7.21 中的结果说明了这个特殊的技术带来了糟糕的夹断现象,即当漏极电压较大时,最小的漏极电压并不为零。与之对应,图 7.22 显示了另外一个晶体管的测试结果,它具有相同的膝点失效现象,但无夹断问题。根据这两个图,可以确认离子掺杂影响了晶体管的动态相应。因此,在这个例子中,射频波形工程能够帮助优化离子掺杂技术[43]。

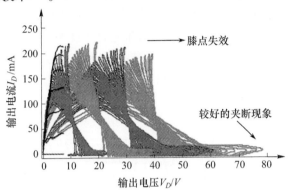

图 7.22 所观察到的 GHz 扇形图,出现了膝点失效和较好的夹断现象[43],ⓒIEEE 2006

另一个射频电压和电流波形测量系统和波形工程的应用场合为晶体管表征领域,它包含技术选择、可重复性调研和射频压力测试。

7.8.2 融合 CAD 技术

射频波形测量系统也可以用以优化晶体管的非线性模型,因此它们也支持非线性 CAD 技术。波形工程在建立晶体管的非线性模型和非线性电路的计算机辅助设计中具有优势。在不改变直流偏置点的情况下,波形工程能够动态地调研器件完整的 I - V 曲线。因此,无论是提取晶体管在非线性状态下的数据,还是在验证传统的分析模型,波形工程系统都能够产生更加稳健的数据[45]。

而且,电流和电压的波形工程结果是负载阻抗的函数,因此它可以用在 CAD 工具中,与功率放大器的设计和晶体管建模息息相关[46]。将测量的数据融入 CAD 环境中可以提供比传统非线性器件模型更为精确的模型。同测量 S 参数一样,电流和电压的波形测量比晶体管在线性 CAD 中的小信号等效模型更为精准。

7.8.3 功率放大器设计

为了达到所需要的性能,波形测量和波形工程系统可以在器件端口确定恰当的匹配阻抗。功率放大器的性能直接与操作模式(即电压和电流的波形)联系在一起。而电压和电流波形可以直接获取。通过独立控制偏置和驱动,可以控制电流波形的形状;通过改变负载牵引系统的阻抗,可以控制电压波形。因此,为了达到理论所预测的性能,波形测量和波形工程系统能够构建理论分析所呈现的电流和电压波形。一旦达到所需要的性能,就可以使用线性 CAD 工具进行阻抗匹配。

举例来说,让我们考虑在 GaN HFET 技术上实现 J 类高效率宽带功率放大器的一次成型设计(First – pass Design)。J 类功率放大器的电压波形具有一定的谐波量,可以逐渐形成一个半正弦波。在实践中,电压波形可以利用合适的调相二阶谐波组件实现。因此,J 类功率放大器可以通过波形工程,利用恰当的基波和二阶谐波终端完成设计。在该设计中,更高次谐波可以通过电抗负载消除。因此,J 类功率放大器的电流和电压波形都近似为半正弦,并且有一定的交叠,如图 7.23 所示[47]。

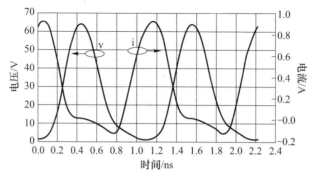

图 7.23 10W GaN HEMT 器件的 J 类功率放大器
电流电压波形图[47], ⓒIEEE2009

当系统波形优化完成后,波形工程能够让晶体管工作在 J 类模式,在很宽的带宽内输出期望的射频功率和很高的 PAE[47]。而且,一旦目标波形确定后,系统还可以帮助设计者确定在基波、二阶谐波和三阶谐波处的输入和输出匹配电路阻抗。

设计者现在拥有了设计恰当匹配电路的一切必要信息,并将匹配电路组合成功率放大器,如图 7.24 所示。当组合和测量完成后,功率放大器的测量结果与理论预测的完全一致,即完成了一次成型设计[47]。

图 7.24 成型的 J 类功率放大器[47], ⓒIEEE 2009

参考文献

1. A. Ramadan, A. Martin, T. Reveyrand, J.-M. Nebus, P. Bouysse, L. Lapierre, J.-F. Villemazet, S. Forestier, Efficiency enhancement of GaN power HEMTs by controlling gate-source voltage waveform shape, in *39th European Microwave Conference Digest*, Rome, Italy (Sept. 2009), pp. 1840–1843

2. Y.Y. Woo, Y. Yang, B. Kim, Analysis and experiments for high efficiency class-F and inverse class-F power amplifiers. IEEE Trans. Microw. Theory Tech. **54**(5), 1969–1974 (2006)

3. H.M. Nemati, A.L. Clarke, S.C. Cripps, J. Benedikt, P.J. Tasker, C. Fager, J. Grahn, H. Zirath, Evaluation of a GaN HEMT transistor for load- and supply-modulation applications using intrinsic waveform measurements, in *IEEE Microwave Theory and Techniques Society's International Microwave Symposium Digest*, Anaheim, USA (May 2010), pp. 509–512

4. C.J. Wei, P. DiCarlo, Y.A. Tkachenko, R. McMorrow, D. Bartle, Analysis and experimental waveform study on inverse class-F mode of microwave power FETs, in *IEEE Microwave Theory and Techniques Society's International Microwave Symposium Digest*, Boston, USA (June 2000), pp. 525–528

5. W. Grabinski, B. Nauwelaers, D. Schreurs (eds.), *Transistor Level Modeling for Analog/RF IC Design* (Springer, Dordrecht, 2006)

6. D.M. Snider, A theoretical analysis and experimental confirmation of the optimally loaded and overdriven RF power amplifier. IEEE Trans. Electron Devices, 851–857 (1967)

7. J.D. Rhodes, Output universality in maximum efficiency linear power amplifiers. Int. J. Circuit Theory Appl. **31**, 385–405 (2003)

8. K.A. Remley, D.F. Williams, Sampling oscilloscope models and calibrations, in *IEEE Microwave Theory and Techniques Society's International Microwave Symposium Digest*, Philadelphia, USA (June 2003), pp. 1507–1510

9. T.S. Clements, P.D. Hale, D.F. Williams, C.M. Wang, A. Dienstfrey, D.A. Keenan, Calibration of sampling oscilloscopes with high-speed photodiodes. IEEE Trans. Microw. Theory Tech. **54**(8), 3173–3181 (2006)

10. J. Verspecht, P. Debie, A. Barel, L. Martens, Accurate on-wafer measurement of phase and amplitude of the spectral components of incident and scattered voltage waves at the signal ports of a nonlinear microwave device, in *IEEE Microwave Theory and Techniques Society's International Microwave Symposium Digest*, Orlando, USA (May 1995), pp. 1029–1032

11. J. Fitzpatrick, Error models for systems measurement. Microw. J. **May**, 63–66 (1978)

12. R.S. Tucker, P.D. Bradley, Computer-aided error correction of large-signal load-pull measurements. IEEE Trans. Microw. Theory Tech. **32**(3), 296–300 (1984)

13. W.R. Scott Jr., G.S. Smith, Error corrections for an automated time-domain network analyzer. IEEE Trans. Instrum. Meas. **35**, 300–303 (1986)

14. D.M. Pozar, *Microwave Engineering*, 3rd edn. (Wiley, New York). ISBN 0-471-44878-8

15. Understanding the fundamental principles of vector network analysis, Application Note, Agilent AN 1287-1

16. S.A. Mass, *Nonlinear Microwave Circuits*, 2nd edn. (Artech House, Norwood, 2003)

17. M. Sipila, K. Lehtinen, V. Porra, High-frequency periodic time-domain waveform measurement system. IEEE Trans. Microw. Theory Tech. **36**(10), 1397–1405 (1988)

18. U. Lott, Measurement of magnitude and phase of harmonics generated in nonlinear microwave two-ports. IEEE Trans. Microw. Theory Tech. **37**(10), 1506–1511 (1989)

19. D. Barataud, C. Arnaud, B. Thibaud, M. Campovecchio, J.-M. Nebus, J.P. Villotte, Measurements of time-domain voltage/current waveforms at RF and microwave frequencies based on the use of a vector network analyzer for the characterization of nonlinear devices—application to high-efficiency power amplifiers and frequency multipliers. IEEE Trans. Instrum. Meas. **47**(5), 1259–1264 (1998)

20. Agilent Technical Data Sheet, PNA-X series network analyzer, http://cp.literature.agilent.

com/litweb/pdf/N5242-90007.pdf (Online)

21. F. van Raay, G. Kompa, A new on-wafer large signal waveform measurement system with 40 GHz harmonic bandwidth, in *IEEE Microwave Theory and Techniques Society's International Microwave Symposium Digest*, Albuquerque, USA (June 1992), pp. 1435–1438

22. M. Demmler, P.J. Tasker, M. Schlechtweg, A vector corrected high power on-wafer measurement system with a frequency range for the higher harmonics up to 40 GHz, in *24th European Microwave Conference*, Cannes, France (Sept. 1994), pp. 1367–1372

23. J. Benedikt, R. Gaddi, P.J. Tasker, M. Goss, High-power time-domain measurement system with active harmonic load-pull for high-efficiency base-station amplifier design. IEEE Trans. Microw. Theory Tech. **48**(12), 2617–2624 (2000)

24. W.S. El-Deeb, M.S. Hashmi, S. Bensmida, N. Boulejfen, F.M. Ghannouchi, Thru-less calibration algorithm and measurement system for on-wafer large-signal characterization of microwave devices. IET Microw. Antenna Propag. **4**(11), 1773–1781 (2010)

25. W.S. El-Deeb, M.S. Hashmi, N. Boulejfen, F.M. Ghannouchi, Small-signal, complex distortion and waveform measurement system for multiport microwave devices. IEEE Instrum. Meas. Mag. **14**(3), 2833 (2011)

26. Agilent Technical Data Sheet, Agilent nonlinear vector network analyzer, http://cp.literature.agilent.com/litweb/pdf/5989-8575EN.pdf (Online)

27. S. Bensmida, P. Poire, R. Negra, F.M. Ghannouchi, New time-domain voltage and current waveform measurement setup for power amplifier characterization and optimization. IEEE Trans. Microw. Theory Tech. **56**(1), 224–231 (2008)

28. F.M. Ghannouchi, A. Mohammadi, *The Six-Port Technique with Microwave and Wireless Applications* (Artech House, Norwood, 2009)

29. The Microwave Transition Analyser, Measure 25 ps transitions in switched and pulsed microwave components, Hewlett Packard Product Note 70820-2, 1991

30. W.S. El-Deeb, S. Bensmida, N. Boulejfen, F.M. Ghannouchi, An impedance and power flow measurement system suitable for on-wafer microwave device large-signal characterization. Int. J. RF Microw. Computer-Aided Eng. **4**(11), 306–312 (2010)

31. W.S. El-Deeb, S. Bensmida, F.M. Ghannouchi, A de-embedding technique for on-wafer simultaneous impedance and power flow measurements, in *IEEE Instrumentation and Measurement Technology Conference*, Victoria, Canada (May 2008), pp. 58–61

32. J.R. Juroshek, D.X. LeGolvan, Correcting for systematic errors in one-port calibration standards, in *62nd ARFTG Microwave Measurement Conference*, Boulder, USA (Dec. 2003), pp. 119–126

33. P.S. Blockley, J.G. Rathmell, Towards generic calibration, in *65th ARFTG Measurement Conference*, Long Beach, USA (June 2005), pp. 1–4

34. Tektronix, TDS794D user's manual, http://www2.tek.com/cmswpt/psdetails.lotr?ct=PS&cs=psu&ci=13446&lc=EN

35. J.G. Lecky, A.D. Patterson, J.A.C. Stewart, A vector corrected waveform and load line measurement system for large signal transistor characterization, in *IEEE Microwave Theory and Techniques Society's International Microwave Symposium Digest*, Orlando, USA (May 1995), pp. 1243–1246

36. D.J. Williams, P.J. Tasker, An automated active source- and load-pull measurement system, in *6th IEEE High Frequency Student Colloquium*, Cardiff, UK (Sept. 2001), pp. 7–12

37. R.B. Marks, D.F. Williams, A general waveguide circuit theory. J. Res. Natl. Inst. Stand. Technol. **97**(5), 533–562 (1992)

38. J. Verspecht, Large signal network analysis. IEEE Microw. Mag. **6**(4), 82–92 (2005)

39. S. Bensmida, P. Poire, F.M. Ghannouchi, Source-pull/load-pull measurement system based on RF and baseband coherent active branches using broadband six-port reflectometers, in *37th European Microwave Conference*, Munich, Germany (Oct. 2007), pp. 953–956

40. E. Bergeault, B. Huyart, G. Geneves, L. Jallet, Accuracy analysis for six-port automated network analyzers. IEEE Trans. Microw. Theory Tech. **38**(3), 492–496 (1990)

41. F.M. Ghannouchi, R. Larose, R.G. Bosisio, A new multiharmonic loading method for large-signal microwave and millimeter-wave transistor characterization. IEEE Trans. Microw. Theory Tech. **39**(6), 986–992 (1991)

42. P.J. Tasker, Practical waveform engineering. IEEE Microw. Mag. **10**(7), 65–76 (2009)

168

43. C. Roff, P. McGovern, J. Benedikt, P.J. Tasker, R.S. Balmer, D.J. Wallis, K.P. Hilton, J.O. Maclean, D.G. Hayes, M.J. Uren, T. Martin, Detailed analysis of dc-RF dispersion in AlGaN/GaN HFETs using waveform measurements, in *1st European Microwave Integrated Circuits Conference*, Manchester, UK (Sept. 2006), pp. 43–45

44. R. Gaddi, J.A. Pla, J. Benedikt, P.J. Tasker, LDMOS electro-thermal model validation from large-signal time-domain measurements, in *IEEE Microwave Theory and Techniques Society's International Microwave Symposium Digest*, Phoenix, USA (May 2001), pp. 399–402

45. D.G. Morgan, G.D. Edwards, A. Phillips, P.J. Tasker, Full extraction of PHEMT state functions using time domain measurements, in *IEEE Microwave Theory and Techniques Society's International Microwave Symposium Digest*, Phoenix, USA (May 2001), pp. 823–826

46. G. Simpson, J. Horn, D. Gunyan, D.E. Root, Load-pull + NVNA = enhanced X-parameters for PA designs with high mismatch and technology-independent large-signal device models, in *72nd ARFTG Microwave Measurement Conference*, Portland, USA (Dec. 2008), pp. 88–91

47. P. Wright, J. Lees, J. Benedikt, P.J. Tasker, S.C. Cripps, A methodology for realizing high efficiency class J in a linear and broadband PA. IEEE Trans. Microw. Theory Tech. **57**(12), 3196–3204 (2009)

第8章 高级配置及应用

本章介绍一些负载牵引和源牵引系统的高级应用,重点介绍多音负载牵引系统和调制负载牵引系统及其应用。接着,介绍噪声表征系统。最后,阐述混频器表征技术。

8.1 简介

为了测量功率放大器的效率、PAE、增益和输出功率等性能,功率放大器需要采用负载牵引技术进行表征。在性能测试中,为了确定所需性能的最优负载条件,需要将各种复数负载条件呈现给器件。在大多数应用中,采用连续波信号进行测试,然而在实际的情况下,标准的负载牵引系统很难满足一些特定的需求,比如确定最优交调分量、宽带匹配阻抗综合和在数字调制信号的驱动下的器件表征等。

如果用多音(Multi-tone)或者调制激励信号驱动传统负载牵引系统,频谱中不同频率信号的传输和反射的延迟各有不同[1-3]。为了克服这个问题,需要开发针对上述情况的特殊负载牵引系统[4-12]。这些负载牵引系统的性能经过特殊场合的优化,能对器件的性能进行高度有效的表征。

8.2 多音负载牵引技术

交调失真是评估射频和微波放大器非线性行为的好方法[5,13]。双音交调失真在理论上和实践中都得到了很好的研究[14,15]。然而,多音信号下的交调失真的表征和分析还没有公开文献进行调研过[16]。

交调失真理论建立以后[15,16],Ghannouchi 等人第一次用多音信号测试系统在实验中对交调失真理论进行了评估。在文献[17]中,系统重点关注频率不同但相位有一定关系的信号驱动下的多音器件表征;而文献[4]中的系统能对任意相位关系的交调失真进行表征,图 8.1 显示了文献[4]中的系统。

对于多音负载牵引测试而言,产生可用于晶体管的干净频谱激励信号至关重要。在图 8.1 中,任意波形发生器(Arbitrary Waveform Generator, AWG)能产生满足频率分布、功率水平和相位分布的信号。各频率的信号的相位分布可以是随机的、均一的或者根据用户进行配置。当所需信号数量增加时,使用任意波形发生器

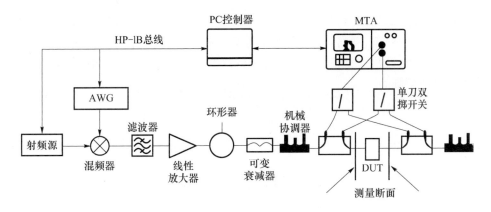

图 8.1　Ghannouchi 等人建立的多音负载牵引系统[4]，©IEEE 1997

能够降低系统的复杂度，并解决不同频率信号之间的同步问题。该系统中另一个不可或缺的设备为微波转换分析仪，它的工作模式与加了本地测试工具的网络分析仪类似，HP70820 就是一个典型的这类设备。

混频器对任意波形发生器产生的基带信号进行上变频，混频器的另一个输入端口连接经微波综合器的射频源，二者共同产生微波工作信号。在混频器输入端口安置一个高选择性的窄带滤波器以选择出所需频率的频谱。滤波器输出端口的多音信号的互调抑制（Intermodulation Rejection，IMR）达到 55dBc。滤波器的输出通过线性放大器进行放大以达到所需功率水平。可变衰减器对功率进行扫描，机械调谐器调节输入反射系数以达到晶体管所需最大功率。

由耦合系数为 20dB 的两个双路耦合器分别在晶体管输入和输出端对入射波和反射波进行采样。采样后的波形被微波转换分析仪通过交换站接收和测量。机械调谐器的输出端口对负载进行无源调谐。调谐器的插入损耗限制了它所能综合的最大反射系数幅值为 0.9。然而，该系统中采用最新负载牵引配置，它能改善最大可及反射系数[19]。由计算机控制的惠普接口总线（Hewlett - Packard Interface Bus，HP - IB）帮助系统从微波转换分析仪中获取数据、系统校准和对单刀双掷开关的控制。晶体管在参考测量端面测量原始数据去嵌入过程可以由短路 - 开路 - 负载 - 直通[20]或直通 - 反射 - 传输线[21]等方法完成。测量端口可以利用独立的功率计完成功率校正。

总之，图 8.1 中的系统能对封装器件和在片器件进行测量；而且，文献[5]和文献[13]中的测量系统只能够进行双音激励，因为系统只能产生两个独立的信号。如果信号频率数量增加后，这些系统也具有严重的短板，毕竟一个信号源只能产生一个频率的信号。然而，Ghannouchi 所提出的技术采用微波转换分析仪和简单的混频器就能产生任何所需的信号，克服了上述困难。因此，图 8.1 的系统不再需要大量的信号源，并且解决了信号之间的同步问题。

如图 8.2 所示，通过改变系统的独立参数，该类系统能够进行好几种多音测试。很明显该系统能够对被测件的大多数常见参数进行表征,比如输入功率、信号数量、载波相位分布、偏置条件、负载阻抗和带内与带外的互调抑制。通过改变各类参数,这些测量系统能够产生一个完整的数据库,实现对给定被测件的非线性特征多维度地刻画。

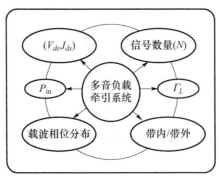

图 8.2　Ghannouchi 等人建立的系统中的各种参数和变量[4],ⒸIEEE 1997

为了显示该系统的作用,采用一个 1dB 压缩点(1dB Compression Point,P1dB)为 23dB 的 MESFETSCK0151P 进行实验,我们打算评估各种参数对总互调抑制的作用和验证理论互调失真分析的有效性[16]。器件偏置为 $V_{ds} = 10V$ 和 $I_{ds} = 100mA$,工作类型为 A 类。第一个实验评估互调抑制降低程度随信号增多的变化情况;也探索了为了维持恒定的互调抑制输入功率需要回退的量。所有的测量都基于信号之间的间隔为 100 KHz,信号的数量分别为 2、4、8、16 和 32。通过负载牵引测量得到负载的最优值为 $\Gamma_L = 0.58 \angle 172°$,将负载设置为最优值。

采用微波转移分析仪可以对多个参数进行测量,比如输入反射系数、每个频率对应的输入功率、输出反射系数、每个频率对应的输出功率和晶体管的三阶互调抑制。在测量互调抑制时,需要对晶体管的输入功率扫描到 1dB 压缩点;在测试过程中,需要重复 10 次,每次测量中载波的相位随机分布。图 8.3 和图 8.4 分别显示了相位分布最好情况下和相位分布最差情况下的测量结果。

图 8.3 显示了在相同的输入功率下,即 $P_{in/total}$ 为 7dBm,测量和理论上的互调抑制衰减随着频率个数的变化关系。总的输入功率为

$$P_{in/total} = P_{in/tone} + 10\log(N) \tag{8.1}$$

式中 N 为输入功率的信号数量。

很明显,理论上的互调抑制衰退落在载波的最佳相位和最差相位之间,说明载波的相位分布对互调抑制具有很强烈的影响;在本例中,互调抑制在两个极端的情况下差距为 20dBc。因此,该结果说明在功率放大器的多信号操作中,功率放大器的性能受到每个信道的载波信号的强烈影响。

图 8.4 显示了为了保持恒定的互调抑制,在测量中和理论上的总输入功率需要回退的情况[16]。与图 8.3 类似,理论值在最好的相位分布和最差的相位分布之

间。值得注意的是,对于某个载波的相位分布而言,根据图中的数据,对于最好相位分布的情况,功率回退的量非常小,约为 0.2 ~ 0.4 dB,因此为了维持恒定的互调抑制,总的输入功率并不需要回退。这一点在设计高效率线性功率放大器中非常重要:为了获得所需的高 PAE,高效率线性功率放大器的晶体管工作在压缩区。

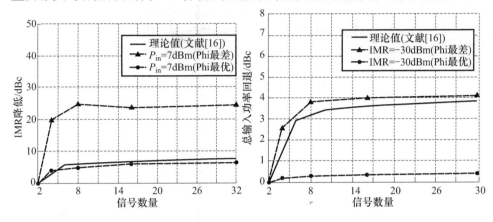

图 8.3 每个频率具有相等输出功率时　　图 8.4 为了保持恒定的互调抑制输入
　　　互调抑制情况[4],ⓒIEEE 1997　　　　　　功率所需要的回退[4],ⓒIEEE 1997

在第二个实验中,载波的相位分布为均一分布,即每个信号的相位完全一致,测量不同类型的功率放大器对互调抑制的影响。负载仍然设置在最优值 $\Gamma_L = 0.58 \angle 172°$。在 7 个偏置点进行互调抑制测量,饱和电流 I_{dss} 的取值从 30% 变化到 70%,以 10% 为步进长度。每个偏置点中,信号数量分别为 2 和 8,并对输入功率进行扫描。

从实验中可以发现:互调抑制斜率是漏极电流的函数,在某个偏置点的变化受到输入功率的影响。该实验结果并不容易解释。为了调研该实验结果,利用从直流测量和 S 参数测量中所得到的数据建立 MESFET 三次模型[23]后,采用安捷伦公司的 ADS 软件对该晶体管进行多音谐波平衡仿真[22]。

图 8.5 和图 8.6 分别显示了信号数量为 2 和 8 时的测量和仿真结果。对比两个图可以发现:互调抑制的斜率变化在一个可接受的范围内。当晶体管向夹断区运动时,测量和仿真结果之间的差异逐渐增大,这是由于所建模型的精度受限。

从图中可以得知,当功率放大器工作在 A 类时,即对应图中 50% 的 I_{dss} 的情况,输入功率的量级较小,互调抑制是最优的;而当晶体管趋向夹断区时,互调抑制变差。在大信号操作模式中,即接近或者已在压缩区,互调抑制的衰减随着漏极电流的增大而增大,当漏极电流达到饱和电流 I_{dss} 时,互调抑制也趋于恒定。因此,Ghannouchi 等人所发明的多音系统[4]可以通过偏置情况来优化功率和线性度。

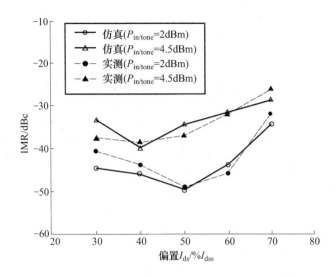

图 8.5　当信号数量为 2 时,改变饱和电流对互调抑制的影响[4],ⒸIEEE 1997

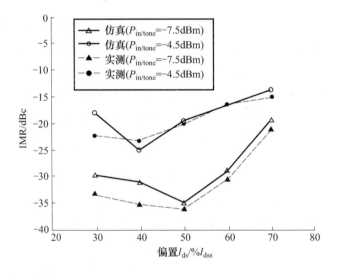

图 8.6　当信号数量为 8 时,改变饱和电流对互调抑制的影响[4],ⒸIEEE 1997

8.3　实时多谐波负载牵引技术

Cui 等人[24]基于大信号网络分析仪,制作了一个高效的实时开环多谐波负载牵引系统,其结构如图 8.7 所示。该系统避免了传统有源闭环负载牵引系统的稳定性问题[25]和传统有源开环负载牵引系统测量速度缓慢的问题[26],能够在很宽的范围内快速实现对基波和谐波阻抗的综合。本质上,本系统是文献[27]所报道的系统的升级版,而 Roblin 等人[28]又进一步升级了本系统。

174

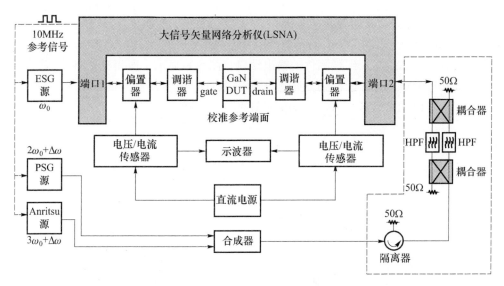

图8.7 Cui 等人制作了实时多谐波负载牵引系统[24]，©IEEE 2006

在图 8.7 中，端口 1 和端口 2 分别连接被测件的栅极和漏极。偏置器和直流功率一起确定了被测件的静态工作点。电压和电流传感器对晶体管的时变偏置电压和电流进行检测，并将检测结果显示在示波器上。大信号网络分析仪测量时间随偏置电流信号的变化关系，其周期为 $\Delta\omega$，并以此确定了射频包络。为了同步射频包络，需要群时延校准操作。ESG 信号源产生基波信号 ω_0 用以驱动被测件，由 PSG 源和安立（Anritsu）源组成谐波源将 $2\omega_0 + \Delta\omega$ 和 $3\omega_0 + \Delta\omega$ 注入实时调谐设备，即相位扫描测量设备，或者产生恒定相位的 $2\omega_0$ 和 $3\omega_0$ 信号。这些信号和 10MHz 参考信号连在一起以保证相位同步。双工器为端口 2 的基波提供 50Ω 的终端，并为被测件在输出口的二阶和三阶谐波提供路径。大信号分析仪在射频域去嵌入校准端面对入射波和反射波进行确认。为了处理由 $\Delta\omega$ 带来的调制效应，大信号分析仪工作在调制模式。

如图 8.7 所示，该系统采用实时测量的方法为：n 次目标谐波注入到器件的输出端，并形成了频率偏移 $\Delta\omega$，在 n 次谐波处采用连续波 $a_2(n\omega + \Delta\omega)$ 进行调谐，采用单个大信号网络分析仪对谐波反射系数的相位进行连续扫描[24]。连续波的功率 $|a_2(n\omega + \Delta\omega)|^2$ 可以通过通用接口总线连接计算机进行扫描。该方法能够改变反射系数的幅度，而幅度又反过来产生大量的谐波负载反射系数，该反射系数的幅值大于或者小于 1，超出了 Smith 圆图的范围。

为了演示该系统的功效，对互交设计高效率 F 类功率放大器进行测量，该功率放大器基于 GaN HEMT，偏置条件为 $V_{GS} = -2.77V$、$V_{DS} = 4.25V$ 和 $I_{DS} = 1.7mA$。大信号分析仪用来获取前 4 次谐波的频域数据。原则上，在进行实时二次和三阶谐波调谐前，需要在基波频率上进行实时有源负载牵引测量，得到在基波 ω_0 处的

175

最优负载,该负载是其他测量的基础。

在基波负载牵引中,ESG 信号源产生基波频率 ω_0;取 $\Delta\omega$ 为200KHz,PSG 信号源将信号 $\omega_0 + \Delta\omega$ 注入到被测件的输出端口。图 8.8 显示了所得到的基波等输出功率圆和等 PAE 圆,二者都强烈依赖于负载条件。很明显器件的最优 PAE 和输出功率所对应的负载区域都在 Smith 圆图的同一区域。

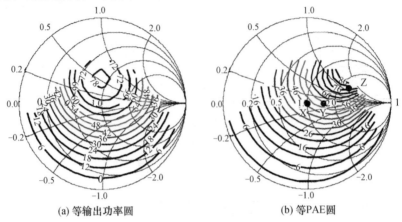

(a) 等输出功率圆   (b) 等PAE圆

图 8.8　从 $\omega_0 + \Delta\omega$ 实时相位扫描测量中所获得的 $\Gamma_L(\omega_0)$ 平面

等输出功率圆和等 PAE 圆[24], ©IEEE 2006

图 8.8 中标记的 Z 符号表示当保持大的输出功率时高 PAE 所对应的阻抗。虽然 PAE 和输出功率在 Smith 圆图的第一象限表现出稳定的趋势,但是仍然可以发现有些阻抗点具有潜在的不稳定性,这是因为这些阻抗点所对应的反射系数幅值 $|\Gamma_L(\omega_0)|$ 大于 1,如图 8.9 所示。这种情况下输入阻抗为负数,具有潜在的不稳定性。

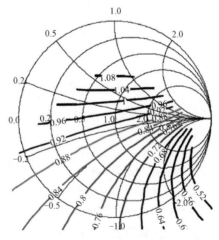

图 8.9　从实时相位扫描所获得的等 $|\Gamma_L(\omega_0)|$ 圆[24], ©IEEE2006

176

在这种情况下，我们仅对正的输入阻抗进行调研。因此，表 8.1 表示了图 8.9 中三个标记为 X、Y 和 Z 的 3 个典型的点的 PAE。在这个例子中，PAE 和输出功率数据来自于基于恒定相位测量结果的实时相位扫描测量。注意到在恒定相位测量中，ESG 信号源将无频偏的 2 GHz 基波信号注入到漏极输出端。

表 8.1　图 8.8 中 X、Y 和 Z 三个点的情况对比[24]，ⓒIEEE 2006

$\Gamma_L(\omega_0)$	PAE/%		输出功率/mW	
	相位扫描	恒定相位	相位扫描	恒定相位
X 点：0	47.9	49.1	69.9	72.8
Y 点：0.2∠0°	55.4	57.6	67.1	72.4
Z 点：0.53∠19.3°	80.0	70.6	53.0	56.2

从表 8.1 可以发现，在 Z 点，采用相位扫描测量比采用恒定相位测量具有更高的 PAE，这是因为采用相位扫描测量在 $\omega_0 + \Delta\omega$ 处具有更大的扫描功率。对于 X 和 Y 两点，采用相位扫描测量和采用恒定相位测量所得到的 PAE 差异较小，这是因为采用相位扫描测量在 $\omega_0 + \Delta\omega$ 处具有更小的扫描功率。由于 PAE 高达 70.6 % 并且处于稳定的状态，选择 Z 点所对应的负载反射系数作为最优负载基波阻抗，并将该基波阻抗作为进一步在二阶谐波和三阶谐波处进行分析的基础。

当进行谐波负载牵引时，PSG 信号源将 $2\omega_0 + \Delta\omega$ 注入到被测件输出端口；而 ESG 信号源仍然在被测件输入端口产生基波信号 ω_0。在这个例子中，基波阻抗保持在先前所确定的最优阻抗，即 Z 点所对应的阻抗；而三阶谐波可以随便设置。图 8.10 给出了 PAE 和输出功率与二阶谐波阻抗之间的关系。

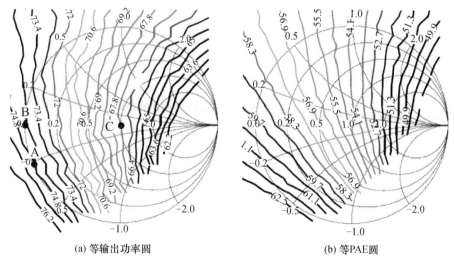

(a) 等输出功率圆　　　　　　　　(b) 等 PAE 圆

图 8.10　从 $2\omega_0 + \Delta\omega$ 实时相位扫描测量中所获得的 $\Gamma_L(2\omega_0)$ 平面
等输出功率圆和等 PAE 圆[24]，ⓒIEEE 2006

从图8.10可以发现，二阶谐波在 A 点具有最高的 PAE，差不多是短路的状态，这和 F 类功率放大器的理论分析相似。高 PAE 的情况可以将恒定相位定为72.03 % 来验证。表8.2 给出了输出功率为6.15W 的实时负载牵引系统的测量结果和输出功率为57.7W 的标准恒定相位测量结果。

表8.2　图8.10 中 A、B 和 C 三个点的情况对比[24]，ⓒIEEE 2006

$\Gamma_L(\omega_0)$	PAE/%		输出功率/mW	
	相位扫描	恒定相位	相位扫描	恒定相位
A 点:0.985 ∠ −156°	74.95	72.03	61.15	57.7
B 点:0.976 ∠ −180°	74.18	71.82	59.79	57.6
C 点:0	67.13	66.47	54.6	53.4

在表8.2 中还对图8.10 中 A、B 和 C 三个点的 PAE 进行了对比。在恒定相位测试中，PSG 信号源将 $2\omega_0$ 的信号注入到被测件的输出端口。在 A、B 和 C 三个点，实时的相位扫描测试所得到的 PAE 和输出功率与恒定相位测试结果是一致的。从扫描相位测量中得到的 PAE 和输出功率的衰减比表8.1 中的对应项更小，这说明 200kHz 频偏所带来的记忆效应主要作用于基波，二阶谐波受的影响要小一些[24]。

在三阶谐波实时负载牵引测量中，采用图8.8 中的 Z 点作为最优基波阻抗，采用图8.10 中的 A 点作为最优二阶谐波阻抗。在三阶谐波测量时，ESG 将数值为 2GHz 的基波频率 ω_0 注入被测件输入端，两个谐波源将二阶谐波 $2\omega_0$ 和 $3\omega_0 + \Delta\omega$ 注入到被测件的输出端。负载调谐器被调到最优基波阻抗。表8.11 显示了进行扫描相位测量时在 $\Gamma_L(3\omega_0)$ 平面所得到的 PAE 和输出功率。

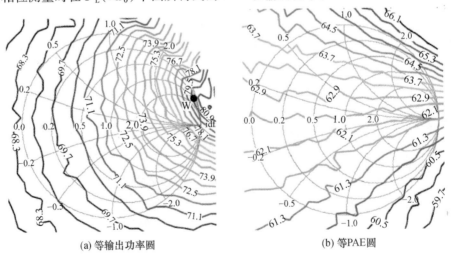

(a) 等输出功率圆　　　　　　　　(b) 等PAE圆

图8.11　从 $2\omega_0 + \Delta\omega$ 实时相位扫描测量中所获得的 $\Gamma_L(3\omega_0)$ 平面

等输出功率圆和等 PAE 圆[24]，ⓒIEEE 2006

根据图 8.11,最高的 PAE 位于 Smith 圆图的最右端,相当于开路,其值大约为 80%;这和 F 类功率放大器的理论值非常接近。在本例中,F 类功率放大器的三阶谐波选在点 W,其值为 $0.97\angle17.3°$,处于 Smith 圆图的边缘。

Cui 等人所发明的系统[24]的确能够在高效率功率放大器设计中对器件的性能进行表征,它在预测器件特性中具有很大的潜力,并缩减了功率放大器的设计时间。

8.4 调制信号负载牵引技术

负载牵引测量系统一般只能优化晶体管单音和双音信号的输出功率和三阶交调。然而,在高级调制技术中,由于离散的频谱并不能表示负载的数字调制信号,来自单音和双音测量中的传统指标,比如 1dB 压缩点和三阶截断点,已不再能够完全预测收发机的行为和性能。此外,在表征和测试中还发现晶体管的性能强烈依赖于激励的类型[29,30]。为了解决这些问题并调研器件在数字调制激励下的性能,Ghanipour 等人[6]采用标准设备构建了一套全新的系统,如图 8.12 所示。

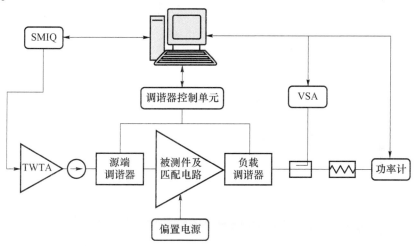

图 8.12 Ghanipour 等人构建的负载牵引系统[6], ©IEEE 2007

图 8.12 所示的负载牵引系统采用了 Maury 微波公司的自动调谐系统[29](Automatic Tuner System,ATS)。来自罗德与施瓦茨(Rohde and Schwarz)公司的矢量信号产生器(Vector Signal Generator,VGS)SMIQ03B 上载并产生所需要的数字调制激励。行波管放大器 1277H 对该激励进行放大,功率计 HP437B 测量输出功率和反射功率。来自罗德与施瓦茨公司的矢量信号分析仪 FSQ8 测量临信道功率比和三阶交调信号。自动调谐系统的软件控制所有的测量设备。

为了显示该系统的功效,打算对 1dB 压缩点为 44.6dBm 的高功率横向扩散金属氧化物晶体管(Laterally Diffused Metal Oxide Semiconductor,LDMOS)进行测试,所选择信号为2.14GHz 的 WCDMA 调制信号,其峰均比(Peak‐to‐average Power Ratio,PAPR)分别为9.4、8.6、7.6、7.6、6.5 和 6.1dB;此外还选择峰均比为 9.4dB 和 6.1dB 的 OFDM(Orthogonal Frequency Division Multiplexing)信号和双音信号。为了同单载波 WCDMA 信号的带宽保持一致,OFDM 信号的带宽为 5 MHz,双音信号的间隔也为 5 MHz。对于每一种信号,平均输出功率调为一样,即所有八个信号在4dB 回退点的峰值输出功率为 40.4dBm。

图 8.13 分别显示了峰均比为 9.1dB 和双音激励下的功率增益及 ACLR/IMD3 的测试结果。从图 8.13 可以发现等增益圆和等 ACLR/IMD3 圆的大小和外形与负载牵引测试中的激励信号密切相关。

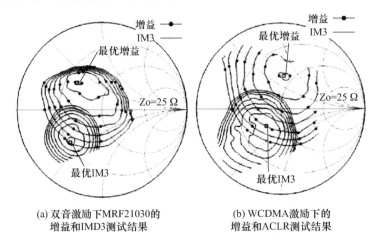

(a) 双音激励下MRF21030的
增益和IMD3测试结果

(b) WCDMA激励下的
增益和ACLR测试结果

图 8.13　两种激励下的增益和测试结果[6],©IEEE 2007

很明显双音和 WCDMA 激励下的最优负载条件不同。为了量化这种差异,将不同激励下的最优阻抗显示在图 8.14 中并进行分析。在图 8.14 中,最优增益所对应的阻抗分布在 Smith 圆图的上半平面;而最优 ACLR/IMD3 所对应的阻抗分布在 Smith 圆图的下半平面。为了补偿减小的峰均比,最优增益所对应的电抗随着平均激励信号功率的增加而减小;类似地,最优 ACLR 所对应的阻抗随着 WCDMA 信号平均功率增加而增加。虽然本图没有显示 OFDM 信号激励下最优增益和 ACLR 情况,但是它们的结果和 WCDMA 的测试结果类似。

因此可以得知,器件的性能主要与激励功率、峰均比和带宽有关,而与信号的调制方式无关,OFDM 和 WCDMA 都能得到类似的结果。

为了搞清楚最优增益和最优 ACLR 所对应的阻抗随着平均功率和信号峰均比变化的情况,我们进行了另外一个实验。在该实验中对比了峰均比为 6.1dB、平均输出功率为 31dBm、34.3dBm 和 37.4dBm 的 WCDMA 信号和同功率的双音信号负载牵引测试结果。

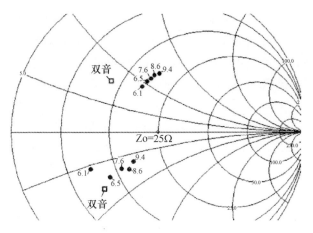

图 8.14　双音信号激励和峰均比为 9.4dB、8.6dB、7.6dB、7.6dB、6.5dB 和 6.1dB 的 WCDMA
信号激励下的增益测试结果(上半平面)和 ACLR 测试结果(下半平面)[6],ⒸIEEE2007

　　图 8.15 中的测试结果显示:虽然双音信号和调制信号激励下的最优阻抗完全不同,但是在相同的输出功率下具有类似的趋势。当输出功率增加时,最优增益所对应的电抗趋于减小并且和理论分析结果一致[32]。这个实验还揭示了一个真相:最优 ACLR 所对应的阻抗会随着输出功率增加而增加,这对优化功率放大器的设计很有帮助。

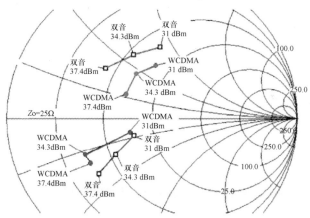

图 8.15　不同输出功率水平下,双音信号激励和峰均比为 6.1dB 的 WCDMA 信号
激励下的增益测试结果(上半平面)和 ACLR/IMD3 测试结果(下半平面)[6],ⒸIEEE 2007

8.5　多音包络负载牵引技术

　　由于移动通信需要传输大量的数据,为了在很宽的带宽内实现数据传输,所需传输的信号的调制策略也变得越来越复杂。为了完全表征和设计所需功率放大器,大信号测量系统能适应其复杂的调制至关重要。

对现代通信系统的功率放大器的性能进行预测最佳方法是测试在调制激励下的器件特性。在一个调制带宽内,或者超过一个调制带宽,进行恒定阻抗综合的负载牵引系统是表征此类应用所必需的设备。Hashmi 等人[33]提出了一种能够模拟宽带阻抗的概念,该概念得到了进一步地发展[11, 34],能够提供器件的重要特征数据[35]。

图 8.16 所示的包络负载牵引系统在第 6 章就已经解释过,并根据式(8.2)模拟反射系数。然而,在 n 个调制信号 ω_m 的激励下,式(8.2)变成了式(8.3)的形式[11],即

$$\Gamma_{\text{load}}(\omega) = \frac{a_2(\omega)}{b_2(\omega)} = X + jY \tag{8.2}$$

$$\Gamma_{\text{load}}(\omega_c - n\omega_m) = \frac{a_2(\omega)}{b_2(\omega)} = (X + jY)\, e^{jn\omega_m\tau} \tag{8.3}$$

式(8.3)中的参数 τ 表示负载牵引系统的环路群时延。根据式(8.3),负载反射系数受到调制频率的影响,由相位操作符 $e^{jn\omega_m\tau}$ 表示;并导致了相位在 $\omega_c - n\omega_m$ 和 $\omega_c + n\omega_m$ 这个频率对上进行传播。当相位在反射回路中传播时,相位传播可以归因于反射波 a_2 在参考端面的包络延迟。式(8.4)给出了包络域的连续波信号表达式,式(8.5)给出了包络域的调制信号的表达式。

$$I_a(t) + jQ_a(t) = (X + jY)\left[I_b(t) + jQ_b(t)\right] \tag{8.4}$$

$$I_a(t) + jQ_a(t) = (X + jY)\left[I_b(t - \tau) + jQ_b(t - \tau)\right] \tag{8.5}$$

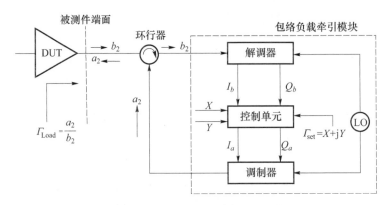

图 8.16　包络负载牵引系统概念示意图

有关群时延的实验显示在图 8.17 中,该实验采用时域调制波形系统测量[36]。该实验为三音激励,载波频率为 1.8GHz,每个频率之间的间隔为 100kHz,测试中用直通线替代被测件,反射系数分别为 $0.9 \angle 90°$ 和 $0.9 \angle 270°$。很明显前向行进波 b_2 和反射波 a_2 之间的损耗会引发反射系数的散射,与式(8.3)和式(8.5)预测的一样。

182

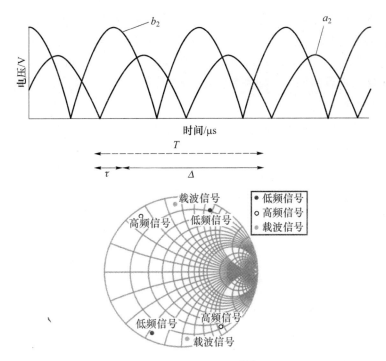

图 8.17   三音包络波和双音反射系数[11], ©IEEE, 2008

一般地,时域波形测量系统在对非线性器件进行表征时采用相同的信号,因此,Hashmi 等人[33]在包络负载牵引系统中加入了延迟补偿器,最终结构如图 8.18 所示。延迟补偿器让包络域的前向行波 b_2 和反射波 a_2 之间关系为[11, 33]

$$I_a(t) + jQ_a(t) = (X + jY)[I_b(t - \tau - \Delta) + jQ_b(t - \tau - \Delta)] \qquad (8.6)$$

式中 $\Delta = T - \tau$,为延时补偿器所提供的额外延时,T 为激励信号的周期。

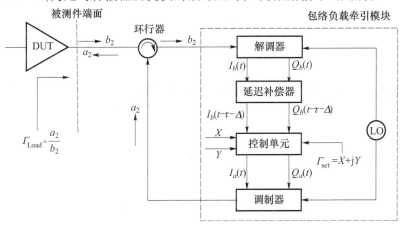

图 8.18   为了同步前向行波 b_2 和反射波 a_2,Hashmi 等人[33]
所采用的含有延时补偿器的包络负载牵引系统

从图 8.19 可以发现,补偿技术在任何激励情况下都能很好工作[34]。很明显行波和反射波之间的包络完全同步。该实验中的激励信号为六音信号,每个信号之间的频率间隔为 1.2MHz,目标反射系数为 $0.25\angle225°$。如图 8.20 所示,在带宽为 6MHz 的六音激励下反射系数恒定,也意味着负载阻抗恒定。

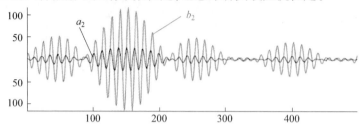

图 8.19　前向行波 b_2 和反射波 a_2 之间同步描述[34], ⓒIEEE 2008

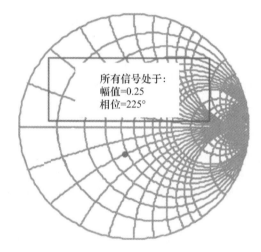

所有信号处于:
幅值=0.25
相位=225°

图 8.20　加了延时补偿器后,6MHz 带宽的六音激励反射系数[34], ⓒIEEE 2008

　　该系统一经提出,就在重要应用中发挥着作用,比如可以调研射频阻抗在基波频率处的变化对功率放大器失真的影响[35]。当在一定的带宽内进行变阻抗或者恒阻抗测试时,类似的实验能够确定器件的线性度;或者帮助设计者实现对线性和效率的平衡。

8.6　宽带负载牵引技术

　　为了提高频率利用率,现代无线通信系统的信号峰均比较高,因此要求功率放大器同时具有线性和效率。传统上所有谐波都短路的 AB 类功率放大器或者所有谐波都开路的逆 AB 类功率放大器能够在回退的时候保持可接受的线性度。然而,这只是一个无可奈何的选择,导致高峰均比信号的功率放大器具有较差的效率。

此外,在功率放大器设计中,线性化技术在基带和二阶谐波频率处采用频带外终端来改善晶体管的带内线性度[51, 52]。为了评估器件所采用的各类线性化技术,必须提供一个满足以下条件的专门用于大信号表征的系统:

(1)能够在所有感兴趣的频率处对高线性器件进行校准测试,比如 f_0、$2f_0$、$3f_0$、三阶交调频率和五阶交调频率。

(2)在整个 Smith 圆图上,能够在被测件的输入和输出端口方便灵活和独立控制基带的基波、二阶谐波和三阶谐波。

(3)对于所有频率组件实现恒定阻抗。

不幸的是,商用无源负载牵引系统[52, 53]无法控制基带阻抗,也不能覆盖整个 Smith 圆图。另一方面,大多数有源负载牵引系统能够覆盖整个 Smith 圆图,但是不能实现宽带信号的线性化表征,毕竟电路的内在延迟引发了反射系数的相位色散。为了克服这些问题,Spirito 等人[7]构建了一种有源负载牵引系统,之后又经过了 Marchetti 等人[9]的改进。

该系统具有很高的动态范围,也能够克服传统无源和有源负载牵引系统损耗、电路延迟、功率容量和线性化限制等问题。该系统具有宽带信号获取、宽带信号注入和在感兴趣的频率测量功率等功能。

通过监测和控制基波和谐波的频谱分量,能够实现在被测件参考端面综合所定义的反射系数的目标,进一步实现对基于频率 S 参数的匹配网络的仿真。而且,在被测件端面监测和控制频谱分量能够自动补偿由环路放大器非线性效应带来的失真[9]。理论上,放大器非线性效应和电路延迟的消除能够让系统实现宽带信号激励下的器件表征。

8.6.1 宽带负载牵引途径

由于反射系数本身就表示波的比例,因此需要在基带上控制入射波与器件所产生的基波和谐波的线性比例,如图 8.21 所示。

当非线性器件受到用户自定义的调制信号 a_s 激励时,非线性器件在基带产生基波和高次谐波频率分量。通过测量器件所产生的 $b_{1,n}$ 和 $b_{2,n}$ 以及入射波,在每次迭代过程中都能估计注入的波。当在每个受控频带内的所需反射系数达到后,迭代收敛,并对大信号参数进行测量,比如 PAE、输出功率和交调失真。

在迭代过程前唯一知道的波为源端信号 a_s,b 波来自于 a_s 和未知非线性器件相互作用的结果。值得注意的是,所产生的频谱分量除了基波信号外,还包含直流信号、高次谐波和交调失真。精确测量器件频率分量可以得到用户定义的反射系数,能够在被测件端面估算所有 b 波的频谱分量。式(8.7)表示了 a 和 b 两个波与用户定义反射系数之间的关系[9],即

$$a_{x,n}(f_n) = b_{x,n}(f_n) \Gamma_{x,n}(f_n) \tag{8.7}$$

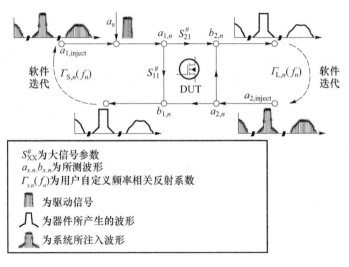

图 8.21　宽带开环负载牵引原理图[9]，ⒸIEEE 2008

式中：x 为源 s 或者负载 l；n 为频率分量，n 为 0 时表示直流信号，n 为 1 时表示基波信号，n 为 2 及以上时表示谐波信号；$\Gamma_{x,n}(f_n)$ 为用户在源或者负载的直流、基波和谐波处定义的反射系数。

　　虽然负载牵引技术看似简单，但在实际应用中需要对一些问题引起注意。首先，为了处理复数调制信号和与之相关的失真分量，负载牵引技术需要超快数据获取能力、高线性度和大动态范围。其次，为了满足式（8.7），a 波由大动态范围的源产生，并针对频谱进行优化。这两个条件对硬件和软件提出了非常高的要求[9]。

8.6.2　系统描述

　　测量系统一个简单的框图表示在图 8.22 中。基于五耦合配置的 S 参数测试系统能够实现同时测量源和被测件参考端面的输入反射系数和负载反射系数。

　　宽带模式转换器的采样频率为 100 MHz，它能对下变频的波形进行采集，实现在很宽的带宽内一次获取器件的反射系数。为了最小化直流阻抗的电路延迟，定制的低电感量偏置器直接安置在晶圆探针上，它们由无源阻抗开关阵列构成[55]。直流电路也包含了校准直流阻抗测量的低频测试设备。

　　源信号和所有的注入信号需要在被测件参考端面创建自定义反射系数，所有的信号和 AWG 信号源保持完全同步，速度为 200 MS/s。根据基波和谐波注入信号相位相干原则，在数字中频处最好对同相/正交信号进行上变频[56]，这样就可以采用单个本振在基波和谐波处采用倍频器产生高频信号。图 8.23 表示了本振路径中利用 32 个倍频器实现二阶谐波。由于本振不需要扫描，那么上述方法可以保证有源负载和驱动信号的相位是一致的。因此，源和所有的注入信号上变频后产生基波和谐波频率，并反馈到被测件以建立驱动信号和反射系数[9]。

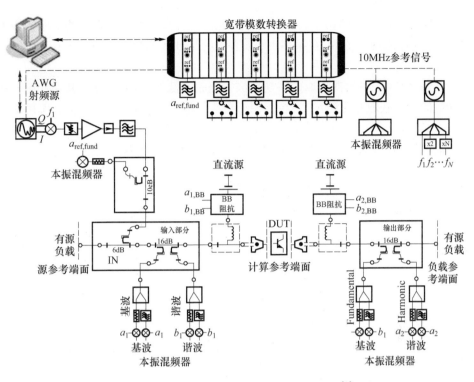

图 8.22 Marchetti 等人推出的宽带有源负载牵引系统简图[9]，ⓒIEEE 2008

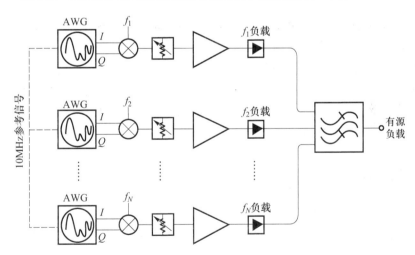

图 8.23 宽带有源负载牵引系统中相位相干上变频架构[9]，ⓒIEEE2008

相比其他已知的信号产生技术,IQ 方法的另外一个优点在于填满负载调制信号(比如 WCDMA 信号[57])的标准模型所需要的数据更少,这在实际测量环境中加快了测量速度。

在图 8.23 中,为了控制注入信号的功率水平,在信号支路安置了受计算机控制的衰减器和高功率的功率放大器。该方法的优点在于可以在整个测量阶段最大化利用 AWG 的动态范围,在某些时候,为了满足现代通信信号的要求,这样做是必须的。

在该系统中,在数据获取前将功率波下变频到低频,对射频域的基波和谐波频谱分量的精确获取是可行的。这在矢量网络分析仪中非常常见,它能最大化动态范围。

对于调制信号而言,探测支路没有非线性误差,不能用线性校准技术进行校准。如图 8.22 所示,谐波频率分量的动态范围可以通过安置在耦合器输入和输出端口的功率分配器和高通滤波器获取[7, 9]。

通过高通滤波器滤除高次谐波成分,信号下变频支路的混频器就不会遭到基波高功率信号的冲击。这极大地降低了对混频器在二次和更高次谐波上的线性要求,改善了所获取信号的质量。通过提升本振频率,将频带下变频到中频部分进行数据获取。

系统在基波频段的探测动态范围可以通过在射频支路加入衰减器和高功率高线性度的混频器实现最大化。注意到被测件的非线性也能提升直流信号成本,这在数据获取中不需要进行频率转换。来自被测件的低频信号和直流信号反馈到高速阵列开关组,这样就能降低对高性能宽带模数转换器的要求[9]。

最终,系统的校准可以联合文献[54, 55, 58]中的方法进行。首先,在源和被测件输入端口进行标准件测试能够实现同时测量源和被测件输入参考端面的反射系数[54]。与此同时,在被测件输入和输出参考端面采用开路 – 短路 – 负载标准件校准能够测量校准后的基带阻抗[55]。

其次,利用直通线替代被测件,在负载参考端面采用开路 – 短路 – 负载标准件校准可以得到被测件负载反射系数。再次,在负载参考端面连接功率计能够进行绝对功率校准[58]。IQ 调制器在采用直流偏置器最小化泄漏后再进行校准,数字预失真技术可以实现误差的平衡和正交[59]。

8.7 噪声表征

为了适应不断出现的低噪声晶体管,需要开发新的噪声参数测试方法。原则上,噪声表征需要高度可重复电子调谐器或自动机械调谐器和矢量网络分析仪一起工作。Ghannouchi 等人[37]开发了一种新的噪声表征系统,该系统不再需要可重复的阻抗调谐器并去掉了矢量网络分析仪,它采用了六端口反射计和标准的频谱分析仪。

8.7.1 噪声参数测量

噪声参数的测量需要在不同的噪声源阻抗下测量被测件的噪声系数。根据

Friis 定义,一个网络的噪声系数等于输入信噪比(Signal – to – noise Ratio,SNR)与输出信噪比之间的比值。输出信号等于输入信号乘上系统的增益,因此,噪声系数 F 可以表示为式(8.8),噪声系数(Noise Figure,NF)可以表示为式(8.9)。

$$F = \frac{N_{out}}{G \cdot N_{in}} \tag{8.8}$$

$$NF = 10\lg F \tag{8.9}$$

式中: $N_{in} = kT_0B$, $N_{out} = GkT_0B + N_{add}$, k 为玻耳兹曼常数(Boltzman Constant), B 为所测量的带宽,单位为 Hz。

在 1Hz 带宽内,参考温度 T_0 定义为290K,参考噪声 kT_0B 为 – 174dBm。 N_{add} 表示被测件的噪声贡献,与注入到被测件输入端的噪声功率无关。当使用输入噪声 N_{in} 不等于 – 174dBm 信号进行噪声系数测试时,式(8.8)不再适用。然而,如果已知输入噪声功率,通过适当的校准能够测量器件的实际噪声系数[37]。

使用非可重复调谐器测量噪声系数需要考虑两个问题。第一是非校准调谐器在每个位置中的噪声源的精准阻抗;第二是得知噪声源阻抗后在被测件输入端精确评估噪声功率。图 8.24 中的反向配置的六端口反射计可以测量其自身测试端口的 Γ_2,在第 4 章中已经详细描述过该问题。

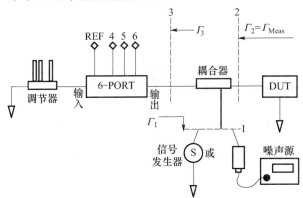

图 8.24 能够测量噪声源阻抗的基于反向六端口反射计的
源牵引设备[37],©IEEE1995

实验结果表明,利用反向配置的六端口反射计对 Γ_2 的测试结果与用图 8.24 在端面 2 用矢量网络分析仪的测试结果相同。采用反向六端口反射计的优点在于它能够在任意实验条件下测量源阻抗的反射系数 Γ_2。因此,不再需要调谐器的可重复性和校准过程。对于理想的六端口反射计,即 $S_{11} \approx S_{22} \approx 0$, $S_{12} \approx S_{21} \approx 1$,调谐器和六端口结能够覆盖 Smith 圆图上的大部分区域[38]。通过切换信号源和商用 50Ω 噪声阻抗,噪声可以注入被测件。

当定向耦合器的反射系数 Γ_2 和 S 参数 $S[3 \times 3]$ 已知后,可以确定端面 2 的可用信号和噪声功率。如果 S 参数矩阵是图 8.24 中端面 3 的反射系数 Γ_3 的函数[37]，$S[3 \times 3]$ 可以化简为矩阵 $S'[2 \times 2]$。反射系数 Γ_3 可以通过测量反射系数 Γ_2 和 S 参数 $S[3 \times 3]$ 来获得。矩阵 $S'[2 \times 2]$ 表示调谐器、六端口反射计和耦合器所组成的等效二端口器件在端面 1 和端面 2 之间的 S 参数矩阵。连接到端面 1 的源可用功率 P_1 与端面 2 的可用功率 P_2 之间的关系可以用表示为[37]

$$P_2 = G_{21} P_1 = \frac{1 - |\Gamma_1|^2}{|1 - S'_{11}\Gamma_1|^2} |S'_{21}| \frac{1}{1 - |\Gamma_2|^2} P_1 \tag{8.10}$$

式中：G_{21} 为在端面 1 和端面 2 之间的等效二端口网络的功率增益；Γ_1 为连接到端面 1 的源的反射系数；Γ_2 为在端面 2 用六端口反射计测量到的反射系数。此外

$$S'_{11} = S_{11} + \frac{S_{13}S_{31}}{1/\Gamma_3 - S_{33}}$$

$$S'_{21} = S_{21} + \frac{S_{23}S_{32}}{1/\Gamma_3 - S_{33}}$$

$$\Gamma_3 = \frac{\Gamma_2 - S_{22}}{S_{23}S_{32} + (\Gamma_2 - S_{22})S_{33}}$$

端面 2 的可用噪声功率可以表示为式(8.11)中的组件噪声温度的函数。在推导过程中，假定定向耦合器、六端口结合调谐器处于相同的物理温度下产生噪声。

$$N_2 = (T_S \alpha + (1 - \alpha) T_c) kB \tag{8.11}$$

式中：T_S 为噪声源 $kT_SB = N_1$ 所对应的噪声温度；α 为端面 1 和端面 2 之间的耦合损耗，它等于式(8.10)中的可用增益 G_{21}。

当被测件输入端口的功率不为 -174dBm，不能用式(8.8)来确定噪声系数。对应地，所测量的输出噪声 N_{out} 和计算的输入噪声 $N_2 G_{\text{DUT}}$ 之差为被测件噪声 N_{add}，G_{DUT} 表示被测件的增益。

$$N_{\text{add}} = (N_{\text{out}})_{\text{measured}} - N_2 G_{\text{DUT}} \tag{8.12}$$

式(8.8)、式(8.9)和式(8.12)可以在参考温度 T_0 处进行化简，以得到被测件的噪声系数的表达式为

$$\begin{aligned}
\text{NF}_{\text{DUT}} &= 10\lg\left(\frac{N_{\text{out}} + N_{\text{add}}}{G_{\text{DUT}} kT_0 B}\right) \\
&= 10\lg\left[\frac{(N_{\text{out}})_{\text{measured}} + G_{\text{DUT}}(kT_0B - N_2)}{G_{\text{DUT}} kT_0 B}\right]
\end{aligned} \tag{8.13}$$

式中 $N_{\text{out}} = G_{\text{DUT}} N_{\text{in}} = G_{\text{DUT}} kT_0 B$。

式(8.13)只需要测量一个噪声温度，因此，需要一个高测量精度的噪声接收机。如果没有高质量的噪声接收机，一个替代方法是采用 Y 因子法进行噪声系数计算，即

$$NF_{DUT} = 10\lg \frac{(T_H/T_0 - 1) - Y(T_C/T_0 - 1)}{Y - 1} \qquad (8.14)$$

T_H 和 T_C 是从 N_2 推导出来的, Y 是从 N_{out} 推导出来的, 即

$$T_H = \frac{N_2(H)}{kB}; T_C = \frac{N_2(C)}{kB}; Y = \frac{N_{out}(H)}{N_{out}(C)} \qquad (8.15)$$

8.7.2 噪声参数测量系统

专用噪声接收机是最适合进行噪声测量的仪器,但是在高频测量中它们经常需要高成本的转换器。而且,噪声接收机只能在数 MHz 的固定带宽内进行测量,当测量窄带器件时这将变成一个问题。在这种情况下,多目标频谱分析仪的测量带宽可变,并且它所测量到的噪声精度也可接受。图 8.25 显示了在对微波晶体管进行噪声表征中使用多目标频谱分析仪的实验装置。

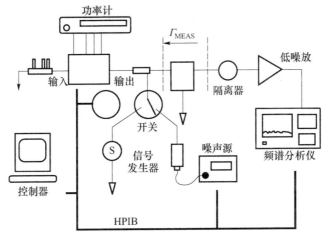

图 8.25　采用未校准调谐器的噪声参数测试仪[37],ⒸIEEE 1995

在该系统中,频谱分析仪在测试频率处的分辨率带宽为 2MHz,能够测量可用噪声功率。在被测件输出端口的噪声水平相对较低;因此,为了增加频谱分析仪的灵敏度,需要一个低噪声预先放大器。隔离器的 $|S_{12}|$ 小于 -30dB,它能帮助噪声接收机保持恒定的噪声系数。图 8.26 表示了隔离器、预先放大器和频谱分析仪所组成的系统。

2~8GHz 理想的反向配置六端口反射计可以测量源端在非重复机械枝节调谐器所看到的参考端面的反射系数 Γ_{means}。在六端口反射计 4 个探测端口的功率可以用四通道功率计进行测量。这个过程也可以通过计算机控制的开关组和频谱分析仪完成。六端口反射计的损耗,10dB 定向耦合器和测试夹具只能使源阻抗在 Smith 圆图上的半径为 0.75,但是这对噪声测试已经足够。微波信号和白噪声通过计算机控制的开关组注入到六端口反射计和被测件。

191

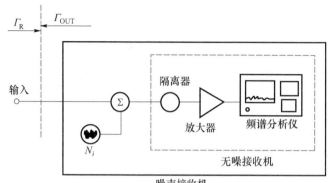

图 8.26　用于噪声接收机的频谱分析仪[37], ©IEEE 1995

为了确定噪声接收机的增益和噪声系数,可以采用经典的校准技术对设备进行校准,它由两个噪声标准件组成,两个噪声标准件分别对噪声源进行热测量和冷测量。如图 8.26 所示,基于噪声接收机的另一种频谱分析仪架构去掉了噪声标准件[39]。在这种技术中,预先放大器的增益和噪声系数必须是已知的。如果考虑输入失配因素,那么在参考端面的可用噪声功率为[37]。

$$N_{\text{receiver}} = \left[\frac{(P_{\text{SA}})_{\text{measured}}}{G_{\text{amplifier}}} - N_i \right] \frac{|1 - \Gamma_{\text{R}} \Gamma_{\text{out}}|^2}{1 - |\Gamma_{\text{out}}|^2} \quad (8.16)$$

式中: Γ_{R} 和 Γ_{out} 分别为噪声接收机的输入端口和被测件输出端口的反射系数; N_i 为噪声接收机的噪声贡献,即

$$N_i = (10^{0.1\text{NF}_R(\text{dB})} - 1) k T_0 B \quad (8.17)$$

由频谱分析仪测量到的功率 $(P_{\text{SA}})_{\text{measured}}$ 和式(8.15)可以被用来评估式(8.11)中端面 2 的噪声,下一段将解释这个问题。

如图 8.24 所示,连接到端面 1 的噪声源的可用噪声功率是预先测量好的。在通过式(8.10)和式(8.11)进行测量时,端面 2 的可用噪声功率可以表示为调谐器位置的函数,并根据式(8.16)采用接收机进行测量。举例而言,表 8.3 针对某工作在小信号放大模式的 GaAs MESFET 器件,列举了不同调谐器设置下的测量和计算数值。两组值吻合得非常好,只存在一些由六端口反射计和噪声接收机所引起的差异。如果采用两个不同的噪声温度进行测量,那么两组值之间的偏差可以进一步减弱。

表 8.3　计算和测量到的噪声功率对比[37], ©IEEE 1995

Γ_{S}(幅度/相位)	计算结果/dBm	测量结果/dBm
0.6710∠ - 102.5°	- 73.82	- 73.42
0.6739∠ + 152.2°	- 73.12	- 72.91

Γ_S（幅度/相位）	计算结果/dBm	测量结果/dBm
0.4308∕ +161.0°	−75.05	−74.45
0.7433∕ −131.9°	−72.88	−72.62
0.1293∕ +152.9°	−75.92	−75.72
0.1722∕ −155.8°	−75.76	−75.69
0.2236∕ +088.8°	−75.64	−75.54
0.0966∕ −012.2°	−75.97	−75.82

8.8　混频器表征

带内互调（In – band Intermodulation，IBIM）是微波/毫米波前端混频器一个重要参数。在现代无线通信中，混频器所产生的带内互调能极大地降低中频信号质量。场效应管电阻性混频器[40]能够克服这个问题，其变频损耗低、工作频率高且交调产物低[41-44]。这些参数一般采用一些测试复杂和操作困难的设备进行测量[5, 13, 45]。Ghannouchi等人[8]开发了一种新的混频器表征设备，该设备操作简单，能够在很宽的动态范围内测量场效应管的电阻性混频器。

8.8.1　测量系统

图 8.27 所示的混频器表征设备采用图 8.28 所示的有源的源牵引系统[46]。在源牵引系统中，输入信号的一部分幅度和相位可以调控，并且以反射波的形式注入系统后用以综合被测件端口的反射系数 Γ_S。相比传统无源调谐器，源牵引系统的优点在于能够产生表征混频器所需的真实均一的 Γ_S，而无源调谐器却做不到。

图 8.27 显示了一种多频测试系统，为了能够同时进行场效应管的电阻性混频器的源牵引和负载牵引，它采用了适当修改的双向六端口网络分析仪。测试系统中的本振和射频信号分别通过晶体管的栅极和漏极接收。中频信号从漏极提取。值得注意的是，漏极并没有偏置，因此晶体管的工作阻抗是时变的，并受本振信号控制。

在 SP#1 的 4 个探测端的功率通过四通道功率计测量，计算机控制的单刀四掷开关 SP4T 能够在 SP#2 的 4 个探测端连续测量功率。既然输出端同时存在多种频率的信号，有两种方法在 SP#2 的端口进行读数：要么通过与 YIG 滤波器连在一起的功率探针，要么通过与 IEEE – 488 总线连接的预先校准的受控频谱仪。第一种技术具有精度和速度上的优势，但是却存在以下问题：

（1）计算机控制的 YIG 滤波器的稳定性、温度和极化有可能变化，虽然只存在可能性，但是只要发生，就会非常严重并且很复杂。

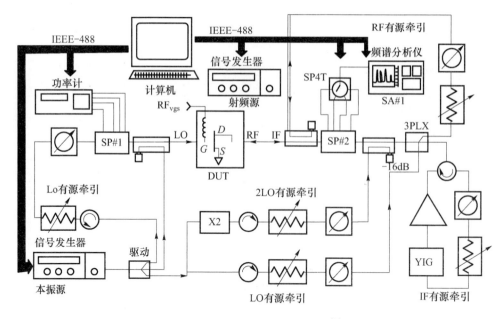

图 8.27 用于混频器表征的多频测试系统框图[8]，©IEEE 1998

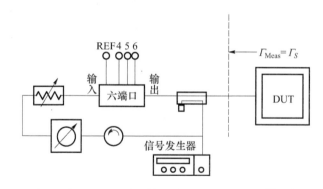

图 8.28 基于反向配置的六端口结的有源的源牵引系统[8]，©IEEE 1998

（2）在双音测试中，三阶和五阶带内互调仍然在 YIG 滤波器的 30MHz 带宽内，因此，在测试中会引发一定的问题。

（3）在对低功率非线性器件进行表征时，比如场效应管电阻性混频器，经常需要探测 −50dBm 以下的信号，YIG 滤波器和功率传感器的噪声可能会淹没该信号，功率计和 YIG 滤波器的探测动态范围，即 SP#2 每个探测端口的可变功率，低于 15dB，在实际应用中不够。

图 8.27 中的预先校准频谱分析仪 SA#1 能够回避这些问题。当采用高精度带宽时，能够对非常微弱的信号进行测量。SP#2 的动态范围能够增加到 60dB，能够实现在感兴趣的频带对交调产物进行测量。而且，SP#2 频谱分析仪能够观察本振和射频信号的高阶产物。对频谱仪的恰当设置能够实现高精度和快速测量[39]。

SP#1 在晶体管栅极对本振信号 Lo 进行有源的源牵引, SP#2 同时在输入射频端进行有源的源牵引测试, 也能够在 Lo、2Lo 和中频的输出端进行有源负载牵引测量, 二者都在晶体管的漏极进行。根据式(8.18)和式(8.19)[37,48], 源的功率和负载吸收功率可以分别通过 SP#1 和 SP#2 进行评估, 即

$$(P)_{SP\#1} = \frac{1 - |\Gamma_S|^2}{|1 - S_{11}\Gamma_S|^2} S_{21} \frac{1}{|1 - \Gamma_S|^2} P_{source} \tag{8.18}$$

$$(P_{absoured})_{SP\#1} = \frac{k(P_{ref-port})_{SP\#2}}{|1 - c\Gamma_L|^2} \tag{8.19}$$

式中: S_{ij} 为定义在源和测量平面 SP#1 之间的双端口网络的 S 参数, Γ_S 和 Γ_L 分别为 SP#1 和 SP#2 的反射系数; k 为实数功率测量常数; c 为负数误差框常数。

三工器将 Lo、RF 和 IF 分成三路信号, 而 2Lo 有源负载支路是通过 1 个宽带的 16dB 定向耦合器将 2Lo 注入来实现的。为了保证 IF 重新注入信号的频率相干, IF 有源负载牵引通过闭环系统完成。在闭环支路插入计算机控制的 YIG 滤波器消除了任何振荡的可能。在实践中, 通过增加综合的信号以补偿三工器、六端口结、16dB 定向耦合器、偏置器和测试夹具所组成的系统插入损耗, 准单一的反射系数可以在被测件端面进行合成。

整个系统是由计算机通过 HPIB 控制器进行控制的。YIG 滤波器和 SP4T 开关通过 16 通道的数模转换器直接控制。如果替换掉手动移相器、可变衰减器和电子矢量调制器, 该系统能够通过配置实现自动测试。

8.8.2 实验流程

在实验中, 六端口结 SP#1 和 SP#2 可以用任何适当的技术进行校准, 比如传统的六到四简化技术[47]。对于挂载在微带线夹具上的晶体管而言, 直通 – 反射 – 连接线校准能够用以在输入和输出端口平面进行去嵌入测试。

既然只有 Lo 信号注入到晶体管的栅极, 而其他信号注入到晶体管的漏极, 因此有必要在一系列的频率上校准六端口结。比如, 在设计 C 频带混频器时, SP#1 所要求的频率为 2.225GHz, 即本振频率; SP#2 的本振频率为 2.225GHz, IF 频率为 3.600 – 3.900 – 4.200GHz, SP#2 的 2Lo 频率为 4.450GHz, SP#2 的射频频率为 5.825 – 6.125 – 6.425GHz[8]。

系统包含两个 2～18GHz 信号发生器, 能够分别对 Lo 和 RF 信号提供 +15dBm 和 −4dBm 功率; 为了匹配 50Ω 功率探针, 当源阻抗设置为 50Ω, 需要对两个信号源进行测量。为了验证该系统的动态范围, 需要进行快速测量验证。当源功率 Lo 和 RF 从 −35dBm 到最大值进行扫描时, 测量到的固定阻抗的反射系数仍然为准常数。

在混频器设计和表征中, 通常是保持恒定的阻抗, 根据终端阻抗优化混频器的

线性度。总的测量工作包括从最重要的参数开始,到最不重要的参数进行参数扫描。优化工作从偏置点开始,再优化到 Lo 和 RF 输入功率,接着优化 Lo 和 RF 的源阻抗,最后优化负载阻抗。反过来,负载阻抗的重要度顺序为:IF 的负载阻抗,Lo 的负载阻抗和二阶谐波 2Lo 的输出端口的负载阻抗。

一旦单音射频激励下的终端阻抗得知后,接着进行双音射频激励测试,以确定晶体管的带内互调性能。然而,值得注意的是,如图 8.29 所示,在进行双音测试时需要对系统进行适当的硬件改善。首先,二阶谐波 2Lo 支路被二次频谱分析仪 SA #2 替代。SA#2 通过 16dB 定向耦合器连接被测件输出端,能够实现比 SA#1 探测更高的幅度信号。

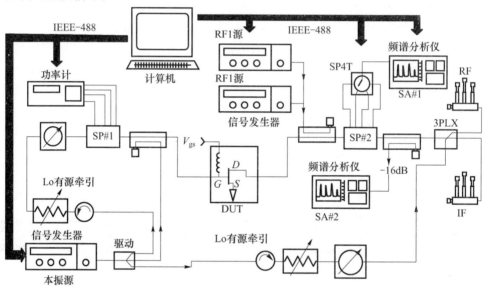

图 8.29　改进后的双音测试系统[8],©IEEE 1998

在双音测试中频率变化很小,单音测试得到的终端阻抗可以设置为$(Z_S)_{RF1} \approx (Z_S)_{RF2}$和$(Z_S)_{IF1} \approx (Z_S)_{IF2}$。在理论上,有源环路仍然可以用来综合 IF 阻抗,但是考虑到最优 IF 阻抗已经从单音测试中获知,图 8.29 中的系统采用机械调谐器更加简单,并且能够满足测试需求。文献[8]详细描述了混频器表征方法并给出了设计实例。

参考文献

1. M.J. Pelk, L.C.N. de Vreede, M. Spirito, J.H. Jos, Base-band impedance control and calibration for on-wafer linearity measurements, in *63rd ARFTG Conference* (June 1994), pp. 35–40
2. H. Arthaber, M.L. Mayer, G. Mageri, An active load-pull setup for broadband signals using digital baseband processing for the active loop. Int. J. RF Microw. Computer-Aided Eng. **18**(6), 574–581 (2008)

3. M.S. Hashmi, J. Benedikt, P.J. Tasker, Impact of group delay on the load emulation in multi-tone active envelope load-pull system. Aust. J. Electr. Electron. Eng. **7**(1), 83–88 (2010)

4. R. Hajji, F. Beauregard, F.M. Ghannouchi, Multi-tone power intermodulation load-pull characterization of microwave transistors suitable for linear SSPA's design. IEEE Trans. Microw. Theory Tech. **45**(7), 1093–1099 (1997)

5. F.M. Ghannouchi, G. Zhao, F. Beauregard, Simultaneous load-pull of intermodulation and output power under two-tone excitation for accurate SSPAs design. IEEE Trans. Microw. Theory Tech. **42**(6), 929–934 (1994)

6. P. Ghanipour, S. Stapleton, J. Kim, Load-pull characterization using different digitally modulated stimuli. IEEE Microw. Wirel. Compon. Lett. **17**(5), 400–402 (2007)

7. M. Spirito, M.J. Pelk, F. van Rijs, S.J.C.H. Theeuwen, D. Hartskeeri, L.C.N. de Vreede, Active harmonic load-pull for on-wafer out-of-band device linearity optimization. IEEE Trans. Microw. Theory Tech. **54**(12), 4225–4235 (2006)

8. D. Le, F.M. Ghannouchi, Multitone characterization and design of FET resistive mixers based on combined active source-pull/load-pull techniques. IEEE Trans. Microw. Theory Tech. **46**(9), 1201–1208 (1998)

9. M. Marchetti, M.J. Pelk, K. Buisman, W. Neo, M. Spirito, L. de Vreede, Active harmonic load-pull with realistic wideband communications signals. IEEE Trans. Microw. Theory Tech. **56**(12), 2979–2988 (2008)

10. B. Noori, P. Hart, J. Wood, P.H. Aaen, M. Guyonnet, M. Lefevre, J.A. Pla, J. Jones, Load-pull measurements using modulated signals, in *36th European Microwave Conference*, Paris, France (2005), pp. 1594–1597

11. M.S. Hashmi, S.J. Hashim, S. Woodington, T. Williams, J. Benedikt, P.J. Tasker, Active envelope load pull system suitable for high modulation rate multi-tone applications, in *3rd International Microwave Monolithic Integrated Circuit Workshop*, Malaga, Spain (Nov. 2008), pp. 93–96

12. Maury Microwave Corporation, Active harmonic load-pull with realistic wideband communications signals, Application Note 5A-044, June 2010

13. C. Tsironis, Two-tone intermodulation measurements using computer controlled microwave tuner. Microw. J. **32**, 161 (1989)

14. J. Jacobi, IMD still unclear after 20 years, in *Microwaves & RF* (Nov. 1986), pp. 119–126

15. J.G. Freed, Equations provide accurate third-order IMD analysis, in *Microwaves & RF* (Aug. 1992), pp. 75–84

16. M. Leffel, Intermodulation distortion in a multi-signal environment, in *RF Design* (June 1995), pp. 78–83

17. R. Hajji, F. Beauregard, F.M. Ghannouchi, Multi-tone characterization for intermodulation and distortion analysis, in *IEEE Microwave Theory and Techniques Society's International Microwave Symposium Digest*, San Francisco, CA (June 1996), pp. 1691–1694

18. L. Cellai, A. Greco, Optimal phase relationship aids IM testing, in *Microwaves & RF* (July 1996), pp. 56–61

19. M.S. Hashmi, F.M. Ghannouchi, P.J. Tasker, K. Rawat, Highly reflective load-pull. IEEE Microw. Mag. **12**(4), 96–107 (2011)

20. G.P. Locatelli, De-embedding techniques for device characterization. Alta Freq. **57**(5), 267–272 (1988)

21. M.A. Maury Jr., S.L. Mar, G.R. Simpson, TRL calibration of vector automatic network analyzers. Microw. J. **30**(5), 382–387 (1987)

22. K.S. Kundert, A.S. Vincentelli, Simulation of nonlinear circuits in the frequency domain. IEEE Trans. Computer-Aided Des. **5**, 521–535 (1986)

23. W.R. Curtice, GaAs MESFET modeling and nonlinear CAD. IEEE Trans. Microw. Theory Tech. **36**, 220–230 (1988)

24. X. Cui, S.J. Doo, P. Roblin, G.H. Jessen, J, Strahler, Real-time active load-pull of the 2nd and 3rd harmonics for interactive design of non-linear power amplifiers, in *68th ARFTG Conference*, Colorado, USA (Nov. 2006), pp. 29–42

25. G.P. Bava, U. Pisani, V. Pozzolo, Active load technique for load-pull characterization at microwave frequencies. IET Electron. Lett. **18**(4), 178–180 (1982)

26. Y. Takayama, A new load-pull characterisation method for microwave power transistors, in

IEEE Microwave Theory and Techniques Society's International Microwave Symposium Digest (1976), pp. 218–220

27. F. Verbeyst, M.V. Bossche, Real-time and optimal PA characterization speeds up PA design, in *34th European Microwave Conference*, Amsterdam, Netherlands (2004), pp. 431–434

28. P. Roblin, Seok Joo Doo, Xian Cui, G.H. Jessen, D. Chaillot, J. Strahler, New ultra-fast real-time active load-pull measurements for high speed RF power amplifier design, in *IEEE Microwave Theory and Techniques Society's International Microwave Symposium Digest*, Honolulu, USA (June 2007), pp. 1493–1496

29. J. Sevic, M.B. Steer, A.M. Pavio, Large-signal automated load-pull of adjacent-channel power ratio for digital wireless communication systems, in *IEEE Microwave Theory and Techniques Society's International Microwave Symposium Digest* (1996), pp. 763–766

30. C. Clark, Time-domain envelope measurement technique with application to wideband power amplifier modelling. IEEE Trans. Microw. Theory Tech. **46**(12), 2351–2540 (1998)

31. O. Väänänen, J. Vankka, K. Halonen, *Effect of Clipping in Wideband CDMA System and Simple Algorithm for Peak Windowing* (Helsinki University of Technology, Helsinki, 2002)

32. D.E. Stoneking, R.J. Trew, J.B. Yan, Load pull characteristics of GaAs MESFETs calculated using an analytic, physics based large signal device model, in *IEEE Microwave Theory and Techniques Society's International Microwave Symposium Digest* (1998), pp. 1057–1060

33. M.S. Hashmi et al., Active envelope load pull solution addressing the RF device multi-tone characterization problem, in *IEEE MTT-11 Design Competition*, Atlanta, USA (June 2008). http://www.mtt.org/mtt11/ims_award.htm

34. S.J. Hashim, M.S. Hashmi, T. Williams, S. Woodington, J. Benedikt, P.J. Tasker, Active envelope load-pull for wide-band multi-tone stimulus incorporating delay compensation, in *34th European Microwave Conference*, Amsterdam, Netherlands (2008), pp. 317–320

35. S.J. Hashim, M.S. Hashmi, J. Benedikt, P.J. Tasker, Effect of impedance variation around the fundamental on pa distortions characteristics under wideband stimuli, in *IEEE Asia Pacific Conference on Circuits and Systems*, Kuala Lumpur, Malaysia (Dec. 2010), pp. 1115–1118

36. T. Williams, O. Mojon, S. Woodington, J. Lees, M.F. Barciela, J. Benedikt, P.J. Tasker, A robust approach for comparison and validation of large signal measurement systems, in *IEEE Microwave Theory and Techniques Society's International Microwave Symposium Digest*, Atlanta, USA (June 2008), pp. 257–260

37. D. Le, F.M. Ghannouchi, Noise measurements of microwave transistors using an uncalibrated mechanical stub tuner and a built-in reverse six-port reflectometer. IEEE Trans. Instrum. Meas. **44**(4), 847–852 (1995)

38. F.M. Ghannouchi, R.G. Bosisio, Source-pull/load-pull oscillator measurements at microwave/MMwave frequencies. IEEE Trans. Instrum. Meas. **41**(1), 32–35 (1992)

39. B. Peterson, Spectrum analysis basics, Hewlett-Packard Application Note 150, p. 2634, and pp. 38–40

40. S.A. Maas, A GaAs MESFET mixer with very low intermodulation. IEEE Trans. Microw. Theory Tech. **35**, 429–435 (1987)

41. H.H.G. Zirath, C.-Y. Chi, N. Rorsman, G.M. Rebeiz, A 40 GHz integrated quasi-optical slot HFET mixer. IEEE Trans. Microw. Theory Tech. **42**, 2492–2497 (1994)

42. K. Yhland, N. Rorsman, H.H.G. Zirath, Novel single device balanced resistive HEMT mixers. IEEE Trans. Microw. Theory Tech. **43**, 2863–2867 (1995)

43. R.S. Virk, S.A. Maas, Modeling MESFET for intermodulation analysis of resistive FET mixers. in *IEEE Microwave Theory and Techniques Society's International Microwave Symposium Digest*, Orlando, USA, vol. 3 (May 1995), pp. 1247–1250

44. E.W. Lin, W.H. Ku, Device considerations and modeling for the design of an INP-based MODFET millimeter-wave resistive mixer with superior conversion efficiency. IEEE Trans. Microw. Theory Tech. **43**(Aug.), 1951–1959 (1995)

45. L. Ricco, G.P. Locatelli, F. Calzavara, Constant intermodulation Loci measure for power devices using HP-8510 network analyzer, in *IEEE Microwave Theory and Techniques Society's International Microwave Symposium Digest*, New York, USA (May 1988), pp. 221–224

46. D. Le, P. Poire, F.M. Ghannouchi, Six-port based active source-pull measurement technique. IOP Meas. Sci. Technol. **9**, 1336–1342 (1998)

47. J.D. Hunter, P.I. Somlo, Explicit six-port calibration method using five standards. IEEE Trans. Microw. Theory Tech. **MTT-39**, 69–72 (1985)

48. F.M. Ghannouchi, R. Larose, R.G. Bosisio, A new multiharmonic loading method for large signal microwave transistor characterization. IEEE Trans. Microw. Theory Tech. **39**(June), 986–992 (1991)

49. F. van Rijs, R. Dekker, H.A. Visser, H.G.A. Huizing, D. Hartskeer, P.H.C. Magnee, R. Dondero, Influence of output impedance on power added efficiency of si-bipolar power transistors, in *IEEE Microwave Theory and Techniques Society's International Microwave Symposium Digest*, Boston, USA (June 2000), pp. 1945–1948

50. S. Liwei, L.E. Larson, An Si-SiGe BiCMOS direct-conversion mixer with second-order and third-order nonlinearity cancellation for WCDMA applications. IEEE Trans. Microw. Theory Tech. **51**(11), 2211–2220 (2003)

51. V. Aparin, C. Persico, Effect of out-of-band terminations on intermodulation distortion in common-emitter circuits, in *IEEE Microwave Theory and Techniques Society's International Microwave Symposium Digest*, Anaheim, USA (June 1999), pp. 977–980

52. Maury Microwave Corporation, http://www.maurymw.com/

53. Focus Microwaves, http://www.focus-microwaves.com/

54. G.L. Madonna, M. Pirola, A. Ferrero, U. Pisani, Testing microwave devices under different source impedance values—a novel technique for on-line measurement of source and device reflection coefficients. IEEE Trans. Instrum. Meas. **49**(2), 285–289 (2000)

55. M.J. Pelk, L.C.N. de Vreede, M. Spirito, J.H. Jos, Base-band impedance control and calibration for on-wafer linearity measurements, in *63rd ARFTG Conference*, Forth Worth, USA (June 2004), pp. 35–40

56. W.C.E. Neo, J. Qureshi, M.J. Pelk, J.R. Gajadharsing, L.C.N. de Vreede, A mixed-signal approach towards linear and efficient N-way Doherty amplifiers. IEEE Trans. Microw. Theory Tech. **55**(5), 866–879 (2007)

57. 3G TS 25.141 base station conformance testing (FDD), Tech. specification group radio access networks, 3rd generation partnership project, Valbonne, France, Tech. Spec., Rev. V3.1.0, 2000

58. A. Ferrero, U. Pisani, An improved calibration technique for on-wafer large-signal transistor characterization. IEEE Trans. Instrum. Meas. **42**(2), 360–364 (1993)

59. R. Marchesani, Digital precompensation of imperfections in quadrature modulators. IEEE Trans. Commun. **48**(4), 552–556 (2000)

内 容 简 介

本书首次向从事高频晶体管表征、线性和非线性微波测量、射频功率放大器和发射机等方面的读者介绍了负载牵引系统;而且,本书满足了工业界和学术界的负载牵引使用者、设计者和研究者对负载牵引的兴趣。第二,本书详尽地介绍了不同种类的负载牵引系统、波形测量和波形工程,以及器件大信号表征时所需的精准校准技术。第三,本书深入讨论了实现和使用负载牵引及波形工程系统的工程细节。第四,本书介绍了特定负载牵引系统的设计流程,并列举了几个为了特定测量需求所构建的个性化负载牵引系统。最后,本书可以作为从事微波器件表征和功率放大器设计的高年级研究生的教材。

作 者 简 介

加努希(Fadhel M. Ghannouchi),教授,供职于加拿大卡尔加里大学的舒立克工程学院,担任电气与计算机工程系的 AITF/CRC 主席,同时担任智能射频实验室的主任。他在欧洲、北美和日本的多个学术机构和研究所担任兼职教授,并在多个微波和无线通信公司担任顾问。他的研究兴趣包括微波器件和测量、微波器件和通信系统的非线性建模、高功率和高频谱利用率的微波放大电路设计、智能射频收发机设计及无线卫星通信系统的软件无线电系统设计。他发表了 500 多篇文章和两部专著,拥有 14 项美国专利(其中 6 项正在申请中)。他在国际电气与电子工程师学会(IEEE)担任会士(Fellow),从 2009 年起担任 IEEE MTT‐S 分会的杰出微波讲师。

哈斯米(Mohammad S. Hashmi)在德国的达姆施塔特工业大学获得硕士学位,在英国的卡迪夫大学获得博士学位。他目前在加拿大卡尔加里大学的 iRadio 实验室担任客座研究员,并担任印度理工学院德里分院的助理教授。他曾在飞利浦半导体和泰勒斯电子集团从事射频电路与系统方面的工作。他目前的研究兴趣包括非线性微波器件设计、微波器件表征、移动终端和卫星通信中的功率放大器线性化技术。他在 2008 年获得自动射频技术组(Automatic Radio Frequency Techniques Group,ARFTG)的微波测量奖金,并于同年获得 IEEE MTT 所组织的新颖创新器件设计竞赛的第三名。他发表了 40 多篇文章并拥有三项正在申请的美国专利。